Canon EOS 1200D

Das Handbuch zur Kamera

von
Dietmar Spehr

Sie haben Fragen, Wünsche oder Anregungen zum Buch?
Gerne sind wir für Sie da:

Anmerkungen zum Inhalt des Buches: katharina.linder@vierfarben.de
Bestellungen und Reklamationen: service@vierfarben.de
Rezensions- und Schulungsexemplare: sophie.herzberg@vierfarben.de

An diesem Buch haben viele mitgewirkt, insbesondere:

Lektorat Alexandra Bachran, Katharina Linder
Korrektorat Monika Paff, Langenfeld
Herstellung Janina Brönner
Einbandgestaltung Janina Conrady
Coverfotos Shutterstock: 159803363 © Leonid Ikan, 34854835 © Eugene Grabkin, 58222861 © Karin Claus, 80375911 © Wong Yu Liang; Canon
Bildnachweise Fotolia: 15451577 © Dmitry_Pichugin (S. 4–5), 36420597 © jordano (S. 8–9); iStockphoto: 3760390 © Andrey_Armyagov (S. 6), 10421081 © Jaap2 (S. 7), 18474054 © Simone_Becchetti (S. 10–11), 9443247 © Vladimir_Piskunov (S. 12–13); Shutterstock: 159803363 © Leonid Ikan (S. 14)
Layout Vera Brauner
Satz Andrea Jaschinski, Berlin
Druck Offizin Andersen Nexö Leipzig

Gesetzt wurde dieses Buch aus der The Sans (10 pt/15 pt) in Adobe InDesign CS6.
Und gedruckt wurde es auf matt gestrichenem Bilderdruckpapier (115 g/m²).
Hergestellt in Deutschland.

Bibliografische Information der Deutschen Nationalbibliothek
Die Deutsche Nationalbibliothek verzeichnet diese Publikation in der Deutschen Nationalbibliografie; detaillierte bibliografische Daten sind im Internet über http://dnb.d-nb.de abrufbar.

ISBN 978-3-8421-0134-0

1. Auflage 2014
© Vierfarben, Bonn 2014
Vierfarben ist ein Verlag der Galileo Press GmbH
Rheinwerkallee 4, D–53227 Bonn
www.vierfarben.de

Der Verlagsname Vierfarben spielt an auf den Vierfarbdruck, eine Technik zur Erstellung farbiger Bücher. Der Name steht für die Kunst, die Dinge einfach zu machen, um aus dem Einfachen das Ganze lebendig zur Anschauung zu bringen.

Liebe Leserin, lieber Leser,

mit Ihrer EOS 1200D sind Sie bestens ausgestattet, um richtig gut zu fotografieren. Allerdings ist Ihre Kamera nur eine von vielen Voraussetzungen für gelungene Bilder. Genauso wichtig sind natürlich Sie als Fotograf und Ihre Fähigkeit, Motive zu sehen, Lichtsituationen einzuschätzen und Ihr Bild technisch perfekt umzusetzen. Das fällt uns allen nicht immer leicht, aber mit diesem Buch meistern Sie bestimmt die Herausforderung!

Dietmar Spehr erklärt Ihnen nicht nur die Grundlagen der digitalen Fotografie, sondern auch, wie Sie sämtliche Funktionen der EOS 1200D einsetzen, um ausgezeichnete Ergebnisse zu erzielen. Schon nach den ersten Kapiteln dieses Buches verstehen Sie es, die Belichtung optimal einzustellen und den wichtigsten Bereich des Fotos scharf abzubilden. Dietmar Spehr zeigt Ihnen die technischen Kniffe, mit denen Sie selbst in schwierigen Aufnahmesituationen genau das Bild einfangen, das Sie vor Augen haben: ein schönes Porträt, eine Landschaftsaufnahme, oder ein kleines Detail, das Sie ganz groß rausbringen möchten. In den Motivkapiteln ab Seite 183 finden Sie Beispielbilder, die Ihrer Kreativität auf die Sprünge helfen, und Gestaltungsregeln, mit denen Sie Ihre Motive wirkungsvoll im Bild festhalten. Damit bekommen Sie bestimmt auch Anregungen für Ihre Fotoprojekte. Am besten fangen Sie gleich an, denn Übung macht schließlich den Meister!

Ich wünsche Ihnen eine spannende Buchlektüre und erfolgreiche Fototouren mit Ihrer EOS 1200D. Sollten Sie Fragen, Kritik oder inhaltliche Anregungen zu diesem Buch haben, freue ich mich, wenn Sie mir schreiben.

Ihre Katharina Linder
Lektorat Vierfarben

katharina.linder@vierfarben.de

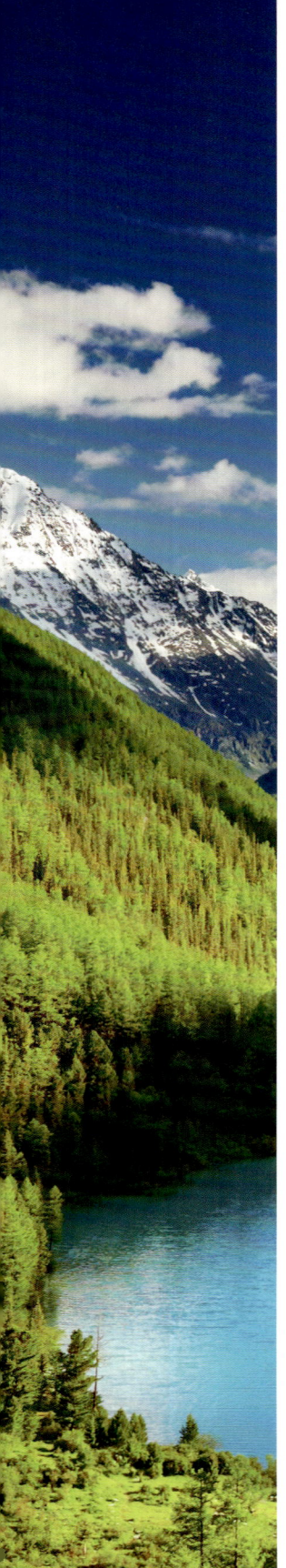

Inhaltsverzeichnis

3   Mit den Kreativprogrammen die Kontrolle übernehmen

8 Die Möglichkeiten erweitern mit sinnvollem Zubehör

Anhang – Die Menüs im Überblick

Vorwort

Die EOS 1200D von Canon bietet für vergleichsweise wenig Geld sehr viel Leistung. Trotzdem gilt noch immer der alte Satz, dass nicht die Kamera, sondern der Fotograf die Bilder macht. Deshalb war es mein Ziel, Ihr neues Werkzeug und die technischen Hintergründe möglichst leicht verständlich zu beschreiben – ausführlich, wo es darauf ankommt, aber knapp genug, um schnell loslegen zu können. Zugleich sollten aber auch die Bildgestaltung und Tipps zu konkreten Motivsituationen einen breiten Raum einnehmen. Schließlich sind gerade dies die entscheidenden Erfolgsfaktoren für fotografische Hingucker.

Das Buch deckt ein großes Spektrum an unterschiedlichen fotografischen Genres ab. Vielleicht bekommen Sie dadurch Lust, sich auch mit Motiven zu befassen, die bislang nicht in Ihrem Fokus standen.

Zum Entstehen dieses Werkes trugen viele Personen bei: Vor allem danke ich meiner Frau Margrit, die nicht nur einige der schönsten Bilder beisteuerte, sondern mir auch als erste Testleserin sowie bei der Bildauswahl wertvolle Tipps geben konnte. Großer Dank gilt auch meiner Lektorin Katharina Linder für ihre professionelle Begleitung sowie meinen beiden Modells Eva und Katharina.

Schließlich würde ich mich freuen, von Ihnen zu hören. Wenn Sie Fragen oder Anmerkungen haben, schreiben Sie mir doch einfach eine Mail unter *Dietmar.Spehr@gmail.com* oder besuchen Sie mich im Internet unter *facebook.com/DietmarSpehr*.

Ich wünsche Ihnen viel Vergnügen beim Lesen und vor allem eine sehenswerte Ausbeute bei Ihren fotografischen Streifzügen mit der EOS 1200D.

Ihr Dietmar Spehr

Kapitel 1
Die Canon EOS 1200D auspacken und loslegen

Die EOS 1200D stellt sich vor

Ob Sportaufnahmen, Porträts, Naturfotografien, Abbildungen von großen Bauwerken oder kleinen Tieren: Die EOS 1200D macht in allen Disziplinen eine gute Figur. Dabei wird Ihnen die Kamera nicht nur bei Ihren ersten Versuchen, sondern auch bei fortgeschrittenen fotografischen Arbeiten gute Dienste leisten. Hilfreiche Programme für den Einsteiger sowie ausgetüftelte Funktionen für den versierten Fotografen sind in der EOS 1200D gleichermaßen vereint.

Vielleicht haben Sie bereits erste Fotos geschossen und ein wenig mit den unterschiedlichen Einstellungen experimentiert. Wie die verschiedenen Menüs und Programme funktionieren und idealerweise eingesetzt werden, erschließt sich dabei leider nicht unbedingt intuitiv. Hier setzt dieses Buch an: Es führt Sie Kapitel für Kapitel durch die verschiedenen Programme der EOS 1200D. Dabei erfahren Sie mehr und mehr über die unterschiedlichen Funktionen der Kamera und lernen, deren Logik zu verstehen und einzuschätzen. Zahlreiche Beispiele zeigen Ihnen, wann die Kamera an ihre Grenzen gerät und mit welchen Mitteln sie wieder auf Kurs gebracht werden kann.

Mit dem Wissen aus den ersten, eher technischen Kapiteln sind Sie für viele Motivsituationen bereits gut gerüstet und können sich verstärkt auf die gestalterischen Aspekte konzentrieren. Bereits auf den ersten Seiten lernen Sie dazu einige Tricks, mit denen Bilder ihre Wirkung besser entfalten. Ab Kapitel 9 erfahren Sie dann mehr über spezielle Aufnahmesituationen wie Porträts, Natur- und Städteaufnahmen sowie zum Fotografieren kleiner Dinge, also zur Makrofotografie. Ab Seite 277 dreht sich alles um die Bearbeitung der Bilder mit Digital Photo Professional. Diese Software liegt der 1200D bei. Als besonderes Download-Angebot zum Buch finden Sie unter *www.vierfarben. de/3656* ein kostenloses PDF-Dokument, in dem Sie erste Schritte mit Photoshop Elements kennenlernen. Auch das Filmen mit der EOS 1200D wird in einem eigenen Kapitel beleuchtet.

In Schritt-für-Schritt-Anleitungen erfahren Sie, wie Sie konkret bei der Bedienung der Kamera vorgehen müssen, um die im Buch dargestellten Inhalte in Ihrem Bild umzusetzen. Ergänzende Themen und Hintergrundinformationen werden in Exkursen jeweils am Ende eines Kapitels behandelt.

In speziellen Kästen finden Sie ergänzende Hinweise. Sie helfen Ihnen, Technik und Gestaltungsmethoden noch genauer zu verstehen, oder liefern interessante Details am Rande zur EOS 1200D oder zum Fotografieren an sich.

Lernen Sie die Bedienelemente Ihrer Kamera kennen

Einen ersten Überblick über die Tasten der Kamera bieten die folgenden Seiten. Doch keine Sorge: Sie müssen sich nicht alles auf Anhieb merken, sondern lernen in diesem Buch alle wichtigen Funktionen nach und nach kennen. Auf Fototouren ist der zum Buch mitgelieferte »Spickzettel« hilfreich. Auch dort finden Sie noch einmal eine Kurzübersicht über wichtige Bedienelemente und Funktionen.

⌄ **Abbildung 1.1**
Die EOS 1200D von oben (Bild: Canon)

❶ **Fokusring**: stellt manuell scharf; darf nicht verwendet werden, wenn der **Fokussierschalter** ❸ auf AF steht; Ausnahme: einige USM- und STM-Objektive

❷ **Zoomring**: dient zum Einstellen der Brennweite

❸ **Fokussierschalter**: wechselt zwischen dem manuellen und dem automatischen Fokus (AF/MF)

❹ **Bildstabilisatorschalter**: aktiviert den im Objektiv eingebauten Bildstabilisator

❺ **Objektiventriegelungstaste**: muss zum Wechseln des Objektivs gedrückt werden

❻ **Mikrofon**: fängt den Sound ein

❼ **Lautsprecher**: bringt im **Film**-Modus die Kamera zum Klingen

❽ **Blitz**: der eingebaute Lichtlieferant

❾ **Blitzschuh**: ermöglicht das Aufsetzen eines externen Blitzes

❿ **Rad zur Dioptrien-Einstellung**: ermöglicht, den Sucher so einzustellen, dass Kurz- und Weitsichtige ohne Brille scharf sehen

⓫ **Moduswahlrad**: schaltet zwischen verschiedenen Belichtungsprogrammen um

⓬ **Hauptschalter**: schaltet die Kamera ein und aus

⓭ **Blitztaste**: schaltet in den Kreativprogrammen den Blitz zu; kann in den Kameraeinstellungen aber auch für eine Änderung des ISO-Werts konfiguriert werden

⓮ **Hauptwahlrad**: zum schnellen Verändern von Einstellungen

⓯ **Auslöser**: nimmt das Foto auf; drücken Sie den **Auslöser** halb durch, um zu fokussieren und die Belichtung zu messen.

< Abbildung 1.2
Die EOS 1200D von hinten (Bild: Canon)

㉑ **DISP**-Taste: schaltet das Display an und aus

㉒ **Q**-Taste Q: führt auf direktem Weg zum Displaymenü

㉓ **ISO**-Taste: dient in den Kreativprogrammen zum Einstellen des ISO-Werts; funktioniert als **Pfeiltaste** nach oben

㉔ **AF**-Taste: lässt sich in den Kreativmodi zur Verstellung des Autofokus-Modus nutzen; funktioniert auch als **Pfeiltaste** nach rechts

㉕ **SET**-Taste: dient zur Bestätigung von Anweisungen und zur Auswahl von Menüeinträgen

㉖ **WB**-Taste: ermöglicht in den Kreativprogrammen die Auswahl eines anderen Weißabgleichs (auch White Balance oder WB); funktioniert auch als **Pfeiltaste** nach unten

㉗ **Zugriffsleuchte**: zeigt einen Lese- oder Schreibvorgang auf der Speicherkarte an

㉘ **Wiedergabe**-Taste ▶: startet die Wiedergabe von Fotos

㉙ **MENU**-Taste: führt in das Menü der Kamera, in dem grundlegende Funktionen eingestellt werden können

㉚ **Aufnahmemodustaste**: schaltet zwischen Einzelbild, Reihenaufnahme und Selbstauslöser um; funktioniert als **Pfeiltaste** nach links

⑯ **Sucher**: bietet den direkten Blick durch das Objektiv auf das aufzunehmende Motiv

⑰ **Livebild**-Taste: zeigt das aufzunehmende Bild im Display an (**Livebild**-Modus); startet im **Film**-Modus die Aufnahme

⑱ **Sterntaste** ✳: speichert die gewählten Belichtungseinstellungen bis zur nächsten Aufnahme; dient beim Betrachten von Bildern zum Auszoomen

⑲ **AF-Messfeldwahl**-Taste ⊞: ermöglicht in den Kreativprogrammen die Wahl eines anderen Autofokusmessfeldes; dient beim Betrachten von Bildern zum Einzoomen

⑳ **Av**-Taste: ermöglicht zusammen mit dem **Hauptwahlrad** die Einstellung einer Über- oder Unterbelichtung; dient auch als **Löschen**-Taste zum Entfernen von Bildern und Filmen

Wie Sie den Akku aufladen und einlegen, das Objektiv ansetzen sowie Datum, Uhrzeit, Zeitzone und Sprache an der Kamera einstellen, konnten Sie bestimmt schon herausfinden. Die Seiten 21 bis 33 der mitgelieferten Kurzbedienungsanleitung erklären alle diese Schritte recht ausführlich.

⊕ Wo ist die ausführliche Bedienungsanleitung?

Bei der 1200D hat Canon an einer gedruckten ausführlichen Bedienungsanleitung gespart. Sie finden die entsprechende PDF-Datei auf der mitgelieferten CD »EOS Camera Instruction Manuals Disk« sowie auf der Canon-Website zum Download.

Möglicherweise haben Sie die EOS 1200D zusammen mit dem Objektiv EF-S 18–55 mm f/3,5–5,6 IS II gekauft. Dieses sogenannte Kit-Objektiv besticht durch sein ausgezeichnetes Preis-Leistungs-Verhältnis und leistet gute Dienste in vielen Motivsituationen. Weitere, teure Anschaffungen sind bei diesem Objektiv erst einmal unnötig.

☑ Objektive und Brennweiten

Die Millimeterangaben im Objektivnamen stehen für die Brennweite. Diese legt den Bildausschnitt fest. Wenn Sie durch Ihr Objektiv blicken, sehen Sie sofort die Unterschiede zwischen den Brennweiten: Bei 18 mm wird ein breiter Ausschnitt abgebildet (Weitwinkelbrennweite). Bei einer längeren Brennweite, zum Beispiel 55 mm, wird ein kleinerer Motivausschnitt erfasst und dafür größer abgebildet (Telebrennweite).

Ein wichtiges Zubehörteil findet sich allerdings leider nicht in der Verpackung: Ihre EOS 1200D sichert die Bilder auf einer Speicherkarte im SD-Format. Die erhältlichen Modelle unterscheiden sich durch ihre Speicherkapazität und die Geschwindigkeit, mit der die Daten auf die Karte geschrieben und von ihr gelesen werden können. Einen guten Preis pro Gigabyte-Kapazität bieten aktuell Modelle mit 16 Gigabyte Speicher. Auf eine solche Karte passen etwa 1700 Bilder der 1200D im JPEG-Format in bester Qualität. Videoaufnahmen benötigen in der höchsten Qualitätsstufe rund 330 Megabyte pro Minute.

Beim Filmen und bei Reihenaufnahmen – mehreren schnellen Auslösungen hintereinander – kommt es darauf an, dass die Kamera die Aufnahmen schnell speichern kann. Es empfiehlt sich deshalb, Speicherkarten der Geschwindigkeitsklasse 6 oder höher zu verwenden. Im Handel finden Sie derzeit ohnehin nur noch etwas schnellere Karten der Klasse 10 sowie die langsameren Modelle für Kompaktkameras. Karten der Klasse 4 beispielsweise sind zwar für Fotos mit der 1200D ebenfalls geeignet, bereiten bei Videos allerdings möglicherweise Probleme.

∧ **Abbildung 1.3**
SD-Karte mit 16 GB Speicherkapazität. Hier handelt es sich um ein Modell der Geschwindigkeitsklasse 10 ③.

Der Blick durch den Sucher

Viele Menschen, die erstmals eine Spiegelreflexkamera bedienen, irritiert in erster Linie das Display. Dort erscheint nämlich vor dem Auslösen kein Bild, wie es bei Kompaktkameras üblich ist. Bei einer Spiegelreflexkamera blickt der Fotograf durch den Sucher und komponiert so die Aufnahme. Im Gegensatz zu anderen Kameraarten führt der Blick sogar direkt durch das Objektiv – eine Besonderheit der Spiegelreflextechnik (siehe Exkurs ab Seite 30). Dieses Konstruktionsprinzip ermöglicht ein sehr schnelles Scharfstellen sowie eine hohe Geschwindigkeit bei Reihenaufnahmen. Bei der EOS 1200D sind es bis zu drei Bilder pro Sekunde.

⌄ Abbildung 1.4
Der Blick durch den Sucher

Beim Blick durch den Sucher sehen Sie die neun Autofokusmessfelder der EOS 1200D ❶, die beim Scharfstellen kurz rot aufleuchten. Weitere Informationen, die Sie dort finden können, sind Belichtungszeit ❸, Blendenwert ❹ und ISO-Wert ❻. Diese Parameter werden in Kapitel 3 detailliert vorgestellt. Das Blitzsymbol ❷ informiert über einen ausgeklappten Blitz. Die Zahl am rechten Rand ❼ zeigt an, wie viele Reihenaufnahmen Sie hintereinander mit der maximalen Geschwindigkeit schießen können. Der Punkt ganz rechts ❽ leuchtet grün, wenn das Scharfstellen geglückt ist. In den Kreativprogrammen **P**, **Tv**, **Av** und **M** gibt der Balken in der Mitte an, ob eine Über- oder Unterbelichtung erfolgt ❺.

Ihre ersten Bilder mit der 1200D

Wenn Sie den **Auslöser** halb herunterdrücken, wird die Belichtung gemessen, und das Objektiv stellt scharf, es fokussiert. Eines oder mehrere aktive Felder leuchten in den meisten eingestellten Programmen beim Fokussieren kurz rot auf, und ein Piepton quittiert den Vorgang. Falls ein Autofokusmessfeld aktiv ist, auf das Sie gar nicht scharfstellen wollten, tippen Sie am besten einfach noch einmal den **Auslöser** an. Die Kamera startet dann einen neuen Versuch. In Kapitel 6 lernen Sie manuelle Techniken kennen, mit denen der Autofokus auch in komplizierten Fällen sicher sitzt.

Wird der **Auslöser** ganz durchgedrückt, erfolgt die Aufnahme, und diese erscheint wenig später für einige Sekunden auf dem Display. Wie lang diese Zeit ist, können Sie im Menü der 1200D einstellen (siehe Seite 311).

Falls im Sucher einer der Werte blinkt, ist für eine korrekte Belichtung zu wenig Licht vorhanden. In einigen Belichtungsprogrammen klappt in solchen Situationen automatisch der Blitz aus. Ansonsten aktiviert ein Druck auf die **Blitztaste** den Generator für zusätzliches Licht.

Ist der Autofokus aktiviert?

Wenn der Autofokus nicht funktioniert, steht vielleicht der **Autofokusschalter** am Objektiv auf **MF** für manuellen Fokus.

Entdecken Sie die Belichtungsprogramme

Mit dem **Moduswahlrad** teilen Sie der Kamera mit, in welchem Programm Sie fotografieren möchten oder ob ein Film aufgenommen werden soll. Als Einsteiger können Sie mit der **Vollautomatik** $\boxed{A^+}$, der **Automatischen Motiverkennung**, alle Einstellungen der Kameraautomatik überlassen und sich ganz auf die Bildgestaltung konzentrieren.

∧ Abbildung 1.5
*Das **Moduswahlrad** im **Vollautomatik**-Modus*

Die mit einem Piktogramm versehenen Aufnahmemodi nennt Canon Motivprogramme. Diese bieten optimierte Einstellungen für viele Einsatzbereiche, etwa Porträts, Landschaften und Sport. In Kapitel 2 ab Seite 36 lernen Sie sie näher kennen.

[100 mm | 1/125 s | f5,6 | ISO 200]

< Abbildung 1.6
*Ideal für Bilder von Blumen:
der **Nahaufnahme**-Modus*

23

Die mit **P**, **Tv**, **Av** und **M** bezeichneten Modi heißen *Kreativprogramme*. Sie richten sich an den fortgeschrittenen Fotografen und ermöglichen die komplette Kontrolle über Blende, Belichtungszeit und ISO-Wert. Was sich dahinter verbirgt, wird in Kapitel 3 detailliert vorgestellt.

Aufnahmeprogramm	Beschreibung
M	Im Modus **M** werden sämtliche Aufnahmeparameter manuell eingestellt.
Av	Im Modus **Av**, also der Zeitautomatik, stellen Sie die Blende ein.
Tv	Die Blendenautomatik ermöglicht die Vorgabe einer Belichtungszeit.
P	Das **P**-Programm ähnelt der **Vollautomatik**; einzelne Parameter können verändert werden.
[A⁺]	**Vollautomatik** beziehungsweise **Automatische Motiverkennung**: Die EOS 1200D kümmert sich um alles.
(Blitz-aus-Symbol)	**Blitz aus**, vollautomatisch ohne Blitz: Der Blitz bleibt auch bei Dunkelheit eingefahren.
[CA]	**Kreativautomatik**: wie die **Vollautomatik** mit weiteren Optionen für den Fotografen
(Porträt-Symbol)	**Porträt**-Modus: bringt Aufnahmen von Menschen zur Geltung
(Landschafts-Symbol)	**Landschafts**-Modus: sorgt für scharfe Bilder in der Natur
(Nahaufnahme-Symbol)	**Nahaufnahme**-Modus: lässt kleine Dinge gut aussehen
(Sport-Symbol)	**Sport**-Modus: friert schnelle Bewegungen ein – und zwar nicht nur die von Sportlern
(Nachtporträt-Symbol)	**Nachtporträt**-Modus: gut für Porträts, bei denen der Hintergrund nicht in der Dunkelheit verschwinden soll
(Film-Symbol)	**Film**-Modus: bringt die Bilder zum Laufen

∧ Tabelle 1.1
Die Aufnahmeprogramme der EOS 1200D im Überblick

Einstellungen für einen guten Start

SCHRITT FÜR SCHRITT

1 Das Menü aufrufen

Die EOS 1200D wird Ihnen so geliefert, dass Sie mit dem Fotografieren direkt loslegen können. Es gibt jedoch einige Menüeinstellungen, die das Fotografenleben erleichtern. Eine ausführliche Darstellung sämtlicher Optionen finden Sie im Anhang ab Seite 310. Die folgenden Basiseinstellungen haben sich in der fotografischen Praxis bewährt.

Stellen Sie das **Moduswahlrad** auf P und drücken Sie dann die **MENU**-Taste. Es erscheinen zehn verschiedene Reiter ❶ mit unterschiedlichen Menüpunkten. Über die **Pfeiltasten** oder das **Hauptwahlrad** können Sie zwischen diesen hin- und herwechseln.

Achtung: In der **Vollautomatik** und den Motivprogrammen ist nur ein Teil der Menüeinstellungen verfügbar. Dort finden Sie nur sechs Reiter.

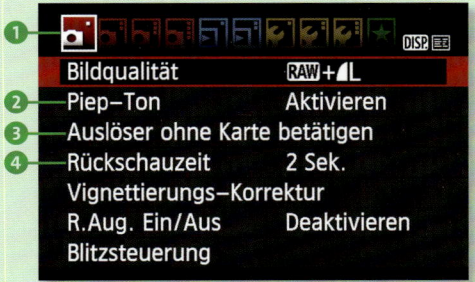

2 Einstellungen im Aufnahmemenü

Unter **Bildqualität** empfiehlt sich die Einstellung ◢L ❺. Die Kamera erstellt damit

JPEG-Dateien in höchster Qualität. Wer allerdings wirklich alle Möglichkeiten der Nachbearbeitung erhalten will, wählt hier besser RAW+◢L ❻. Bei dieser Option speichert die Kamera das Bild nicht nur im JPEG-Format, sondern auch als separate RAW-Datei. Diese enthält weit mehr Informationen und ermöglicht umfangreichere Bearbeitungsschritte am Computer. Der Preis dafür sind pro Bild etwa 20 bis 25 Megabyte Speicherplatz zusätzlich.

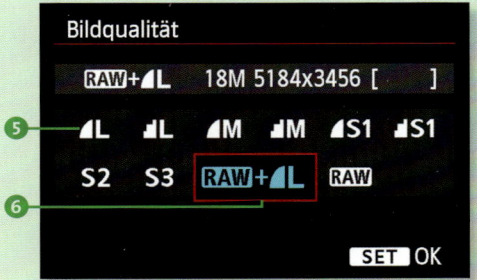

Den **Piep-Ton**, der das Scharfstellen quittiert, können Sie ausschalten ❷. Vielen Fotografen reicht zur Bestätigung das Blinken des jeweils aktivierten Autofokusfelds im Sucher aus.

Unter **Auslöser ohne Karte betätigen** ❸ können Sie festlegen, dass die Kamera ohne eingelegte SD-Karte kein Bild aufnimmt. Eine gute Einstellung für Vergessliche.

Durch die Wahl einer **Rückschauzeit** ❹ legen Sie fest, wie lange das Bild direkt nach der Aufnahme im Display angezeigt wird. Wird hier **Halten** ausgewählt, erscheint das Bild so lange, bis die im siebten Reiter unter **Auto.Absch.aus** ❷ eingestellte Zeit zur Strom sparenden Abschaltung vergangen ist.

3 Gitterlinien einblenden

Im **Livebild**-Modus ist es von Vorteil, sich über **Gitteranzeige** die Variante **Gitter 1** einblenden zu lassen ❶. Damit fällt es etwas leichter, Bildelemente gerade und ansprechend zu positionieren.

4 Bilder automatisch drehen

Unter **Autom. Drehen** können Sie festlegen, ob im Hochformat aufgenommene Bilder nur am Computer oder auch in der Kamera gedreht angezeigt werden. Über die abgebildete Einstellung ❸ verschenken Sie keinen

Anzeigeplatz. Dafür müssen Sie dann natürlich beim Betrachten eines Bildes die Kamera drehen.

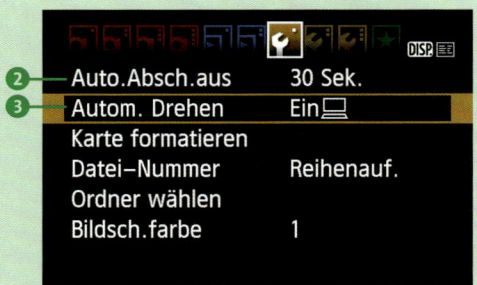

5 Erläuterungen deaktivieren

Beim Drehen des **Moduswahlrads** erscheinen auf dem Bildschirm kurze Erläuterungen. Wenn Sie davon nach einer gewissen Eingewöhnungsphase genug haben, können Sie diese Texte unter **Erläuterungen** ❹ deaktivieren.

Groß und bequem: das Display im Livebild-Modus

Trotz aller Vorteile des Spiegelreflexsystems: Es gibt viele Situationen, in denen es praktischer ist, das Bild während der Aufnahme direkt auf dem Display zu sehen – ganz so, wie es bei einer Kompaktkamera üblich ist. Typische Situationen dafür sind Aufnahmen aus einer sehr niedrigen Perspektive, in der Sie sich verrenken müssten, um durch den Sucher zu schauen. Hier kommt der **Livebild**-Modus zum Einsatz.

∧ **Abbildung 1.7**
*Die **Livebild**-Taste ⑤*

Sie schalten diesen über die **Livebild**-Taste ⑤ ein. Mit den **Pfeiltasten** lässt sich der weiße Rahmen auf den Bereich schieben, der scharfgestellt werden soll. Mit der **AF-Messfeldwahl**-Taste ⑥ können Sie zusätzlich eine fünf- oder zehnfache Vergrößerung anzeigen lassen. Mit dem Antippen des **Auslösers** justiert die Kamera die Schärfe nach und bestätigt dies mit einem Piepton. Durch das Durchdrücken des **Auslösers** erfolgt dann die Aufnahme. Falls der Schalter am Objektiv auf **MF** steht, können Sie auch manuell fokussieren. Dazu genügt es, das Objektiv am vorderen Ende, dem Fokusring, leicht zu drehen. Weitere Informationen zum **Livebild**-Betrieb finden Sie auf Seite 130.

Sucher oder Livebild?

Das **Livebild** auf dem Display betrachten zu können, ist sehr praktisch. Dennoch gibt es eine Reihe guter Gründe, durch den Sucher zu schauen und den klassischen Autofokus zu nutzen. So funktioniert dieser wesentlich schneller und genauer als die **Livebild**-Methode, weil die Autofokussensoren direkt im Strahlengang – auf dem Weg des Lichts – liegen. Zudem ist der Stromverbrauch durch die weniger lange Displaynutzung geringer. Detaillierte Informationen zur Funktionsweise des Autofokus finden Sie ab Seite 134.

Im **Livebild**-Betrieb ist durch den Sucher übrigens nichts mehr zu sehen. Warum das so ist, erklärt der Exkurs am Ende dieses Kapitels.

[23 mm | 1/125 s | f8 | ISO 100]

Abbildung 1.8 >
*Dank **Livebild**-Modus können Sie aus einer niedrigen Position fotografieren, ohne sich dabei zu verrenken.*

Aufnahmen betrachten und löschen

SCHRITT FÜR SCHRITT

1 **Die Bildwiedergabe starten**

Drücken Sie die **Wiedergabe**-Taste **7**. Das zuletzt geschossene Foto erscheint auf dem Display. Mit den **Pfeiltasten** **5** links und rechts können Sie durch alle Aufnahmen auf der Speicherkarte blättern. Ein mehrmaliges Drücken auf die **DISP**-Taste **4** blendet während der Bildwiedergabe verschiedene Informationen über die Einstellungen während der Aufnahme ein. Um einen Film abzuspielen, drücken Sie **SET** **6** und starten die Wiedergabe mit einem erneuten Druck auf diese Taste. Sie finden außerdem weitere Steueroptionen, die Sie zum Beispiel von Ihrem DVD-Player kennen. Mit dem **Hauptwahlrad** **8** verändern Sie die Lautstärke.

2 **Durch die Übersicht navigieren**

Ein ein- oder zweimaliger Druck auf die **Sterntaste** **1** führt zu einer Übersicht von jeweils vier oder neun Bildern. Diese wird als Indexanzeige bezeichnet. Mit den **Pfeiltasten** **5** bewegen Sie sich von Bild zu Bild. Das jeweils aktivierte Foto wird durch einen blauen Rahmen gekennzeichnet. Durch Drehen am **Hauptwahlrad** **8** ist es möglich, jeweils blockweise von Übersicht zu Übersicht zu springen. Um wieder zur Einzelbilddarstellung zurückzugelangen, nutzen Sie die **SET**-Taste **6**.

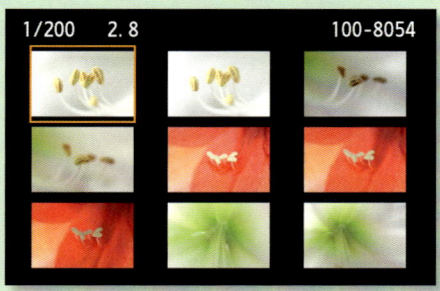

3 Ein einzelnes Foto genauer analysieren

Mit der **AF-Messfeldwahl**-Taste ❷ lassen sich einzelne Bilder vergrößern. Wenn Sie die Taste wiederholt drücken oder gedrückt halten, erscheinen die Fotos bis zu zehnfach vergrößert. Mit den **Pfeiltasten** ❺ verschieben Sie den angezeigten Ausschnitt. Auf diese Weise ist es einfach möglich, die Schärfe eines Bildes zu beurteilen. Über die **Sterntaste** ❶ können Sie die Vergrößerungsstufe anschließend wieder verkleinern. Ein erneuter Druck auf die **Wiedergabe**-Taste ❼ führt aus der Bilddarstellung zurück zur Standard-Displayanzeige.

4 Ein einzelnes Bild löschen

Mit einem Druck auf die **Löschen**-Taste ❸ können Sie ein einzeln dargestelltes Bild entfernen. Zur Sicherheit müssen Sie allerdings den Vorgang mit der **SET**-Taste ❻ bestätigen.

Bilder gezielt beurteilen

Wenn Sie weit in das Bild hineingezoomt haben und am **Hauptwahlrad** drehen, erscheint das nächste Bild mit dem gleichen Ausschnitt in der gleichen Vergrößerungsstufe. So lässt sich bei einer Bildserie sehr gut beurteilen, welches Foto am schärfsten ist.

Die digitale Spiegelreflexkamera
EXKURS

Das Wort *Spiegelreflexkamera* steht für eine bestimmte Bauart von Kameras, bei denen die einfallenden Lichtstrahlen über eine Reihe von Spiegeln in den Sucher gelenkt werden, in dem das Bild erscheint. Einige Kompaktkameras haben zwar auch einen Sucher, der Blick durch diesen führt jedoch nicht durch das Objektiv, sondern zeigt ein zweites, leicht verschobenes Bild. Dieses wird durch ein zweites optisches System eigens erzeugt. Bei diesen Kameras zoomen Objektiv und Sucher gleichzeitig, so dass Sie die Illusion haben, durch das Objektiv zu schauen.

In einer Spiegelreflexkamera nimmt das Licht andere Wege. Das eigentliche Ziel dabei ist der Sensor ❸, in dem das digitale Bild entsteht. Wie Abbildung 1.10 zeigt, ist dabei jedoch im »Grundzustand« der Spiegel ❹ im Weg. Das Licht ❷ – und damit das Bild – erreicht nicht den Sensor, sondern wird in den Spiegelkasten ❶ umgelenkt. Dort muss es einen kleinen Umweg machen, um nicht seitenverkehrt im Sucher zu erscheinen.

Beim Druck auf den **Auslöser** passieren nun drei Dinge gleichzeitig:

1. Die Blendenöffnung im Objektiv stellt sich auf den eingestellten Wert ein. Näheres dazu erfahren Sie in Kapitel 3.
2. Der Spiegel klappt nach oben und gibt für die Lichtstrahlen den Weg zum Sensor frei. In diesem Moment wird das Bild im Sucher schwarz.
3. Zwei Vorhänge, die den Sensor normalerweise abschirmen, öffnen sich, und das Licht trifft auf den Sensor. Dieser wandelt die dabei generierten Informationen in digitale Daten um. Das Bild wird aufgezeichnet.

Abbildung 1.9 >
Querschnitt durch eine Kompaktkamera

Abbildung 1.10 >>
Querschnitt durch eine Spiegelreflexkamera

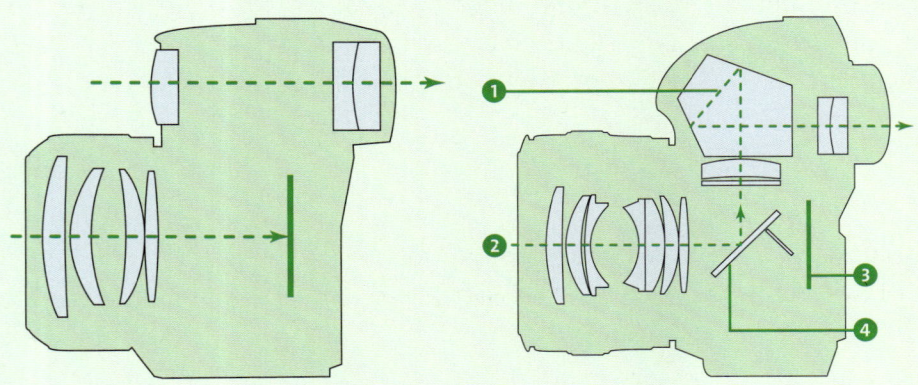

Wenn Sie es genau wissen wollen: der Sensor

Das Herz der EOS 1200D und ihr teuerstes Bauteil ist der Sensor. Hier wird das Licht in elektrische Impulse verwandelt, aus denen das Bild entsteht. Dies geschieht über lichtempfindliche kleine Zellen, von denen die 1200D eine stattliche Anzahl besitzt: 17 915 904, also rund 18 Megapixel. Diese Pixel können jedoch nur Helligkeitswerte erfassen. Mit dieser Methode allein ließen sich also höchstens Schwarzweißbilder erzeugen.

Um trotzdem Farbinformationen zu bekommen, liegt vor jedem einzelnen Pixel ein Farbfilter in den Grundfarben Rot, Grün oder Blau. Diese Filter sind jeweils abwechselnd aufgebracht: Auf eine Zeile mit Grün und Rot folgt eine Zeile, in der nur Blau und Grün vorkommen (siehe Abbildung 1.12). Diese Aufteilung des Sensors entspricht der Bayer-Matrix, die den Namen ihres Entwicklers Bryce E. Bayer trägt. Die Bayer-Matrix verwendet die Farbe Grün doppelt so häufig wie Blau und Rot, was daran liegt, dass der grüne Farbbereich für das scharfe Sehen mit unseren Augen am wichtigsten ist.

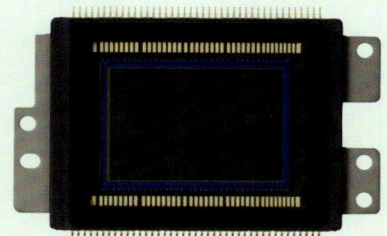

< **Abbildung 1.11**
Im Sensor werden aus Lichtteilchen Farbinformationen.

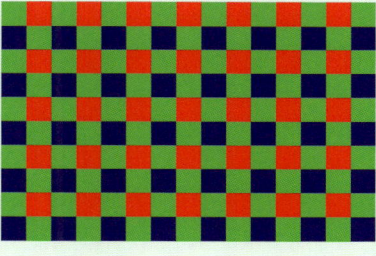

< **Abbildung 1.12**
Das Bayer-Muster

Bedingt durch die Aufteilung der Farbfilter gibt es für die einzelnen Pixel immer nur Helligkeitsdaten über eine einzige Farbkomponente – eben Rot, Grün oder Blau. Anschließend wird das Ergebnis jedoch verrechnet. Dieser Vorgang heißt *Interpolation*. Die Elektronik »schätzt« gewissermaßen, welche Farbe ein Pixel zwischen zwei anderen Pixeln hat und setzt entsprechend diesen Wert. Dabei kann sie sich irren, aber angesichts der Millionen Pixel einer Digitalkamera fallen einzelne Fehleinschätzungen nicht weiter auf.

 Warum Rot, Grün und Blau?

Wie bei Monitoren, Fernsehern und anderen elektronischen Geräten werden in der Kamera die Farben als Kombination aus Rot-, Blau- und Grün-Werten verarbeitet. Aus diesen Grundfarben lassen sich alle anderen Farben mischen.

Die Sensorgröße und der Cropfaktor

Um die digitale Spiegelreflextechnik preiswert anbieten zu können, entschlossen sich die meisten Kamerahersteller, in ihren Einsteiger- und Mittelklassemodellen Sensoren zu verbauen, die kleiner sind als der entsprechende Abschnitt eines klassischen Kleinbildfilms einer analogen Spiegelreflexkamera. Während ein Negativ eines solchen Films eine Größe von 36 × 24 mm hat ❶, ist der Sensor der EOS 1200D nur etwa 22 × 15 mm groß ❷. Dieses Format heißt *APS-C*. Das Verhältnis dieser Größen ist 1,6 und wird auch als *Cropfaktor* bezeichnet.

Abbildung 1.13 >
Sensorgrößen und Cropfaktor

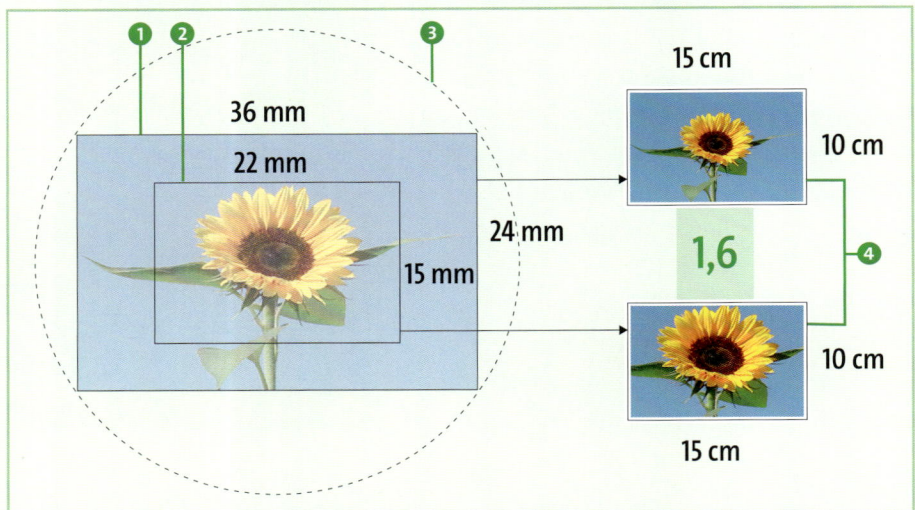

Sämtliche vier-, drei- und zweistelligen Kameramodelle von Canon sowie die EOS 7D sind mit Sensoren dieser Größe ausgestattet. Trotzdem können Sie an Ihrer EOS 1200D auch Canon-Objektive verwenden, die für analoge Spiegelreflexkameras oder die teureren digitalen Modelle mit größerem Sensor entwickelt wurden. Die Brennweite des Objektivs ändert sich dabei nicht, und das Licht fällt natürlich auch weiterhin kreisrund in die Kamera ❸. Der davon tatsächlich genutzte Bereich verkleinert sich allerdings um den Faktor 1,6. Ein engerer Bildwinkel und damit ein kleinerer Bildausschnitt ist die Folge. Das endgültige Foto sieht dadurch – in gleich großem Format ausgedruckt ❹ – so aus, als sei es um den Faktor 1,6 vergrößert worden beziehungsweise mit einer um den Faktor 1,6 höheren Brennweite aufgenommen worden.

Ein Objektiv mit einer Brennweite von 100 mm wirkt an einer Kamera mit APS-C-Sensor zum Beispiel wie eine Brennweite von 160 mm (100 × 1,6) an einer sogenannten Vollformatkamera mit einem Sensor in Kleinbildgröße. Eine solche ist beispielsweise die Canon EOS 5D Mark III.

Der Vorteil des APS-C-Systems ist, dass Teleobjektive noch länger wirken: Wo der Besitzer einer Vollformatkamera für den gleichen Bildeindruck ein 400-mm-Objektiv einsetzen muss, reichen dem Fotografen mit APS-C-Sensor 250 mm (400 : 1,6 = 250).

Der Nachteil ist, dass beim APS-C-Sensor sehr niedrige Brennweiten nötig sind, um Weitwinkelaufnahmen zu machen. Der Besitzer einer Vollformatkamera kann bereits bei 16 mm Brennweite Aufnahmen mit sehr großem Bildwinkel erstellen. An der EOS 1200D dagegen muss für den gleichen Effekt ein 10-mm-Objektiv eingesetzt werden.

Die mit EF-S bezeichneten Objektive von Canon passen übrigens nur an Kameras mit APS-C-Sensor. Sie haben wie ihre Vollformat-Pendants die gleiche Brennweite. Bei ihnen ist allerdings der Bildkreis ❸ nur gerade so groß, dass der kleinere Sensor dieser Kameras ausgeleuchtet wird.

Kapitel 2
Einsteigen mit den Motivprogrammen

So stellen Sie den Aufnahmemodus ein

▲ Abbildung 2.1
In den automatischen Aufnahmemodi über-nimmt die Kamera alle Einstellungen.

An der EOS 1200D lassen sich für die unterschiedlichen fotografischen Situationen viele Parameter manuell einstellen. Diese lernen Sie in den folgenden Kapiteln ausführlich kennen. Doch schon in den vollautomatisch arbeiten-den Motivprogrammen hat die Kamera jede Menge zu bieten. Hier können Sie getrost der Kamera die technische Optimierung des Bildes überlassen und müssen sich nicht um Dinge wie Blende, Belichtungszeit und ISO-Wert kümmern.

Damit empfehlen sich die automatischen Aufnahmemodi nicht nur für Einsteiger. Auch wenn es schnell gehen muss, sind diese Programme ausge-sprochen hilfreich. Ein Dreh auf das Motivprogramm **Sport** 🏃 zum Beispiel genügt, um einen plötzlich vorbeifahrenden Radfahrer gestochen scharf ab-zubilden.

Die Motivprogramme sind ganz auf eine unkomplizierte Bedienung ausge-richtet. Wenn Sie das **Moduswahlrad** auf eines der Aufnahmeprogramme dre-hen, sehen Sie zunächst einen Informationstext und anschließend eine sehr aufgeräumte Displayanzeige. In der Kopfzeile erscheint das jeweils gewählte Belichtungsprogramm ❶. Auf der linken Seite werden Belichtungszeit, Blende

∨ Abbildung 2.2
Das Display in einem der Motivprogramme

und ISO-Wert angezeigt ❷. Was es damit genau auf sich hat, erfahren Sie in Kapitel 3. Außerdem sehen Sie die Batte-rieanzeige ❹, das gewählte Speicherformat ❺ und die Zahl der noch verbleibenden Aufnahmen ❻. In der Mitte erschei-nen die zur Verfügung stehenden Optionen und in einigen Fällen eine kurze Erläuterung. Am hervorgehobenen **Q** ❸ er-kennen Sie, dass Sie mit der **Q**-Taste in ein Menü gelangen können, in dem weitere Einstellungen möglich sind.

Nur noch auslösen: die Vollautomatik der 1200D

In der Vollautomatik, die Canon auch **Automatische Motiverkennung** nennt, kümmert sich die Kamera komplett selbst um die Technik. Sie können sich ganz auf das Komponieren des Bildes konzentrieren. Dementsprechend ge-ring sind Ihre Einstellmöglichkeiten, wenn Sie in diesem Modus **Q** drücken.

Durch Drücken der **Pfeiltasten** können Sie zwischen einzelnen Aufnahmen (Einzelbild) **7**, Selbstauslöser **8** oder einer **Selbstauslöser-Reihenaufnahme 9** wechseln. Bei der **Selbstauslöser-Reihenaufnahme** startet der Selbstauslöser zehn Sekunden nach Druck auf den **Auslöser** und schießt gleich mehrere Fotos hintereinander. Wie viele es sein sollen, können Sie mit den **Pfeiltasten** nach oben oder unten einstellen. Diese Funktion ist zum Beispiel bei Gruppenporträts hilfreich, bei denen der Fotograf auf dem Bild sein soll. Da in diesen Situationen schließlich immer irgendjemand gerade die Augen geschlossen hat oder zur Seite schaut, steigern Sie mit dieser Einstellung Ihre Trefferquote.

ᴧ **Abbildung 2.3**
Das Symbol der **Vollautomatik**

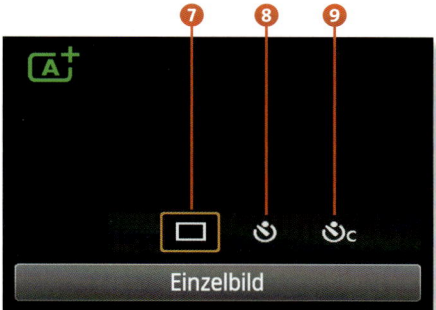

ᴧ **Abbildung 2.4**
Nach einem Druck auf **Q** *können Sie vom* **Einzelbild**-*Modus auf den* **Selbstauslöser** *oder auf die* **Selbstauslöser-Reihenaufnahme**n *wechseln.*

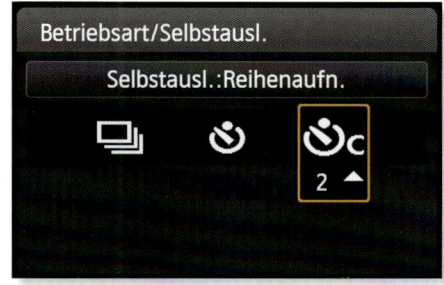

ᴧ **Abbildung 2.5**
So stellen Sie den **Selbstauslöser** *auf* **Reihenaufnahme**. *Über die* **Pfeiltasten** *können Sie die Anzahl der Bilder (bis zu 10) selbst bestimmen.*

 Der schnelle Weg zur Reihenaufnahme

Am schnellsten wechseln Sie die Betriebsart über die eigens dafür vorgesehene Taste **10**. Mit den **Pfeiltasten** und der Bestätigung via **SET** lässt sich die gewünschte Einstellung sehr einfach vornehmen.

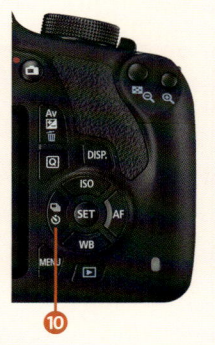

Der Weg über Q führt zum gleichen Ziel. Wenn Sie zur Bestätigung dort allerdings die **SET**-Taste drücken, erscheint noch einmal das komplette Menü in einer größeren Version, und die Kamera erwartet eine erneute Bestätigung. Dieser etwas umständliche Schritt ist einer einheitlichen Bedienlogik geschuldet.

Ein Antippen des **Auslösers** ist der schnellste Weg, das Menü zu verlassen. Die gewählte Option bleibt bestehen, und Sie können schnell weiterfotografieren.

Auch beim Blitz lässt Ihnen die Vollautomatik keine Wahl: Die kleine Lichtkanone wird bei Bedarf automatisch hochgeklappt. Damit die Kamera im Dunkeln die Belichtung messen kann, muss der Blitz möglicherweise schon vor der Aufnahme für ein wenig Licht sorgen. Dabei kann es sich um ein einmaliges Flackern, aber auch um eine schnelle, recht nervige Folge von kurzen Impulsen handeln. Lassen Sie sich dadurch nicht irritieren.

Nicht immer sind Blitze erwünscht oder erlaubt. Drehen Sie in solchen Situationen das **Moduswahlrad** einfach um eine Position weiter, also auf **Blitz aus** ⚡. Die Warnung auf dem Display **Bei wenig Licht Verwacklungsgefahr** ist durchaus ernst zu nehmen. Im Zweifel helfen einige Probeschüsse und die anschließende Kontrolle des Bildes auf dem Display. Indem Sie in die Aufnahme hineinzoomen, können Sie die Schärfe wesentlich besser beurteilen (siehe Seite 29).

Gestalten mit der Kreativautomatik

^ Abbildung 2.6
*Das **Moduswahlrad** steht auf **CA** für die Kreativautomatik.*

Weitaus mehr Eingriffsmöglichkeiten und damit Potenzial für die Bildgestaltung bietet die Kreativautomatik **CA** (CA = *Creative Automatic*). Im Gegensatz zur Vollautomatik 🅐⁺ können Sie in diesem Modus mit verschiedenen Umgebungseffekten ❶ und einem unscharfen Hintergrund experimentieren ❷.

Auch hier führt ein Druck auf 🆀 zu den Einstellmöglichkeiten. Mit den **Pfeiltasten** nach oben und unten navigieren Sie durch die verschiedenen Parameter. Bei den Umgebungseffekten handelt es sich um Farbveränderungen, mit denen Sie Ihren Bildern gezielt einen bestimmten Look geben

^ Abbildung 2.7
*Display im **CA**-Modus*

^ Abbildung 2.8
*Die erste Einstellmöglichkeit ❶ sind die **Umgebungseffekte**.*

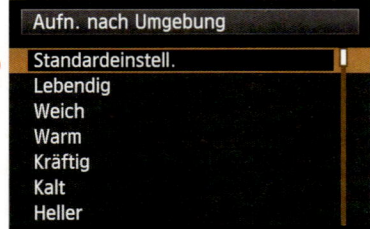

^ Abbildung 2.9
*Durch Drücken der **SET**-Taste sehen Sie alle Umgebungseffekte im Überblick.*

können (siehe Abbildung 2.12). Mit den **Pfeiltasten** nach links und rechts oder dem **Hauptwahlrad** können Sie direkt den gewünschten Effekt auswählen. Sie brauchen die Wahl nicht mit **SET** zu bestätigen. Nach einem Druck auf diese Taste erscheint allerdings die komplette Auswahlliste im Überblick.

Schalten Sie die Kamera mit der **Livebild**-Taste ❸ in den **Livebild**-Modus, lassen sich die Auswirkungen sogar direkt auf dem Display betrachten. Auch dort kommen Sie über die **Q**-Taste und die Navigation zum entsprechenden Eintrag in das Menü für diese Option. Folgende Möglichkeiten stehen zur Auswahl:

- **Lebendig**
- **Weich**
- **Warm**
- **Kräftig**
- **Kalt**
- **Heller**
- **Dunkler**
- **Monochrom**

^ **Abbildung 2.10**
*Drücken Sie die **Livebild**-Taste ❸, um die Auswirkungen der verschiedenen Umgebungseffekte direkt zu sehen.*

Die Stärke der jeweiligen Effekte lässt sich in drei Stufen einstellen. Mit den **Pfeiltasten** oder durch einen Dreh am **Hauptwahlrad** können Sie zwischen den Optionen **Schwach**, **Standard** und **Stark** auswählen ❹.

Beim Umgebungseffekt **Monochrom** allerdings verwandelt sich diese Auswahl in **Blau**, **Schwarz-Weiß** und **Sepia**. Gerade mit diesen Einstellungen lassen sich auch ohne Bildbearbeitung am Computer sehr kreative Effekte erzielen.

^ **Abbildung 2.11**
Hier können Sie die Stärke der Umgebungseffekte einstellen ❹.

Abbildung 2.12 >
*Bei antiken Möbeln zum Beispiel macht sich der Umgebungseffekt **Monochrom** in der Einstellung **Sepia** gut.*

[18 mm | 1/1250 s | f3,5 | ISO 200 | Stativ]

Die Optionen **Heller** und **Dunkler** sind vor allem für die Fälle interessant, in denen sich die Automatik der Kamera irrt und ein Motiv zu hell oder zu dunkel belichtet wird. In Kapitel 4 geht es speziell um solche Situationen. Dort erfahren Sie ab Seite 90, wann sich die Belichtungsautomatik besonders stark irritieren lässt und wie Sie auch im halbautomatischen Modus entsprechende Korrekturen vornehmen können.

Am interessantesten am **CA**-Modus ist sicherlich die Funktion, mit der der Hintergrund unscharf dargestellt werden kann. Auch zu dieser Einstellung gelangen Sie über Q. Anschließend geht es mit der **Pfeiltaste** nach unten auf den Eintrag **Hintergrund: Unscharf ↔ Scharf**. Mit den **Pfeiltasten** nach rechts oder links oder dem **Hauptwahlrad** bestimmen Sie den Grad der Unschärfe. Je

Abbildung 2.13 >
Der Hintergrund wurde hier auf ganz scharf gestellt ❶*.*

nachdem, ob Sie die Markierung nach links oder rechts verschieben, wird der Hintergrund verschwommener oder schärfer.

Die besten Bildergebnisse mit verschwommenem Hintergrund erreichen Sie mit folgenden Mitteln: Stellen Sie den Zoom am Objektiv auf den größtmöglichen Wert, gehen Sie möglichst nah an Ihr Motiv heran und platzieren Sie dieses wiederum in großer Entfernung zum Hintergrund.

∨ Abbildung 2.14
Mit der Einstellung
Hintergrund unscharf
lassen sich ablenkende Bildelemente sehr gut verbergen.

Achtung

Bei Blitzbetrieb funktioniert die Option **Hintergrund unscharf** nicht. Der Eintrag ist dann ausgegraut.

Die weiteren Optionen sind Ihnen bereits vom [A]⁺-Modus bekannt. Auch hier gibt es einen **Selbstauslöser**. Als zusätzliche Option können Sie die Auswahl **Reihenaufnahme** treffen. Damit werden beim Druck auf den **Auslöser** gleich mehrere Bilder – bis zu drei pro Sekunde – ge-

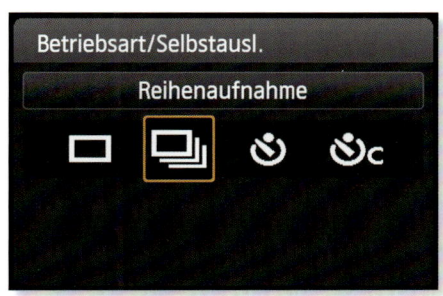

< **Abbildung 2.15**
*Im **CA**-Modus können Sie auch die Betriebsart **Reihenaufnahme** wählen.*

schossen. Das ist zum einen hilfreich, um bei Motiven in Bewegung den passenden Moment nicht zu verpassen. Mit der Anzahl der Aufnahmen steigt die Wahrscheinlichkeit, dass bei wenigstens einer die Schärfe stimmt. Zum anderen helfen Reihenaufnahmen auch in kritischen Lichtsituationen.

Anders als in der **Vollautomatik** lässt sich im **CA**-Modus auch der Blitz deaktivieren. Im Menü haben Sie die Wahl zwischen drei Optionen: Im Modus **Automatischer Blitz** ❷ klappt der Blitz von selbst heraus und zündet, wenn die Belichtungsmessung der Kamera eine dunkle Umgebung erkennt. Mit der Wahl von **Blitz aus** ❹ lässt sich dies unterbinden, und mit der Option **Blitz ein** ❸ wird auf jeden Fall geblitzt, auch wenn es eigentlich hell ist. Auf diese Weise lassen sich zum Beispiel an einem Sommertag Bildteile, die im Schatten liegen, aufhellen.

< **Abbildung 2.16**
*Navigieren Sie mit den **Pfeiltasten** zum Symbol Blitzeinstellungen (links), und drücken Sie die Taste **SET**, um zur Auswahl zu gelangen (rechts).*

So nutzen Sie die Spezial-Motivprogramme

Die EOS 1200D wartet mit einer Reihe von Motivprogrammen auf, die auf die speziellen Anforderungen von Porträt-, Landschafts-, Nah-, Sport- und Nachtaufnahmen sowie Situationen mit großem Lichtkontrast zugeschnitten sind.

∧ Abbildung 2.17
Die Motivprogramme stellen Sie mit dem Moduswahlrad ein.

Abbildung 2.18 >
Links: Neben den Umgebungseffekten ❶ *können Sie hier die Beleuchtung* ❷ *einstellen. Rechts: die Auswahlmöglichkeiten im Überblick*

Canon nennt diese *Normal-Programme*. Über das **Moduswahlrad** lassen sie sich aktivieren.

Die daraufhin auf dem Display sichtbaren Elemente kommen Ihnen inzwischen sicher bekannt vor. Auch hier können Sie zum Beispiel den **Selbstauslöser** aktivieren und Ihre Bilder mit den **Umgebungseffekten** aufpeppen.

Zusätzlich lässt sich im **Porträt-** 🐾, **Landschafts-** 🏔, **Nahaufnahme-** 🌷 und **Sport-**Programm 🏃 die Art der Beleuchtung einstellen. Dies hat einen sichtbaren Einfluss auf die Farbwiedergabe. Dazu erscheint ein weiterer Menüpunkt im Display ❷.

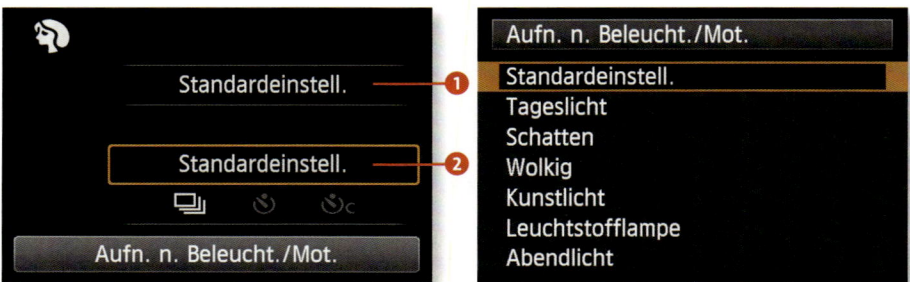

Wie bei den Umgebungseffekten auch, können Sie mit den **Pfeiltasten** nach rechts und links oder dem **Hauptwahlrad** die passende Einstellung auswählen. Alternativ rufen Sie über die **SET**-Taste eine entsprechende Übersicht auf. In der **Standardeinstellung** erfolgt eine automatische Optimierung der Farbdarstellung. Möglicherweise helfen Optionen wie **Wolkig** oder **Abendlicht**, um ein realistischeres Bild zu erzeugen. Andererseits können Sie an dieser Stelle das Foto nach eigenen Wünschen verändern: Bei der Aufnahme in der Einstellung **Schatten** beispielsweise werden die Farben wärmer, auch wenn tatsächlich die pralle Sonne auf das Motiv scheint.

Folgende Beleuchtungseinstellungen stehen zur Auswahl:

- **Standardeinstellung**
- **Tageslicht**
- **Schatten**
- **Wolkig**
- **Kunstlicht**
- **Leuchtstofflampe**
- **Abendlicht**

 Naturlicht

Im **Landschafts**-Modus fehlen die Beleuchtungseinstellungen **Kunstlicht** und **Leuchtstofflampe**.

Beleuchtungseinstellung und Umgebungseffekte

Die Beleuchtungseinstellungen und Umgebungseffekte erlauben es, unterschiedliche Bildstile direkt in der Kamera zu erzeugen. Im fotografischen Alltag ist das Einstellen jedoch eher umständlich, und ein einmal bearbeitetes Bild kann nachträglich nicht wieder in einen anderen Stil konvertiert werden. Ein neutrales Ausgangsbild dagegen lässt sich am Computer auf sehr unterschiedliche Arten bearbeiten. Noch mehr Freiheit bietet das RAW-Format (siehe Seite 82).

Das Porträt-Programm gekonnt nutzen

Wenn Sie bereits Experimente mit der Einstellung **Hintergrund unscharf** im **CA**-Modus gemacht haben, kommt Ihnen der **Porträt**-Modus bestimmt bekannt vor. Hier kommen Sie jedoch ganz ohne Änderungen im Kameramenü zum gleichen Ergebnis.

Wenn Sie das Display in diesem Motivprogramm betrachten, sehen Sie, dass bei den Betriebsarteinstellungen nun die **Reihenaufnahme** ❸ eingeschaltet ist. Mit der Anzahl mehrerer schnell hintereinander aufgenommener Fotos steigt die Wahrscheinlichkeit, dass Sie Ihr Modell im richtigen Augenblick erwischen.

Besonders gut funktioniert dieses Motivprogramm, wenn Sie das Objektiv auf eine leichte Telebrennweite einstellen – beim 18–55-mm-Kit-Objektiv also auf 55 mm – und nah an Ihr Motiv herangehen. Zudem empfiehlt es sich, einen größeren Abstand zwischen dem Modell und dem Hintergrund zu wählen, da dieser mit zunehmender Entfernung immer unschärfer wird. Das Porträt ist dann noch besser freigestellt, kein unruhiger Hintergrund stört.

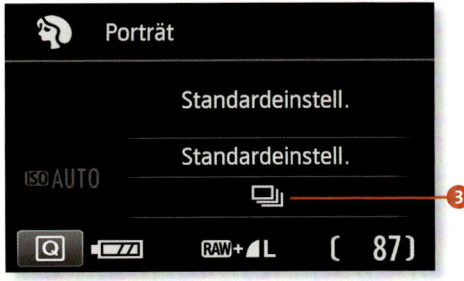

∧ **Abbildung 2.19**
Das Display im **Porträt**-*Modus*

[30 mm | 1/80 s | f4,5 | ISO 400]

Abbildung 2.20 >
Weiche Hauttöne und ein verschwommener Hintergrund sind die besonderen Kennzeichen des **Porträt**-*Programms.*

Für Gruppenaufnahmen ist dieser Modus allerdings nur bedingt geeignet: Gerade wenn mehrere Personen hintereinander stehen, kann es passieren, dass nur die vordere Person scharf abgebildet ist, da die Motivteile außerhalb des fokussierten Bereichs unscharf erscheinen.

 Hintergrund unscharf – woher kommt das?

Die selektive Schärfe wird durch die Einstellung einer weit geöffneten Blende erreicht. Bei der Blende handelt es sich um Lamellen im Objektiv, die unterschiedlich große Öffnungsdurchmesser einnehmen können (siehe Seite 63).

Natur in Szene setzen mit dem Programm Landschaft

Beim Motivprogramm **Landschaft** versucht die Kamera, eine Einstellung zu finden, mit der alle Bereiche des Bildes scharf abgelichtet werden. Anders als im **Porträt**-Programm schaltet die Kamera hier auf Einzelbildbetrieb ❶. Schließlich kommt es bei Aufnahmen der Natur eher auf das ruhige Finden des richtigen Bildausschnitts an, weniger auf das Abpassen des richtigen Moments.

[42 mm | 1/125 s | f8 | ISO 200]

∧ **Abbildung 2.21**
*Im Modus **Landschaft** nimmt die Kamera pro Auslösung jeweils ein Bild auf.*

< **Abbildung 2.22**
*Dieses Bild wurde im Motivprogramm **Landschaft** aufgenommen. Es sorgt unter anderem dafür, dass Grün- und Blautöne kräftig dargestellt werden.*

Großer Helfer für kleine Motive: das Nahaufnahme-Programm

Dieses Programm eignet sich dazu, kleine Motive aus der Nähe zu fotografieren. Im Aufnahmemodus **Nahaufnahme** wählt die Kamera eine Einstellung, die das Motiv scharf und den Hintergrund unscharf abbildet. So ist es möglich, das zentrale Bildelement gezielt hervorzuheben und störende Teile auszublenden. Trotzdem ist es unter gestalterischen Gesichtspunkten sinnvoll, auf einen aufgeräumten Hintergrund zu achten. Farblich ablenkende Bereiche zum Beispiel lassen sich auch mit dieser Einstellung nicht verbergen.

< **Abbildung 2.23**
Das Display im Modus
Nahaufnahme

[55 mm | 1/500 s | f5,6 | ISO 100]

∧ Abbildung 2.24
*Diese Blüte wurde im **Nahaufnahme**-Modus aufgenommen.*

Bewegte Motive mit dem Sport-Programm einfangen

Das linke Bild in Abbildung 2.26 entstand mit dem Motivprogramm für Sport-aufnahmen. Die schnelle Bewegung des Greifvogels wurde dabei durch eine sehr kurze Belichtungszeit eingefroren. Die Kamera öffnete den Verschluss nur für den Bruchteil einer Sekunde – hier für 1/1000 s.

Abbildung 2.25 >

*Links: Im **Sport**-Modus ist die **Reihenaufnahme** aktiviert. Alternativ wählen Sie **Selbstaus-löser** oder **Selbstauslö-ser – Reihenaufnahme** (rechts).*

Das rechte Bild entstand mit einer längeren Belichtungszeit. Während durch den Verschlussvorgang der Kamera Licht auf den Sensor fiel, hat der Raub-vogel seine Flügel bewegt – die Federn erscheinen dadurch verwischt. Diese Form der Unschärfe wird daher auch *Bewegungsunschärfe* genannt. Richtig eingesetzt, kann sie beim Betrachter des Bildes auch einen Eindruck von Dy-namik hinterlassen. Deshalb kann es in manchen Situationen sinnvoller sein, gerade nicht den **Sport**-Modus zu nutzen. Probieren Sie auf jeden Fall auch die Bildwirkung in der **Kreativ**- oder **Vollautomatik** aus (**CA**, **A⁺**).

[180 mm | 1/1000 s | f5,6 | ISO 200]

[180 mm | 1/400 s | f5,6 | ISO 200]

∧ **Abbildung 2.26**

Links: Raubvogel im Anflug – trotz hoher Geschwindigkeit ist das Bild scharf. Rechts: Leider nicht gelungen: Dieses Bild ist unscharf, weil die Belichtungszeit für die Bewegung zu lang war.

Es gibt einen wichtigen Unterschied zwischen dem **Sport**- und allen weiteren Motivprogrammen: Der Autofokus arbeitet hier im sogenannten **AI-Servo**-Modus. Auch wenn Sie den **Auslöser** bereits halb heruntergedrückt haben – die Kamera also schon einen Schärfepunkt gefunden hat –, bleibt der Autofokus aktiv. Die für das Scharfstellen verantwortlichen Motoren im Objektiv arbeiten kontinuierlich weiter, bis der **Auslöser** komplett durchgedrückt wird. Auf diese Weise können bewegte Motive in ihrer Bewegung verfolgt werden und verlassen somit den scharfen Bereich nicht.

Auch in dieser Betriebsart ist die **Reihenaufnahme** aktiviert. Solange Sie den **Auslöser** gedrückt halten, nimmt die EOS 1200D mehrere Bilder hintereinander auf.

Der Spezialist für wenig Licht: das Programm Nachtporträt

Beim Programm **Nachtporträt** wählt die Kamera automatisch eine lange Belichtungszeit, um möglichst viel Licht der Umgebung aufs Bild zu bekommen. Zusätzlich zündet der Blitz, um die porträtierte Person oder ein anderes Motiv im Vordergrund gegenüber dem Hintergrund abzuheben. Das sorgt für ausgewogen belichtete Bilder, und Sie vermeiden den sonst üblichen tiefschwarzen Hintergrund beim Blitzeinsatz in der Dunkelheit. Stellen Sie die Kamera aber besser auf ein Stativ, um die Aufnahme nicht zu verwackeln.

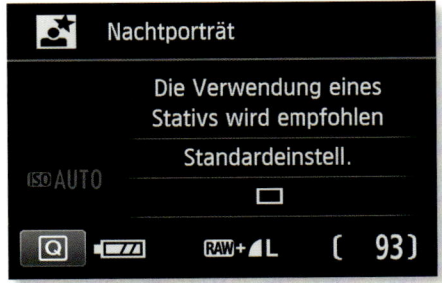

< Abbildung 2.27
Das Display im
Nachtporträt-Modus

Abbildung 2.28 >
*Im **Nachtporträt**-Modus werden Blitz-*
und Umgebungslicht gut aufeinander
abgestimmt.

[50 mm | 0,5 s | f2,8 | ISO 400 | Stativ]

Die Grenzen der Motivprogramme

Mit den Motivprogrammen überlassen Sie der Kamera weitgehend die Entscheidung über wichtige Parameter. Einstellungen wie Blende, Belichtungszeit, Sensorempfindlichkeit (ISO-Wert), Autofokusmodus und Blitzeinsatz können nur in sehr geringem Maße bestimmt werden. Gute Gründe, sich näher mit den Kreativprogrammen zu beschäftigen, die sich auf der oberen Hälfte des **Moduswahlrads** befinden und die im nächsten Kapitel näher beschrieben werden.

Die folgende Tabelle zeigt gute Kreativprogramm-Alternativen zu den Motivprogrammen auf:

Stil	Schärfe	Belichtungs-zeit	Farben	Alternative
🙎	Person scharf, Hintergrund unscharf	mittel	Hauttöne optimiert	**Av** mit kleinem Blendenwert
🏔	durchgängig scharf	mittel	Blau- und Grüntöne optimiert	**Av** mit großem Blendenwert
🌷	kleine Motive möglichst groß und scharf	mittel	neutral	**Av** mit großem Blendenwert; Stativ vorteilhaft
🏃	Bewegungen scharf abbilden	kurz	neutral	**Tv** mit kurzer Belichtungzeit
	Bewegungs-unschärfe für mehr Dynamik im Bild	lang	neutral	**Tv** mit längerer Belichtungzeit
🌃	ausgewogene Beleuchtung bei Nacht-porträts	lang	neutral	**Av** oder **M** mit offener Blende (kleinem Blendenwert), langer Belichtungzeit und Blitzeinsatz; Stativ von Vorteil

∧ Tabelle 2.1

Die Motivprogramme und entsprechende Kreativprogramm-Alternativen

Bilder mit den Kreativfiltern aufpeppen

Mit den **Kreativfiltern** der EOS 1200D können Sie Ihre Bilder mit interessanten Spezialeffekten versehen. Jedes Bild auf der Speicherkarte kann im Nachhinein mit einem der fünf Kreativfilter versehen werden. Das Originalfoto bleibt dabei erhalten. Zusätzlich landet die bearbeitete Version des Bildes unter einem neuen Namen auf der Karte. Diese Option erreichen Sie, indem Sie das Menü über die **MENU**-Taste aufrufen und anschließend zum ersten Wiedergabemenü ❶ navigieren. Je nachdem, ob Sie sich in einem der Motiv-oder Kreativprogramme befinden, finden Sie dieses an dritter oder fünfter Stelle. Bestätigen Sie das Untermenü **Kreativfilter** ❷ mit **SET**, und wählen Sie ein Bild aus, das Sie bearbeiten möchten. Ein weiterer Druck auf die Taste **SET** führt zur Auswahl der unterschiedlichen Effekte.

∧ **Abbildung 2.29**
Im ersten Wiedergabemenü ❶ *finden Sie die* **Kreativfilter** ❷.

Abbildung 2.30 >
Bei der Aufnahme dieser Statue wurde der Effekt **Körnigkeit S/W** *in der maximalen Stärke verwendet.*

[55 mm | 1/250 s | f5,6 | ISO 100]

Die Effekte der Kreativfilter im Überblick

Mit **Körnigkeit S/W** 🔲 ❶ verwandeln Sie Ihr Bild nicht nur in eine Schwarz-weißaufnahme, sondern geben dieser auch extreme Kontraste und eine sehr

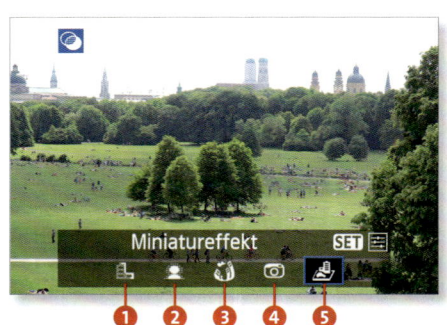

deutliche Körnigkeit. Besonders bei Porträts kommt dies gut zur Geltung. Die Bearbeitungsstärke dieses Effekts können Sie in drei Stufen festlegen.

Der Effekt **Weichzeichner** 👤 ❷ nimmt dem Bild die Schärfe und funktioniert ebenfalls bei Porträtaufnahmen am besten. Auch hier können Sie drei verschiedene Bearbeitungsstärken wählen.

Der **Fisheye-Effekt** 🐠 ❸ verkrümmt das Bild von der Mitte ausgehend zu den Seiten hin. Man spricht hier auch von einer *tonnenförmigen Verzeichnung* (siehe Seite 181). Dieser Effekt entfaltet bei Porträts eine lustige Wirkung, ist aber mitunter auch für Gebäude gut geeignet.

▲ **Abbildung 2.31**
Die Auswahl der Kreativfilter ist hier auf **Miniatureffekt** ❸ *eingestellt. Mit Druck auf SET erhalten Sie weitere Optionen.*

Der **Spielzeugkamera-Effekt** 📷 ❹ erzielt verfälschte Farben und eine leichte Abdunklung der Bildränder, eine sogenannte *Vignettierung* (siehe Seite 180). Bei diesem Kreativeffekt können Sie nicht nur die Stärke, sondern auch die Farbgebung beeinflussen. Zur Auswahl stehen die Optionen **Kalt**, **Standard** und **Warm**.

Sehr beeindruckende Resultate erzeugt der **Miniatureffekt** 🖌 ❺ der EOS 1200D. Durch stark gesättigte Farben und einen kleinen scharfen Bereich entsteht der Eindruck einer Spielzeuglandschaft. Damit dieser Trick optimal funktioniert, empfiehlt es sich, das Foto von einer erhöhten Position aus aufzunehmen. Wichtig ist außerdem, dass sich eine Reihe von eindeutig in ihrer Größe bestimmbaren Referenzobjekten im Bild befindet. Autos und Menschen eignen sich dafür natürlich ideal.

Abbildung 2.32 ▶
Beim **Miniatureffekt** *können Sie den Schärfebereich individuell festlegen und verschieben* ❻. *Er lässt sich außerdem von horizontal auf vertikal umstellen.*

Bei diesem Effekt können Sie nicht nur die Stärke, sondern auch den Bereich bestimmen, der im Bild scharf erscheinen soll. Sobald Sie den Effekt aufgerufen haben, erscheint ein weißer Rahmen im Bild, innerhalb dessen die Schärfe erhalten bleibt. Mit der **DISP**-Taste schalten Sie zwischen einem horizontalen und einem vertikalen Verlauf um. Mit den **Pfeiltasten** lässt sich dieser Bereich nach links oder rechts beziehungsweise nach oben oder unten bewegen.

Selbstverständlich ist es auch möglich, nachträglich einen weiteren Effekt auf ein bereits bearbeitetes Bild anzuwenden. Der **Miniatureffekt** beispielsweise verträgt sich gut mit dem **Spielzeugkamera-Effekt**.

[67 mm | 1/400 s | f5,6 | ISO 100]

⌃ **Abbildung 2.33**
*Besonders bei einer größeren Entfernung zum Motiv kommt der **Spielzeugkamera-Effekt** gut zur Geltung.*

So wirken sich Brennweite und Aufnahmestandort auf den Bildausschnitt aus

EXKURS

Mit dem Kit-Objektiv EF-S 18–55 mm f/3,5–5,6 IS II der EOS 1200D können Sie Brennweiten zwischen 18 und 55 mm einstellen. Damit eröffnen sich Ihnen schon recht viele fotografische Möglichkeiten, die von weitwinkligen Landschaftsaufnahmen bis zu eindrucksvollen Porträts reichen. Das Drehen am Zoomring sollte Sie trotzdem nicht am Hin- und Herlaufen hindern, wie es zum Beispiel nötig wäre, wenn Sie mit einem Objektiv mit fester Brennweite arbeiten würden. Die Beispielbilder in Abbildung 2.34 zeigen, warum es sich lohnen kann, den Aufnahmestandort und die Brennweite zu variieren.

35 mm 70 mm 200 mm

^ **Abbildung 2.34**
Die Porträts wurden mit zunehmend größerem Abstand aufgenommen, so dass die Größe des Modells trotz größerer Brennweite gleich blieb. Die Bildwirkung ist stark verändert.

Das Modell blieb jeweils an der gleichen Position stehen. Um es auf den einzelnen Bildern gleich groß abzubilden, musste die Kamera bei steigender Brennweite immer weiter wegbewegt werden. Dabei nimmt der Weg immer weniger und der Baum immer mehr Raum im Foto ein. Es ist wichtig zu wissen, dass nicht allein die Brennweite, sondern auch der Aufnahmestandort über die Bildwirkung entscheidet. Mit einer längeren Brennweite wird lediglich der Blickwinkel immer enger.

Wenn Fotografen davon reden, dass lange Brennweiten die Perspektive verdichten, dann meinen sie damit Folgendes: Durch die große Entfernung und einen engen Bildwinkel scheinen einzelne Objekte näher beieinanderzuliegen, als wenn das Bild aus nächster Nähe aufgenommen worden wäre. Bei diesen Beispielbildern erkennen Sie das daran, dass der Baum mit zunehmender Brennweite und vergrößertem Aufnahmeabstand näher an die porträtierte Person heranzurücken scheint – dabei hat sich die tatsächliche Entfernung zwischen diesen beiden Bildelementen nicht geändert.

Wie Sie sehen, beeinflusst der Aufnahmestandort die Bildaussage erheblich. Es lohnt sich deshalb, in Bewegung zu bleiben und eigene Experimente durchzuführen.

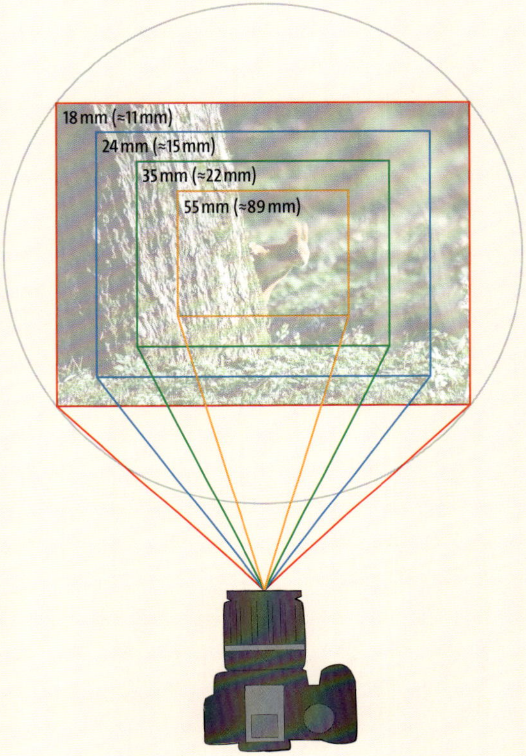

Abbildung 2.35 >

Je größer die Brennweite, desto enger der Bildwinkel und desto kleiner der Bildausschnitt. Die Angaben entsprechen den Brennweiten des Kit-Objektivs. In Klammern lesen Sie die Brennweitenangaben umgerechnet auf das Kleinbildformat ab.

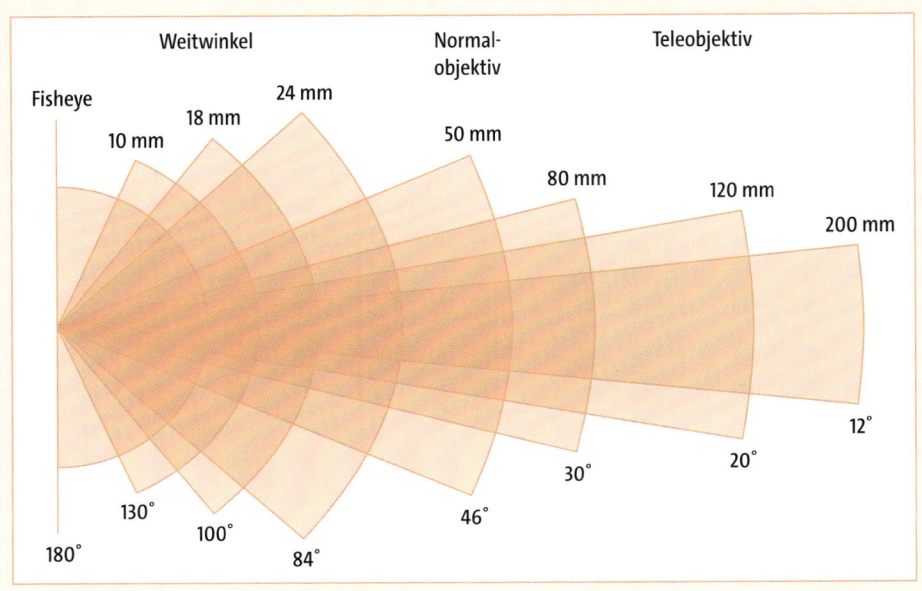

< Abbildung 2.36
Die Brennweite, hier die Angaben für einen Sensor im Kleinbildformat, verändert den Bildwinkel.

Kapitel 3
Mit den Kreativprogrammen die Kontrolle übernehmen

Die Kreativprogramme der EOS 1200D

Jetzt sind Sie gefragt! In den Kreativprogrammen bestimmt allein der Fotograf, wie die Kamera arbeitet. Erfahren Sie in diesem Kapitel, wie Sie die größere gestalterische Freiheit nutzen und das ganze Potenzial Ihrer EOS 1200D entfalten.

Mit den Motivprogrammen und den Umgebungs- und Beleuchtungseinstellungen aus Kapitel 2 lassen sich bereits einige Effekte erzielen, die einem Foto den gewünschten Look geben. Noch mehr Gestaltungsmöglichkeiten und Kontrolle über die 1200D bieten allerdings die Kreativprogramme. Sie sind auf dem **Moduswahlrad** mit **P**, **Tv**, **Av** und **M** gekennzeichnet. In diesen Aufnahmemodi haben Sie erstmals selbst die drei Faktoren in der Hand, auf die es bei der Entstehung eines Fotos ankommt: die Blende, die Belichtungszeit und die Lichtempfindlichkeit des Sensors, den ISO-Wert. Während die EOS 1200D Sie mit diesen Parametern in den Motivprogrammen nicht weiter behelligt, dreht sich in den Kreativprogrammen alles um sie. Das freie Spiel mit eigenen Vorgaben für Blende, Belichtungszeit und ISO-Wert erschließt die ganze Bandbreite an kreativen Möglichkeiten einer Spiegelreflexkamera. Am Beispiel der verschiedenen Kreativprogramme werden Sie die drei wichtigen Stellschrauben der Fotografie in diesem Kapitel näher kennenlernen.

 Probieren geht über Studieren

Dieses Kapitel ist eines der längsten – und auch das komplexeste – in diesem Buch. Vieles von dem hier Vorgestellten erschließt sich wesentlich leichter, wenn Sie beim Lesen die EOS 1200D zur Hand nehmen und möglichst viele eigene Experimente anstellen.

Das P-Programm: der sanfte Einstieg

Das **P**-Programm ist mit der Kreativautomatik **CA** verwandt. Denn bei diesem Modus handelt es sich im Prinzip um eine Art Vollautomatik, bei der die EOS 1200D Ihnen einen Vorschlag macht, welche Kombination aus Belichtungszeit ❶, Blende ❷ und ISO-Wert ❸ für die aktuelle Lichtsituation ideal

ist. Sie sehen diese Werte nach Antippen des **Auslösers** beim Blick auf
das Display und durch den Sucher.

Anders als bei der **CA**-Automatik
können Sie diesen Vorschlag jedoch
in die eine oder andere Richtung verändern. Drehen Sie das **Hauptwahlrad** im Fall von Abbildung 3.2 nach
links, verkleinert sich der Blendenwert von f8 auf f7,1, und die Belichtungszeit sinkt auf 1/500 s. Drehen
Sie das **Hauptwahlrad** nach rechts,
erhöht sich die Blendenzahl auf f9,
und die Belichtungszeit verlängert
sich auf 1/320 s. Sie können natürlich
auch mehrere Schritte nach links
oder rechts drehen. Aber was genau
verbirgt sich eigentlich hinter diesen
Werten?

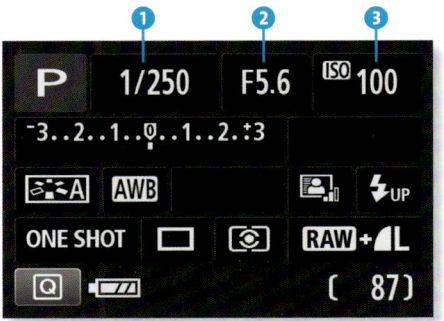

∧ Abbildung 3.1
*Moduswahlrad (rechts) und Display im **P**-Programm*

Abbildung 3.2 >
*Ein wolkenloser Tag: Hier schlägt die 1200D
eine Belichtungszeit von 1/400 s ❹ und
Blende f8 ❺ vor.*

Stellschraube 1: die Belichtungszeit

Am leichtesten zu verstehen ist sicherlich die Belichtungszeit, die auch *Verschlusszeit* genannt wird: Wie beim klassischen Film muss auch der Sensor der Kamera eine gewisse Zeit mit Licht versorgt werden, damit das Bild
nicht zu hell oder zu dunkel ausfällt. Der Verschluss der Kamera öffnet sich,
gibt den Sensor frei und schließt sich danach wieder. In dieser kurzen Zeit
muss genau die richtige Menge Licht einfallen. Ist die Belichtungszeit zu kurz,
bleibt das Foto dunkel. Ist sie zu lang, ist das Bild entweder überbelichtet, verwackelt – oder sogar beides.

Auf dem Display angezeigt wird die Belichtungszeit in Sekunden beziehungsweise Teilen einer Sekunde, die als Bruch dargestellt werden. Der Wert 1/60 steht also für den sechzigsten Teil einer Sekunde, die Anzeige 0"3 steht für 0,3 Sekunden, 4" für vier Sekunden. Im Sucher erscheinen kurze Belichtungszeiten ohne Bruchstrich, also zum Beispiel 60 statt 1/60.

[42 mm | 1/60 s | f8 | ISO 100 | Stativ]

[42 mm | 1/640 s | f8 | ISO 100 | Stativ]

[42 mm | 1/200 s | f8 | ISO 100 | Stativ]

∧ **Abbildung 3.3**
Die Belichtungszeit war zu lang, das Bild ist überbelichtet und verwackelt. Das Wasser ist aufgrund der langen Belichtungszeit als Strahl erkennbar.

∧ **Abbildung 3.4**
Hier fiel zu wenig Licht auf den Sensor, das Bild wirkt sehr dunkel. Aufgrund der kurzen Belichtungszeit sind einzelne Tropfen erkennbar.

∧ **Abbildung 3.5**
Das korrekt belichtete Bild

Die Vorteile einer kurzen Belichtungszeit haben Sie in Kapitel 2 beim **Sport**-Programm der EOS 1200D kennengelernt (siehe Seite 46). Wenn sich der Verschluss der Kamera blitzschnell öffnet und wieder schließt, können Bewegungen eingefroren werden. Lange Belichtungszeiten dagegen sorgen für unscharfe Bereiche im Bild. Diese können absolut unerwünscht sein oder aber gezielt als stilistisches Mittel eingesetzt werden. Die Wahl der Belichtungszeit ist also nicht nur eine Zahlenspielerei, sondern eine gestalterische Entscheidung.

Durch eine längere Belichtungszeit steigt grundsätzlich das Risiko für verwackelte Bilder. Das Licht fällt entsprechend lange auf den Sensor, so dass alle Bewegungen des Objektivs und natürlich auch die Ihres Motivs »mitgenommen« werden. Dies zeigt sich auf dem Foto als schwach oder stark ausgeprägte Schlieren. Als Mittel dagegen kann – sofern kein Stativ benutzt wird – die Belichtungszeit verkürzt werden. Wenn es allerdings recht dunkel ist, hilft dies nicht, denn gerade in solchen Fällen muss das wenige Licht möglichst lange auf den Sensor scheinen, um eine korrekte Belichtung zu erzielen. Deshalb ist es gut, dass es mit der Blende eine weitere Möglichkeit gibt, mehr Licht auf den Sensor kommen zu lassen.

∧ Abbildung 3.6
Die Meeresgischt bei kurzer Belichtungszeit erzeugt eine dynamische Wirkung – man hört nahezu das Rauschen.

∧ Abbildung 3.7
Bei langer Belichtungszeit wirkt die Gischt neblig und damit mystisch.

Stellschraube 2: die Blende

Der zweite wichtige Parameter, den Sie in den Kreativprogrammen selbst bestimmen können, ist die Blende. Im Prinzip ist damit ein Loch mit variabler Größe gemeint, das durch Lamellen im Objektiv gebildet wird. Je nachdem, ob dieses Loch weit geöffnet oder eher verschlossen ist, fällt viel oder wenig Licht auf den Sensor. In der Regel arbeitet die Blende für den Fotografen unsichtbar: Die Blendenöffnung schließt sich erst dann, wenn Sie das eigentliche Foto schießen, also der Spiegel hochklappt und sich der Verschluss vor dem Sensor öffnet. Beim Verstellen des Blendenwertes mit dem **Hauptwahlrad** sehen Sie deshalb im Sucher – von der geänderten Anzeige ❶ abgesehen – keine Auswirkungen.

∧ Abbildung 3.8
*Wenn Sie mit dem **Hauptwahlrad** die Blende ändern, so wirkt sich dies im Sucher nur auf die Anzeige ❶ aus. Der Bildeindruck bleibt gleich.*

Die Wahl einer großen oder kleinen Blendenöffnung hat erhebliche Auswirkungen auf die Bildgestaltung. Über diesen Parameter steuern Sie nämlich auch, ob das Bild eine hohe oder niedrige Schärfentiefe aufweist. Damit ist gemeint, wie weit sich die Schärfe innerhalb des Bildes erstreckt.

[50 mm | 1/60 s | f8 | ISO 200]

[50 mm | 1/800 s | f1,8 | ISO 100]

∧ Abbildung 3.9

Links: Bei Blende 8 sind Straße und Autos im Hintergrund gut zu erkennen – die Schärfentiefe ist hoch. Rechts: Bei Blende 1,8 sind die Autos verschwommen. Nur das Motorrad im Vordergrund erscheint scharf. Die Schärfentiefe ist gering.

 Mehr sehen mit der App

Die Android- und iOS-App zur Kamera zeigt an einem Motiv die Bildwirkung bei verschiedenen Blendeneinstellungen. Unter **Lernen • Erste Schritte mit der Kamera • Übungen • Motiv freistellen • Start** finden Sie einen interaktiven Blendenregler. Dort ist gut zu sehen, wie sich die Schärfentiefe von Schritt zu Schritt verändert.

Sie kennen diesen Effekt von der **Hintergrund-unscharf**-Funktion beim **CA**-Modus und beim **Porträt**-Programm. Dahinter steckt nichts anderes als die Steuerung der Blendenöffnung. Es gilt:

- große Blendenöffnung/kleine Blendenzahl = geringe Schärfentiefe
- kleine Blendenöffnung/große Blendenzahl = große Schärfentiefe

Eine kleine Blendenzahl wie 1,4 steht also für eine große Blendenöffnung, eine große Blendenzahl wie 16 für eine kleine Blendenöffnung. Das liegt daran, dass korrekterweise von f/1,4 gesprochen werden müsste, wobei das f für die Brennweite (englisch: *focal length*) steht. Nach den Regeln der Bruchrechnung ist f/1,4 größer als f/16. Die Blende ist bei 1,4 weiter geöffnet, und es fällt mehr Licht durch das Objektiv. Um Verwirrungen zu vermeiden, wird in diesem Buch stets zusätzlich von der Blendenöffnung oder der Blendenzahl gesprochen.

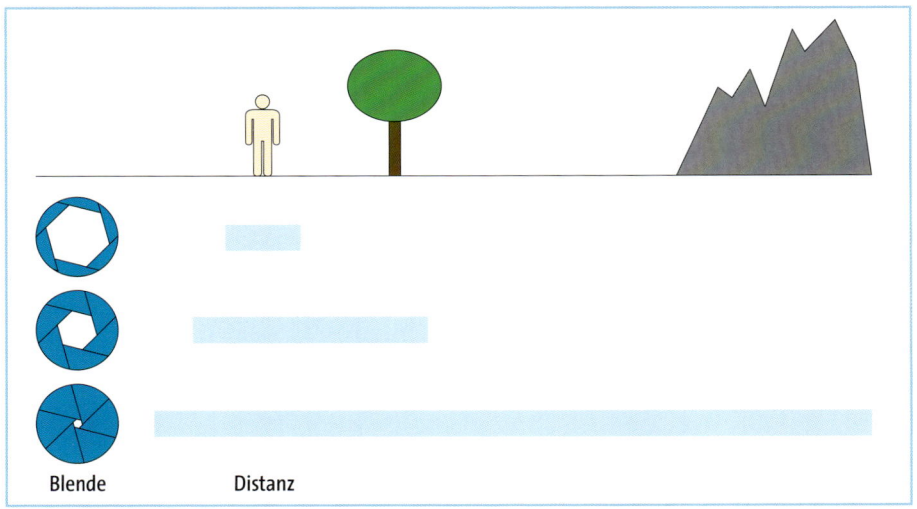

Blende   Distanz

< **Abbildung 3.10**
Die Ausdehnung der Schärfentiefe bei verschiedenen Blendenöffnungen

Bei den übrigen Spiegelreflexkameras von Canon gab es an der Gehäusevorderseite eine eigene **Abblendtaste**. Über diese schließt sich die Blende auf den für die Aufnahme eingestellten Wert, auch ohne dass Sie auslösen müssen. Dies hat den Vorteil, dass Sie beim Blick durch den Sucher beurteilen können, wie sich die Schärfe später im Bild verteilt. Die EOS 1200D hat leider keine **Abblendtaste** spendiert bekommen. Sie können jedoch die Funktion der Schärfentiefekontrolle auf die **SET**-Taste legen. Lesen Sie dazu die folgende Schritt-für-Schritt-Anleitung.

Die SET-Taste in eine Abblendtaste verwandeln

SCHRITT FÜR SCHRITT

1 **Das Menü aufrufen**
Wählen Sie ein beliebiges Kreativprogramm,
also **P**, **Tv**, **Av** oder **M**, und drücken Sie die
MENU-Taste.

2 **Die Individualfunktionen einstellen**
Wechseln Sie zum dritten Einstellungsmenü
beziehungsweise zum neunten Reiter **1**. Wählen Sie dort **Individualfunktionen (C.Fn) 2** aus,
und bestätigen Sie mit **SET**.

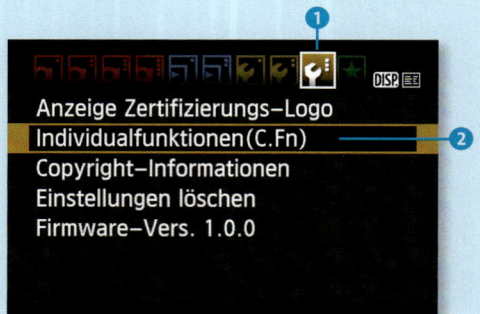

3 **Die SET-Taste neu belegen**
Gehen Sie mit der **Pfeiltaste** nach rechts zum
**Eintrag C.Fn IV (Operation/Weiteres) 9: SET-
Taste zuordnen 3**, und drücken Sie **SET**. Navi-
gieren Sie mit der **Pfeiltaste** nach unten zum

Eintrag **Schärfentiefe-Kontrolle 4**, und bestätigen Sie erneut mit **SET**.

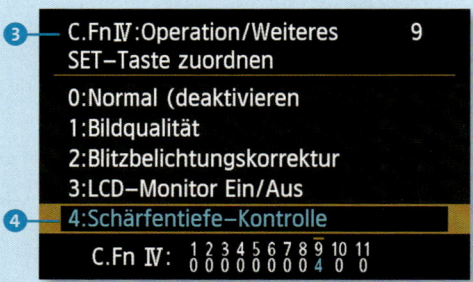

4 **Und wofür das Ganze?**
Ab jetzt funktioniert die **SET**-Taste wie eine **Abblendtaste**. Solange Sie diese gedrückt halten,
bleibt die Blende mit dem Wert geschlossen,
der an der Kamera eingestellt wurde.

Beim Einsatz der so gewonnenen **Abblendtaste** geht es um mehr, als eine bloße Überprüfung der Blendenfunktion: Wenn Sie die Taste
drücken und dabei durch den Sucher schauen,
sehen Sie bei größeren Blendenzahlen – einer
weiter geschlossenen Blende – ein dunkleres
Bild, aber auch schärfere Bereiche. Dadurch
kann der Fotograf mit ein wenig Übung auf
einen Blick erkennen, wie sich seine Blendenwahl auf die Schärfentiefe auswirkt.

Wie Sie sich die Blendenöffnung ansehen können

Sie können mit der in eine **Abblendtaste** verwandelten **SET**-Taste sogar die unterschiedlichen Blendeneinstellungen betrachten. Starten Sie dazu eine Belichtungsmessung, indem Sie den **Auslöser** halb drücken. Stellen Sie dann eine große Blendenzahl ein – im **P**-Programm geht das durch Drehen des **Hauptwahlrads** nach links. Drücken und halten Sie sofort danach die **SET**-Taste. Ein Blick in das Objektiv von vorn zeigt die geschlossenen Lamellen. Durch Drehen des **Hauptwahlrads** nach links und rechts sehen Sie, wie sich die einzelnen Elemente beim Öffnen und Schließen der Blende verschieben. Je nach Größe der Blendenöffnung dringt mehr oder weniger Licht durch das Objektiv.

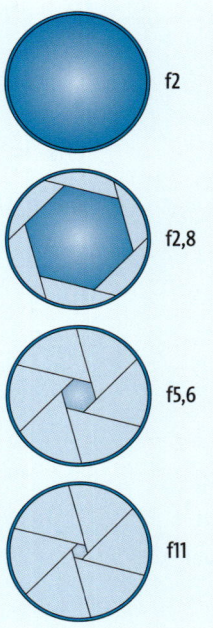

f2

f2,8

f5,6

f11

Abbildung 3.11 >
Zehn Sekunden dürften reichen, um die Blendenlamellen genau zu betrachten (Bild: Richard Cano, iStockphoto).

Stellschraube 3: der ISO-Wert

Der dritte wichtige Parameter, den Sie in den Kreativprogrammen einstellen können, ist der ISO-Wert. Für ihn gibt es an der EOS 1200D eine eigene Taste auf der Rückseite der Kamera **5**.

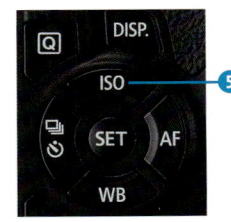

< Abbildung 3.12
*Die **ISO**-Taste **5** auf der Rückseite der 1200D*

In diesem Menü haben Sie über die **Pfeiltasten** oder das **Hauptwahlrad** die Auswahl zwischen verschiedenen Werten. In das gleiche Menü gelangen Sie auch, wenn Sie die Taste ☐ drücken und im Displaymenü das Feld **ISO** auswählen.

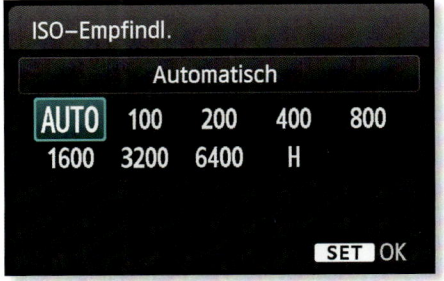

Der ISO-Wert gibt die Lichtempfindlichkeit des Sensors an. Je höher der Wert, desto weniger Licht muss auf den Sensor fallen, damit das Bild korrekt belichtet ist. Eine Verände-

< Abbildung 3.13
*Die ISO-Einstellmöglichkeiten erreichen Sie über die **ISO**-Taste.*

rung dieses Parameters können Sie sich wie eine Verstärkereinstellung vorstellen. Mit jedem Schritt zwischen den Werten verdoppelt oder halbiert sich die erforderliche Lichtmenge. Bei wenig Licht können Sie also die ISO-Zahl entweder manuell erhöhen oder darauf setzen, dass die EOS 1200D dies in der Einstellung **AUTO** selbstständig erledigt. Dabei berücksichtigt die Kameraautomatik eine zur Brennweite passende Belichtungszeit. Ist diese zu lang, um ein unverwackeltes Bild zu schießen, setzt die 1200D die ISO-Zahl automatisch hoch.

Belichtungszeit	Blende	ISO-Wert
1/100 s	f8	ISO 100
1/200 s	f8	ISO 200
1/100 s	f11	ISO 200

∧ Tabelle 3.1
Es gibt diverse Möglichkeiten, mit einer Änderung der ISO-Zahl größere oder kleinere Blenden beziehungsweise kürzere oder längere Belichtungszeiten zu erreichen.

Mit der Erhöhung des ISO-Wertes in Tabelle 3.1 wurde eine Blendenstufe gewonnen. Diese kann auf zwei Arten eingesetzt werden: Entweder die Belichtungszeit wird verkürzt, oder die Blende wird um eine Stufe geschlossen.

Dank höherer ISO-Zahl auch bei wenig Licht fotografieren zu können, ist eine feine Sache, die allerdings ihren Preis hat. Sie kennen diesen von Radio und Stereoanlage: Beim Aufdrehen der Lautstärke, also dem Verstärken des Signals, kommt es zu einem höheren Rauschen. Die Kameraelektronik liefert einen ganz ähnlichen Effekt. Wie das Bildrauschen bei höheren ISO-Werten aussieht, können Sie gut am Vergleich der drei Beispielbilder auf der nächsten Seite erkennen.

 ISO – die neuen Megapixel

Werden Signale verstärkt, kommt es zum Rauschen. Soll dieses minimiert werden, bedarf es ausgeklügelter mathematischer Algorithmen und leistungsfähiger Chips in der Kamera. Auf diesem Gebiet gab es in den vergangenen Jahren erhebliche Fortschritte, und Hersteller wie Canon arbeiten daran, die ISO-Werte in immer neue Höhen zu treiben. Mehr und mehr wird dieser Aspekt zum Verkaufsargument. Denn während immer mehr Megapixel in der Kamera kaum Vorteile bringen, lassen sich mit höheren ISO-Werten auch bei schlechten Lichtverhältnissen noch akzeptable Belichtungszeiten erzielen.

[100 mm | 1/4 s | f9 | ISO 100]

[100 mm | 1/80 s | f9 | ISO 1600]

[100 mm | 1/640 s | f9 | ISO 12800]

Ab ISO 1600 – je nach Bild auch schon bei niedrigeren ISO-Werten – ist das Rauschen deutlich zu sehen. Ohne Not sollten Sie deshalb vierstellige ISO-Zahlen nicht verwenden. Manchmal allerdings haben Sie nur die Wahl zwischen zwei Übeln: einem verwackelten Bild mit langer Belichtungszeit und niedrigem ISO-Wert oder einem verrauschten Bild mit hohem ISO-Wert. Entscheiden

∧ **Abbildung 3.14**
Bildergebnisse der EOS 1200D bei verschiedenen ISO-Werten. Alle Bilder sind mit dem Stativ entstanden.

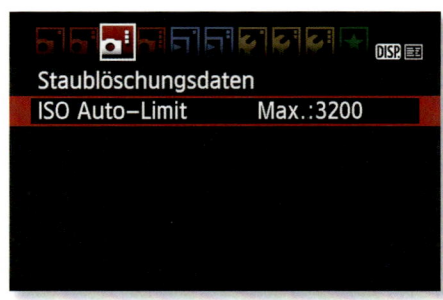

Abbildung 3.15 >
Hier können Sie den ISO-Wert limitieren, um zu starkes Rauschen zu vermeiden.

Sie sich in solchen Fällen lieber für das Rauschen. Dieses Problem ist in der elektronischen Bildbearbeitung durch recht gute Funktionen zur Rauschreduzierung noch halbwegs in den Griff zu bekommen, eine verwackelte Aufnahme dagegen nicht. Bis zu welcher Höhe die ISO-Automatik gehen soll, können Sie über das Menü einstellen. Im dritten Reiter finden Sie dazu – beim Fotografieren in den Kreativprogrammen – die Einstellung **ISO Auto-Limit**.

 Krumme ISO-Werte?

Wundern Sie sich nicht, wenn beim Betrachten der Bildinformationen krumme ISO-Werte wie 160, 320 oder 640 angezeigt werden. Sofern Sie mit der ISO-Einstellung **AUTO** arbeiten, stellt die EOS 1200D solche Zwischenschritte ein. Selbst auswählen können Sie diese Stufen aber leider nicht.

Die drei Stellschrauben aufeinander abstimmen

Mit Belichtungszeit, Blende und ISO-Wert kennen Sie nun die zentralen Parameter, die Sie bei einer Spiegelreflexkamera verändern können. Aus gestalterischer Sicht am wichtigsten sind Belichtungszeit und Blende.

- Die Belichtungszeit entscheidet über die Zeitspanne, während der das Licht auf den Sensor trifft, und definiert die Darstellung von Bewegung.
- Die Blende regelt, wie viel Licht durch das Objektiv fällt, und beeinflusst die Schärfentiefe.
- Der ISO-Wert schafft als Dritter im Bunde einen zusätzlichen Spielraum bei kritischen Lichtsituationen. Höhere ISO-Einstellungen erlauben auch in dunklen Umgebungen das Fotografieren mit kurzer Belichtungszeit und geschlossener Blende. Der Preis dafür ist höheres Bildrauschen.

Die Abbildung 3.16 zeigt das Zusammenspiel der verschiedenen Parameter. Die Übertragung des Wasserhahn-Modells in die Welt der Fotografie ist ganz einfach: Wird die Blende um eine ganze Stufe geschlossen, halbiert sich die

Menge des Lichts, die auf den Sensor fällt. Wird sie geöffnet, verdoppelt sie sich. Solche Blendenstufen sind zum Beispiel: 1,4 • 2 • 2,8 • 4 • 5,6 • 8 • 11 • 16 • 22 • 32. An der EOS 1200D können Sie allerdings auch Drittelstufen einstellen, also etwa 4,5 oder 7,1.

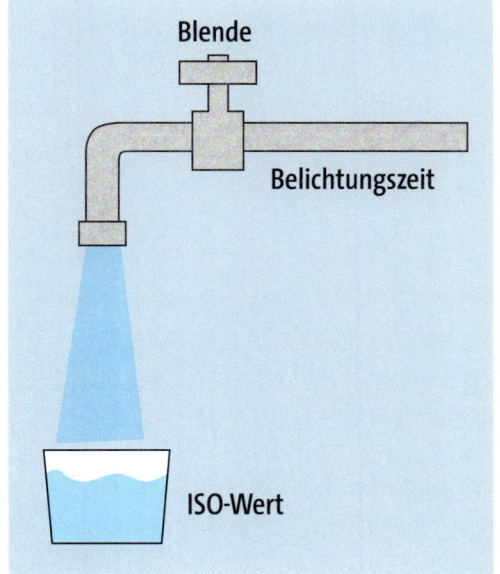

< **Abbildung 3.16**
Das Bild eines Eimers unter einem Wasserhahn verdeutlicht den Zusammenhang zwischen den Parametern Blende, Belichtungszeit und ISO-Wert.

Die Zeitspanne, für die der Hahn geöffnet ist, steht für die Belichtungszeit. Mit einer Halbierung, also Verkürzung, der Belichtungszeit halbiert sich die Menge des Lichts, das auf den Sensor fällt. Bei einer Verdoppelung, also Verlängerung, verdoppelt sie sich. Ist eine Belichtungszeit von 1/400 s eingestellt, kommt demzufolge nur halb so viel Licht in die Kamera wie bei einer Belichtungszeit von 1/200 s.

Die Größe des Eimers symbolisiert in der Analogie den ISO-Wert, der für die Empfindlichkeit des Sensors steht. Je empfindlicher der Sensor eingestellt ist, desto weniger Licht benötigt er für eine korrekte Belichtung. In diesem Fall repräsentiert ein kleiner Eimer einen hohen ISO-Wert, ein großes Gefäß dagegen einen kleinen ISO-Wert.

Ob ein dünner Strahl über einen längeren Zeitraum oder eine große Wassermenge schnell in den Eimer strömt, führt letztlich zum gleichen Ergebnis. Die folgende Tabelle zeigt beispielhaft verschiedene Kombinationen aus Blende und Belichtungszeit, die ein jeweils gleich helles Bild ergeben.

	Blende		Belichtungszeit	
offen	f2,8		1/500 s	**kurz**
	f4		1/250 s	
	f5,6		1/125 s	
geschlossen	f8		1/60 s	**lang**
	f11		1/30 s	
	f16		1/15 s	
	f22		1/8 s	
	f32		1/4 s	

Tabelle 3.2 >
Unterschiedliche Zeit-Blenden-Kombinationen, die zu einem gleich hellen Bild führen.

In der linken Spalte sind ganze Blendenschritte dargestellt. Beim Aufblenden – dem Öffnen der Blende – um einen Schritt verdoppelt sich die Lichtmenge. Soll in dieser Situation ein gleich helles Bild erzielt werden, muss die Belichtungszeit halbiert werden. Genau dies passiert in der zweiten Spalte.

Beim Drehen am **Hauptwahlrad** im P-Programm manövrieren Sie im Prinzip durch eine Reihe denkbarer Zeit-Blenden-Kombinationen. Bei jeder dieser Einstellungen fällt in der Summe die gleiche Lichtmenge auf den Sensor – bei einer großen Blendenöffnung (kleine Blendenzahl) für einen kurzen Augenblick, bei einer eher geschlossenen Blende (große Blendenzahl) für eine längere Zeit. Die Bilder auf der rechten Seite zeigen die gestalterischen Unterschiede, die sich dabei ergeben.

Das **P**-Programm der EOS 1200D entscheidet sich in der Regel für mittlere Blenden oder mittlere Belichtungszeiten. Es ist mitunter mühselig, mit dem **Hauptwahlrad** zur Wunschkombination aus Blende und Belichtungszeit zu wechseln. Einfacher machen es Ihnen in solchen Situationen die übrigen Kreativprogramme.

Blendenstufe = Belichtungsdifferenz

Lassen Sie sich nicht vom Wort *Blende* innerhalb des Terminus *Blendenstufe* oder *Blendenschritt* irritieren. Damit ist in diesem Zusammenhang nicht unbedingt die physische Blende im Objektiv, also die durch die Lamellen gebildete Öffnung, gemeint. Stattdessen geht es hier um die Differenz bei der Belichtung, die einer Stufe entspricht. Dieser Sprung kann schließlich nicht nur durch eine veränderte Blende, sondern auch durch eine andere Belichtungszeit umgesetzt werden.

[70 mm | 1/1000 s | f4,5 | ISO 1600]

[70 mm | 1/400 s | f4,5 | ISO 800]

[70 mm | 1/50 s | f4,5 | ISO 100]

[70 mm | 1/10 s | f10 | ISO 100]

[70 mm | 0,5 s | f22 | ISO 100]

[70 mm | 1,3 s | f32 | ISO 100]

⌃ Abbildung 3.17
Die unterschiedlichen Zeit-Blende-ISO-Kombinationen ergeben jeweils ein gleich helles Bild. Am ver-
wirbelten Wasser und an dem kleinen Wasserrad werden die unterschiedlichen Belichtungszeiten
und deren Einfluss auf die Bildwirkung deutlich. Alle Bilder wurden vom Stativ aus aufgenommen.

Das Tv-Programm: hier dreht sich alles um die Zeit

Tv steht für *Time value* (englisch für *Zeitwert*). Mit dem **Tv**-Programm geben Sie der 1200D eine Belichtungszeit fest vor. Da das Gerät dazu selbstständig die passende Blende wählt, heißt dieser Modus auch *Blendenautomatik* oder *Zeitvorwahl*. Dass Sie das **Tv**-Programm gewählt haben, ist auch am Display erkennbar ❶.

Die Kamera stellt die meisten einstellbaren Belichtungszeiten als Bruchteil einer Sekunde dar. Drehen Sie weiter am **Hauptwahlrad** nach rechts, gelangen Sie nach mehreren Schritten zur kürzesten Belichtungszeit, die mit der EOS 1200D möglich ist: 1/4000 s. Drehen Sie das **Hauptwahlrad** immer weiter nach links, springt die Darstellung nach 1/4 s auf 0"3 um. Die Anführungsstriche stehen für Sekunden, es sind 0,3 Sekunden gemeint. Drehen Sie noch weiter nach links, erreichen Sie die längste mögliche automatische Belichtungszeit der EOS 1200D: 30 s. Wenn Sie mit dieser Einstellung den **Auslöser** herunterdrücken, brauchen Sie allerdings nicht nur eine halbe Minute Geduld, sondern auch ein Stativ und am besten einen Fernauslöser, um das Bild nicht zu verwackeln (siehe Seite 128).

⌃ Abbildung 3.18
*Im Display ist die Belichtungszeit hervorgehoben ❷. Durch Drehen am **Hauptwahlrad** stellen Sie nun den gewünschten Wert ein.*

Sicher belichten, ohne zu verwackeln

Der **Tv**-Modus ist vor allem interessant, um Bewegungen einzufrieren. Vor dem vergleichsweise trägen menschlichen Auge ablaufende Vorgänge können damit in ihren einzelnen Bewegungsphasen dargestellt werden.

Eine kurze Belichtungszeit ist außerdem für die allgemeine Bildschärfe wichtig. Mit dem **Tv**-Modus lässt sich dieser Faktor gezielt steuern. Dabei spielt es auch eine Rolle, wie ruhig Sie die Kamera beim Fotografieren halten. Einen großen Einfluss darauf hat die Brennweite des Objektivs. Um diesen Zusammenhang zu verstehen, ist es hilfreich, sich den Blick durch ein langes Rohr vorzustellen. Schon kleinste Bewegungen der Hand führen hier zu starken Verwacklungen. Je heftiger diese Ausschläge sind, desto kürzer muss also die Belichtungszeit sein, um ein scharfes Bild zu bekommen.

Um die Belichtungszeit zu ermitteln, die mit einer von Hand gehaltenen Kamera noch zu scharfen Bildern führt, gibt es folgende Formel, die auch als *Kehrwertregel* bekannt ist: **1/(Brennweite × 1,6)**.

Hier ein Beispiel für eine am Objektiv eingestellte Brennweite von 55 Millimetern: 1/(55 × 1,6) = 1/88 s. Der Wert von 1,6 ist der *Cropfaktor*. Dabei handelt es sich um den Faktor, mit dem die Brennweite einer APS-C-Kamera multipliziert werden muss, um sie in das Kleinbildäquivalent umzurechnen (siehe Exkurs ab Seite 32). Dieser Faktor muss bei der Berechnung der Belichtungszeit bei Aufnahmen aus der Hand berücksichtigt werden, da sich der Bildwinkel der Objektive durch die reduzierte Sensorgröße verkleinert. Damit schlagen sich auch Verwacklungen entsprechend stärker auf dem Bild nieder.

[70 mm | 1/400 s | f8 | ISO 100]

∧ **Abbildung 3.19**
*Durch die kurze Belichtungszeit im **Tv**-Modus konnte der Vogel im Flug eingefroren werden. Selbst die Flügelspitzen sind scharf abgebildet.*

[300 mm | 1/500 s | f8 | ISO 400]

∧ **Abbildung 3.20**
*Je länger die Brennweite, desto höher die Verwacklungs- gefahr bei Bewegungen. Deshalb wurde im **Tv**-Modus eine kurze Belichtungszeit von 1/500 s eingestellt.*

Im Rechenbeispiel oben wäre die längste mögliche Belichtungszeit 1/88 s. Da es an der Kamera keine Einstellung für eine solche Belichtungszeit gibt, sollten Sie in diesem Fall die nächstkürzere Belichtungszeit von 1/100 s wählen. Bei dieser Gleichung handelt es sich übrigens nur um eine Faustformel. Sie gilt für weiter entfernte Motive und Bilder, die später in Postkartengröße ausbelichtet werden, keinesfalls aber für die stark vergrößerte Darstellung am Computer. In der Praxis empfiehlt es sich deshalb immer, einen gewissen Puffer aufzuschlagen. Mit einer Belichtungszeit von 1/125 s oder 1/160 s bewegen Sie sich bei unserem Rechenbeispiel also im grünen Bereich. Wann immer Bilder unscharf sind, zählt die Belichtungszeit zu den dringend Tatverdächtigen.

Letzte Rettung Bildstabilisator

Die Kehrwertregel gibt einen guten Anhaltspunkt für die richtig eingestellte Belichtungszeit. Manchmal allerdings ist für eine ausreichend kurze Belichtungszeit einfach nicht mehr genügend Licht vorhanden. Sie sollten dann ein Stativ verwenden oder zumindest eine feste Auflagemöglichkeit für Ihre EOS 1200D finden.

Ein Objektiv mit Bildstabilisator – bei Canon steht dafür die Abkürzung *IS* in der Objektivbezeichnung – ermöglicht etwas längere Belichtungszeiten, die je nach Modell bis zu vier Blendenstufen entsprechen (weitere Informationen zu Objektiven und dem Bildstabilisator finden Sie in Kapitel 8).

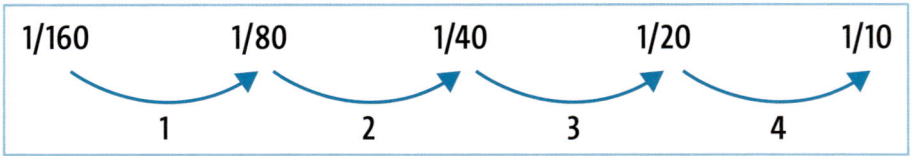

^ **Abbildung 3.21**
Zusammenhang zwischen Belichtungszeiten und Blendenstufen

Mit einem Objektiv, das eine Brennweite von 100 mm hat, wäre nach der zuvor genannten Regel eine Belichtungszeit von 1/160 s fällig. Ein Objektiv mit Bildstabilisator, der vier Blendenstufen kompensiert, kann also mit einer Belichtungszeit von 1/10 s noch verwacklungsfreie Bilder produzieren (siehe Abbildung 3.21). In der Praxis sollten Sie aber auch hier mit einem gewissen Sicherheitsaufschlag arbeiten. Eine Belichtungszeit von 1/20 s oder noch besser 1/40 s ist in diesem Fall also angebracht. Aber auch der beste Bildstabilisator der Welt kann das Motiv selbst nicht zum Stillhalten bringen! Bei bewegten Motiven gibt es zu einer kurzen Belichtungszeit deshalb häufig keine Alternative.

Da die 1200D beim Fotografieren im **Tv**-Modus selbstständig die passende Blende bestimmt, geben Sie als Fotograf die Steuerung der Schärfentiefe aus der Hand. Wählen Sie also beispielsweise in der Dämmerung eine kurze Belichtungszeit, muss die Blende sehr weit geöffnet werden, damit genug Licht den Sensor erreicht. Damit aber wird nur ein kleiner Bereich im Bild scharf, der Rest verschwimmt in Unschärfe. Besser wäre es in diesem Fall, eine längere Belichtungszeit einzustellen, damit die Kamera die Blende weiter schließen kann. Oder aber Sie wählen den Modus **Av** und legen gleich selbst die Blendenöffnung fest.

Das Av-Programm: Steuern Sie die Schärfentiefe

Das **Av**-Programm wählen Sie, indem Sie das **Moduswahlrad** auf **Av** ❶ drehen. Jetzt können Sie mit dem **Hauptwahlrad** einen Blendenwert einstellen, und die EOS 1200D wählt die dazu passende Belichtungszeit. Dieser Modus heißt deshalb auch *Zeitautomatik* oder *Blendenvorwahl*. Im Display ist die Blende als änderbarer Wert markiert.

< Abbildung 3.22
*Das Display im **Av**-Modus: Hier ist der Blendenwert hervorgehoben ❷.*

Der **Av**-Modus eignet sich ideal, um über die Blende die Schärfentiefe gezielt zu steuern. Auf diese Weise können Sie einen unruhigen Hintergrund in Unschärfe verschwinden lassen und die Aufmerksamkeit gezielt auf das Motiv lenken. Darum ist der **Av**-Modus das perfekte Mittel, wenn es um genau dieses Ziel geht. Wie Sie bereits gesehen haben, gilt:

- kleine Blendenzahl/große Blendenöffnung = niedrige Schärfentiefe
- große Blendenzahl/kleine Blendenöffnung = hohe Schärfentiefe

[100 mm | 1/5 s | f25 | ISO 3200 | Stativ]

⌃ Abbildung 3.23
Der unruhige Hintergrund lenkt vom Motiv ab. Die Blende war hier weit geschlossen. Dadurch sind große Bereiche des Bildes scharf, es herrscht eine große Schärfentiefe.

[100 mm | 1/80 s | f6,3 | ISO 3200]

⌃ Abbildung 3.24
Bei einer offenen Blende ist nur der Vordergrund scharf. Der unruhige Hintergrund verschwimmt. Man spricht von einer geringen Schärfentiefe.

Am Kit-Objektiv EF-S 18–55 mm f/3,5–5,6 IS II beträgt die kleinstmögliche Blendenzahl f3,5 bei der Brennweiteneinstellung 18 mm und steigt an bis auf f5,6 bei 55 mm. Diese Blendenwerte sind nicht besonders gut dafür geeignet, eine niedrige Schärfentiefe zu erzeugen. Wenn Sie allerdings den Zoom auf 55 mm drehen und nahe genug an Ihr Motiv herangehen, können Sie den Effekt trotzdem deutlich sehen.

Möchten Sie mit einer niedrigeren Schärfentiefe fotografieren, ermöglichen andere Objektive eine noch größere Blendenöffnung und eine kleinere Blendenzahl, zum Beispiel 2,8, 1,8 oder sogar 1,2. Mehr über Objektive erfahren Sie im Zubehör-Kapitel ab Seite 157.

 Welcher Modus ist wann sinnvoll?

Sport, bewegte Motive: Tv

Bei der Sportfotografie kommt es in der Regel darauf an, Bewegung sichtbar zu machen – entweder über das Einfrieren (kürzere Belichtungszeit) oder durch Bewegungsunschärfe (längere Belichtungszeit). Mit **Tv** lassen sich beide Varianten umsetzen.

Landschaften, Porträts: Av

Ein Landschaftsfotograf möchte in seinen Bildern häufig die komplette Szenerie von vorn bis hinten durchgängig scharf abbilden, also eine hohe Schärfentiefe erzielen. Mit dem **Av**-Programm wird er tendenziell einen großen Blendenwert wählen, der dies möglich macht. In der Porträtfotografie wiederum wirken Bilder mit niedriger Schärfentiefe sehr gut. Diese ermöglicht, das Modell vor dem Hintergrund schön freizustellen. Hier wird der Fotograf gezielt kleine Blendenwerte einstellen.

So bleiben Ihre Bilder scharf

Der **Av**-Modus liefert die zur Blende passende Belichtungszeit. Dabei achtet die programmierte Logik der EOS 1200D durchaus darauf, ob bei dieser Belichtungszeit ein Foto überhaupt noch verwacklungsfrei aus der Hand geschossen werden kann. Ist der ISO-Wert auf **AUTO** gestellt, wird er deshalb unter Umständen nach oben korrigiert. Hat er sein Maximum erreicht, und die Belichtungszeit ist immer noch sehr lang, müssen Sie wohl oder übel auf ein Stativ oder eine unbewegliche Unterlage ausweichen. Eine weitere Möglichkeit besteht darin, die Blende weiter zu öffnen, also einen kleineren Wert einzustellen. Dadurch erreicht mehr Licht den Sensor, und die Belichtungszeit wird automatisch kürzer eingestellt.

⌈+⌉ **Auch eine Lösung: Blitzen**

In den Kreativmodi wird Sie die 1200D nicht daran hindern, mit einer viel zu langen Belichtungszeit zu fotografieren. Achten Sie beim Blick durch den Sucher also stets auf diesen Wert. Ist die Belichtungszeit zu lang, können Sie die Blende weiter öffnen, die ISO-Zahl erhöhen oder eine Kombination aus beiden Änderungen vornehmen. Wenn all dies nichts hilft, muss die Kamera auf einer stabilen Unterlage, etwa einem Stativ, positioniert werden. Alternativ können Sie den Blitz durch einen Druck auf die Blitztaste zuschalten. Näheres dazu finden Sie in Kapitel 7.

Im Av-Modus zur richtigen Blende
SCHRITT FÜR SCHRITT

1 Die Blende einstellen

Wählen Sie im **Av**-Programm mit dem **Hauptwahlrad** die gewünschte Blende, also etwa f3,5, wenn Sie einen unscharfen Hintergrund wünschen, oder f11, wenn bei einer Landschaftsaufnahme das Bild durchgehend scharf sein soll. Drücken Sie den **Auslöser** halb herunter, und schauen Sie auf die Belichtungszeit im Sucher.

Überprüfen Sie, ob die Belichtungszeit für ein scharfes Foto aus der Hand zu lang ist. Die

Ausführungen ab Seite 70 helfen Ihnen bei der Entscheidung. Ist die Belichtungszeit zu lang, müssen Sie die Blende weiter öffnen, also eine kleinere Blendenzahl einstellen. Allerdings geht dies auf Kosten der Schärfentiefe. Falls die Belichtungszeit sehr kurz ist, gibt es vielleicht noch Spielraum für eine weiter geschlossene Blende (größere Blendenzahl). Mit ihr steigt dann natürlich die Schärfentiefe.

2 Aufnahme und Kontrolle

Machen Sie eine Aufnahme, und überprüfen Sie am Display das Ergebnis. Unter Umständen sind noch Anpassungen nötig. Die Auswirkungen äußern sich so:

- größere Blendenzahl = höhere Schärfentiefe = längere Belichtungszeit
- niedrigere Blendenzahl = niedrigere Schärfentiefe = kürzere Belichtungszeit

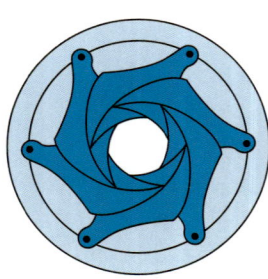

⌃ Abbildung 3.25
*Die Grafik zeigt die
sechs Blendenlamellen
des Kit-Objektivs.*

Woher kommen die krummen Blendenzahlen?

Die Blende regelt, wie viel Licht auf den Sensor fällt. Dies geschieht durch mehrere Lamellen — im Kit-Objektiv der EOS 1200D sind es sechs —, die sich mehr oder weniger rund innerhalb des Objektivs schließen. Je kleiner die Öffnung ist, die diese Lamellen bilden, desto höher ist die Schärfentiefe. Was aber hat es mit den krummen Zahlen wie f1,4, f2,8, f3,5 auf sich? Um dies zu verstehen, hilft ein Blick auf die Formel zur Berechnung der Blendenzahl:

$$\text{Blendenzahl} = \frac{\text{Brennweite}}{\text{absoluten Durchmesser der Blendenöffnung}}$$

Die Brennweite bleibt beim Verstellen der Blende konstant. Mit dem Öffnen und Schließen der Lamellen verändert sich jedoch der Durchmesser der Blendenöffnung. Bei jedem ganzen Blendenschritt gilt dabei ein festgelegtes Verhältnis: Von einer Blende zur nächsten verdoppelt beziehungsweise halbiert sich die Menge des Lichts, das auf den Sensor fällt. Mit jeweils drei Drehs am **Hauptwahlrad** im **Av**-Programm ist ein ganzer Blendenschritt getan, und die Fläche der runden Öffnung verdoppelt oder halbiert sich.

Hier kommt die Formel für die Flächenberechnung eines Kreises ins Spiel: Es muss dessen Durchmesser mit der Wurzel aus 2 — also mit ≈1,4 — multipliziert beziehungsweise durch ≈1,4 dividiert werden. Das erklärt die krummen Zahlen der Blendenreihe, wie sie auch an der 1200D angezeigt wird.

⌄ Abbildung 3.26
*Die Blendenreihe für
ganze Blenden*

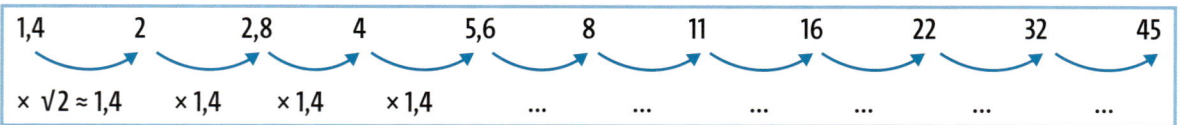

Der manuelle Modus M: die maximale Freiheit

Mit einem Dreh des **Moduswahlrads** auf **M** aktivieren Sie den manuellen Modus der EOS 1200D. Hier stellen Sie Blende und Belichtungszeit selbstständig ein. Die Kamera fotografiert mit diesen Werten, egal ob sie zu einem korrekt belichteten Bild führen oder nicht. Im **M**-Modus stellen Sie die Belichtungszeit, wie vom **Tv**-Programm gewohnt, mit dem **Hauptwahlrad** ein. Um die Blende zu verstellen, halten Sie die **Av**-Taste für Blenden- und Belichtungskorrektur gedrückt und drehen gleichzeitig am **Hauptwahlrad**.

Die geänderten Werte werden Ihnen sowohl im Display als auch im Sucher angezeigt. Im Display sehen Sie übrigens auch anhand des kleinen Balkens an der darunterliegenden Belichtungsskala, ob bei Ihren eingestellten Werten ein ausgewogen belichtetes Bild zu erwarten ist, oder ob eine Über- ❷ oder Unterbelichtung droht.

< Abbildung 3.27
*Halten Sie die **Av**-Taste ❶ gedrückt, und drehen Sie gleichzeitig am **Hauptwahlrad**, um den Blendenwert zu ändern.*

^ Abbildung 3.28
*Das Display im **M**-Modus*

Wann Sie der M-Modus weiterbringt

Der **M**-Modus eignet sich gut für Situationen, in denen die Lichtverhältnisse die Kamera irritieren. Denken Sie zum Beispiel an ein Konzert mit intensiven Beleuchtungseffekten: Je nachdem, ob die Künstler sich gerade im Lichtkegel des Scheinwerfers befinden oder nicht, wird die Automatik der 1200D im **Av**-Programm eine kurze oder lange Belichtungszeit vorschlagen. Damit wird zwar möglicherweise das angemessene Bildelement korrekt belichtet, die Atmosphäre aber nur unzureichend transportiert.

Ein weiterer Fall für den **M**-Modus ist das Fotografieren mit manuellen Blitzen, wie sie zum Beispiel in Studios eingesetzt werden. Da die 1200D bei der Messung noch nicht wissen kann, wie hell der Blitz später beim Auslösen zünden wird, versagt die Automatik. Deshalb tastet sich der Fotograf hier über die Wahl einer Zeit-Blenden-Kombination und mehrere Anpassungen an einen idealen Belichtungswert heran.

 Mehr Mut zum Kreativprogramm!

Die Kreativprogramme schrecken Anfänger oft ab. Dabei führt gerade das Experimentieren damit schnell zu Lern- und Erfolgserlebnissen. Innerhalb kürzester Zeit ist es so möglich, das Zusammenspiel von Blende und Belichtungszeit zu durchschauen. Auch der **M**-Modus ist bei solchen Erkundungen hilfreich. Hier lassen sich die Auswirkungen von geänderten Parametern am besten erkennen, da die 1200D keinerlei Korrekturen ausführt.

Auch wenn es darum geht, Langzeitbelichtungen vorzunehmen, kommt der M-Modus ins Spiel. Wenn Sie durch Drehen des **Hauptwahlrads** nach links die Belichtungszeit verlängern, kommt nach den Werten 20 und 30 Sekunden der Eintrag **Bulb**. Wenn Sie jetzt den **Auslöser** herunterdrücken, öffnet sich der Verschluss der Kamera und bleibt geöffnet, bis Sie wieder loslassen. Gleichzeitig wird auf dem Display die Zeit gestoppt. Solche Langzeitbelichtungen erzeugen bei Feuerwerken interessante Bildeffekte. Wie bei allen sehr langen Belichtungszeiten ist auch im **Bulb**-Modus der Einsatz eines Stativs und eines Fernauslösers empfehlenswert.

Abbildung 3.29 >
Der Balken ❶ links der Mitte deutet auf eine mögliche Unterbelichtung hin. Mit einer längeren Belichtungszeit oder einer größeren Blendenöffnung lässt sich dies korrigieren.

Mit dem M-Modus schnell zum Ziel

SCHRITT FÜR SCHRITT

1 Im Tv- oder Av-Modus starten

Überlegen Sie sich die gewünschte Blende oder Belichtungszeit, und stellen Sie diese im **Av**- beziehungsweise **Tv**-Modus ein. Messen Sie das Motiv an, und betrachten Sie die Werte im Sucher. Merken Sie sich Blende und Belichtungszeit.

2 Die Werte in den M-Modus übertragen

Stellen Sie am **Moduswahlrad** den **M**-Modus ein, und übertragen Sie die Werte, die Sie sich gemerkt haben. Drehen Sie am **Hauptwahlrad**, um die gewünschte Belichtungszeit ❷ einzustellen. Den Blendenwert ❸ verstellen Sie, indem Sie bei gedrückter **Av**-Taste am **Hauptwahlrad** drehen.

3 Experimente starten

Sie haben im manuellen Modus nun Ausgangswerte eingestellt, auf deren Basis Sie die Belichtung anpassen können. Verstellen Sie nacheinander Blende und Belichtungszeit in unterschiedliche Richtungen, und vergleichen Sie die Ergebnisse.

▫ ISO-Einstellung im M-Modus

Wenn Sie die ISO-Einstellung auf **AUTO** belassen, korrigiert die EOS 1200D je nach Belichtungsmessung den ISO-Wert nach oben oder nach unten. Im normalen Einsatz ist dies sehr hilfreich. Bei Experimenten, mit denen die Wirkung unterschiedlicher Blenden und Belichtungszeiten besser nachvollziehbar sein soll, ist allerdings ein fester Wert sinnvoller. Ansonsten kann es durch die ISO-Nachregulierung passieren, dass das Bildergebnis stets gleich bleibt.

Was sich noch auf die Schärfe auswirkt

Sie haben in diesem Kapitel gesehen, wie durch eine größere Blendenöffnung die Schärfentiefe geringer wird. Es ist allerdings nicht die Blende allein, die über einen hohen oder geringen Schärfeeindruck entscheidet.

Die Landschaftsaufnahme mit der größeren Blendenöffnung (siehe Abbildung 3.31) und die Aufnahme der Statue mit der weiter geschlossenen Blende (siehe Abbildung 3.30) zeigen es: Auf den ersten Blick scheint hier die Brennweite einen Einfluss auf das Ausmaß der Schärfentiefe zu nehmen. Tatsächlich aber täuscht dieser Eindruck, denn entscheidend ist hier auch der Abbildungsmaßstab, also das Verhältnis der Größe des Gegenstands im Bild zu dessen tatsächlicher Größe. Durch die längere Brennweite tritt eine Verdichtung der Perspektive auf, wie Sie sie in Kapitel 2 kennengelernt haben. Da weniger vom Hintergrund mit auf das Bild kommt, erscheint dieser stärker verschwommen. Die Brennweite spielt indirekt eine Rolle, da der Abbildungsmaßstab wiederum von der Brennweite und dem Abstand zum fotografierten Objekt abhängig ist. Falls Sie sich näher mit diesem Thema beschäftigen möchten, finden Sie weiterführende Informationen unter *http://de.wikipedia.org/wiki/Schärfentiefe*.

∨ **Abbildung 3.30**
Trotz einer großen Blendenzahl ist der Hintergrund unscharf.

[250 mm | 1/80 s | f16 | ISO 3200]

[18 mm | 1/1000 s | f4 | ISO 200]

Abbildung 3.31 >
Selbst mit offener Blende ist diese Weit-winkelaufnahme von vorn bis hinten scharf.

[300 mm | 1/400 s | f7,1 | ISO 500 | Stativ]

Abbildung 3.32 >
Nahaufnahme mit langer Brennweite

Das Beispielbild mit dem Schmetterling (siehe Abbildung 3.32) zeigt nicht nur die Auswirkungen einer langen Brennweite, sondern auch einen weiteren ausschlaggebenden Faktor: Die Schärfentiefe sinkt umso stärker, je näher sich das fokussierte Objekt vor dem Sensor befindet. Deshalb ist es auch mit einem Makroobjektiv relativ schwer, beispielsweise einen Schmetterling groß und von vorn bis hinten scharf abzubilden.

LW = Lichtwert

Manchmal müssen Sie in die Belichtungsautomatik der Kamera eingreifen und das Bild gezielt über- oder unterbelichten. Die entsprechenden Änderungswerte finden Sie jeweils als »LW« für *Lichtwert* – also Blendenstufe – gekennzeichnet unter den Bildern. Näheres zur Belichtungsoptimierung erfahren Sie in Kapitel 4.

Wie Sie die Ausdehnung der Schärfentiefe genau bestimmen können

Sie können sich die Schärfentiefe für eine Kombination aus Blende, Brennweite und Fokussierung ausrechnen lassen. Online finden Sie auf der Website *www.dofmaster.com/dofjs.html* ein Programm, das Ihnen unter *Near Limit* den Beginn der scharf dargestellten Zone und unter *Far Limit* dessen Ende anzeigt. Unter *Total* erscheint die Differenz zwischen diesen Werten, also die Ausdehnung der Schärfentiefe.

Dieses Programm gibt es übrigens auch für Android-Smartphones und das iPhone. Mehr Spaß am Apple-Telefon bereitet allerdings der *Simple DoF Calculator*, den Sie für sehr wenig Geld im App Store kaufen können. Um ein Gespür für die Schärfentiefe bei unterschiedlichen Brennweiten und Blendeneinstellungen zu bekommen, helfen allerdings eigene Versuche mehr als jedes Rechentool.

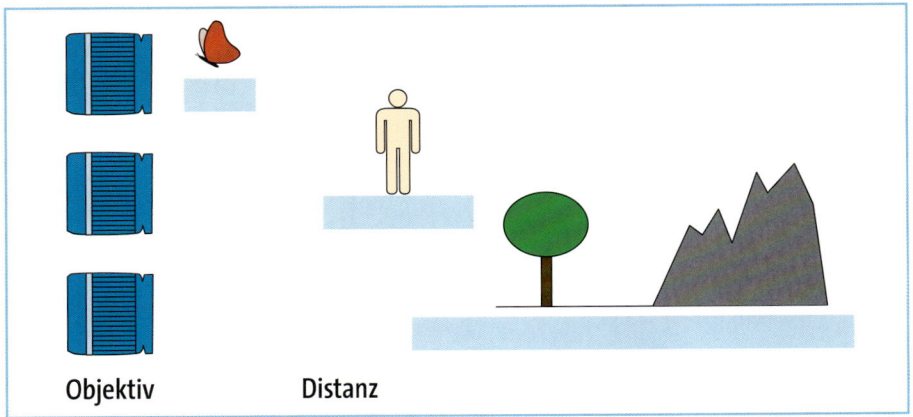

Objektiv   **Distanz**

⌃ **Abbildung 3.33**
Die Ausdehnung der Schärfentiefe bei gleicher Brennweite, aber unterschiedlichen Abständen zum fotografierten Objekt

Nutzen Sie den Spielraum des RAW-Formats

Mit den Programmen aus diesem Kapitel haben Sie ein Maximum an Gestaltungsfreiheit. Wenn Sie sich auch für die Bildbearbeitung am Computer noch weitere Spielräume erschließen wollen, empfiehlt es sich, die Fotos als RAW-Dateien zu speichern. Im Auslieferungszustand der EOS 1200D landen die Bilder nur im JPEG-Format auf der SD-Karte. Wie Sie auf die RAW-Variante oder das kombinierte Speichern beider Formate umstellen, haben Sie schon im ersten Kapitel auf Seite 25 gesehen.

Wie der Name *RAW* (englisch für *roh*) bereits sagt, handelt es sich dabei um die unbearbeiteten Informationen, die der Sensor der 1200D ohne Bearbeitung in der Kamera liefert. Diese Daten lassen sich im Nachhinein auf unterschiedlichste Weise in ein Bild verwandeln. So haben Sie zum Beispiel beim Weißabgleich (siehe Seite 289) die freie Wahl und können leichte Über- oder Unterbelichtungen problemlos korrigieren. Das RAW-Format wird wegen dieser Flexibilität häufig als »digitales Negativ« bezeichnet. Der einzige Nachteil ist der große Speicherplatzbedarf: Zwischen 20 und 25 Megabyte belegt eine RAW-Datei der EOS 1200D auf der SD-Karte und später auf dem Computer.

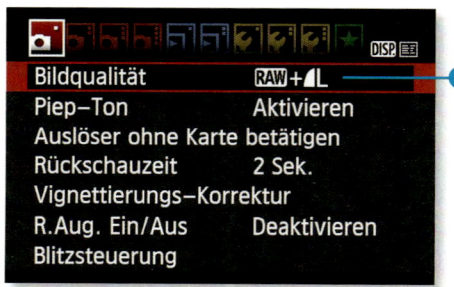

∧ Abbildung 3.34
*Das RAW-Format ❶
stellen Sie im ersten
Aufnahmemenü ein.*

Eine JPEG-Datei ist dagegen gewissermaßen ein fertig entwickeltes Foto. Anders als einen Papierausdruck können Sie dieses zwar noch bearbeiten, die Möglichkeiten sind jedoch beschränkt. Mit rund 6 Megabyte Größe braucht ein JPEG-Foto allerdings deutlich weniger Platz als sein RAW-Pendant.

 JPEG oder RAW?

Wer seine Bilder am PC umfangreich nachbearbeiten möchte, sich ausreichend mit Speicherkarten eindeckt, eine große Festplatte und einen aktuellen Computer sein Eigen nennt, braucht vor dem gewaltigen Ressourcenbedarf der RAW-Dateien keine Angst zu haben. Wenn es allerdings nur darum geht, die schönsten Bilder am Rechner zu zeigen oder auszudrucken, ohne dass große Korrekturen oder Retuschen fällig sind, spielt das universelle JPEG-Format seine Vorteile klar aus. Es kann mit jedem Computer gelesen werden, ist klein und verbraucht dadurch wenig Platz.

Goldene Regeln für gut gestaltete Bilder
EXKURS

Ein korrekt belichtetes Bild allein ist noch kein Hingucker. Mit den folgenden Methoden der Bildgestaltung geben Sie Ihren Fotos das gewisse Etwas.

Die Drittelregel

Ein essenzieller und viel zitierter Grundsatz für eine harmonische Bildaufteilung ist die sogenannte Drittelregel. Dabei wird das Bild gedanklich in neun gleich große Rechtecke unterteilt und das wichtigste Motiv an einem der Schnittpunkte positioniert. Alternativ kann zum Beispiel auch der Horizont an einer der Linien entlang verlaufen. Im Idealfall lassen sich sogar weitere interessante Motive des Bildes genau an einem weiteren Schnittpunkt anlegen. Bilder, die der Drittelregel folgen, wirken einerseits harmonisch, haben andererseits aber auch eine gewisse Dynamik und Spannung. Sie sind damit interessanter als mittig in Szene gesetzte Motive.

Auf Seite 26 haben Sie erfahren, wie man im **Livebild**-Modus ein Gitternetz einblenden kann. Über dieses ist es leichter, ein Bild nach der Drittelregel zu komponieren. Beim Blick durch den Sucher können Sie sich an den vier jeweils in der Mitte liegenden Autofokuspunkten orientieren.

⌃ **Abbildung 3.35**
Hier wurden Horizont und Leuchtturm in die Mitte des Bildes gelegt – gradlinig, aber auch etwas langweilig.

⌃ **Abbildung 3.36**
Dieses Bild folgt der Drittelregel. Die Bildwirkung ist sofort verändert. Der Weg, der zum Leuchtturm führt, ist durch diese Aufteilung besonders betont.

⌃ **Abbildung 3.37**
Die Drittelregel noch einmal anders: Die Betonung liegt hier auf dem weiten Himmel.

Die Drittelregel ist keine exakte Wissenschaft. Sie können die Motive ebenso gut ein wenig weiter links, rechts, oberhalb oder unterhalb des Schnittpunkts positionieren. In vielen Motivsituationen haben Sie möglicherweise auch gar keine andere Wahl. Trotzdem lohnt es sich bei der Komposition des Bildes oft, ein wenig die eigene Position und den Kamerawinkel zu verändern, um die Bildwirkung entscheidend zu verbessern. Besonders bei der Positionierung des Horizonts zahlt sich dies meist aus. Ein genau durch die Bildmitte verlaufender Horizont wird von den meisten Betrachtern als langweilig und uninteressant empfunden.

Trotzdem ist die Drittelregel natürlich nur eine von sehr vielen Gestaltungsregeln, die von Motiv zu Motiv kreativ eingesetzt, aber auch gebrochen werden können.

Punkte, Linien und Strukturen

Um den Betrachter für das Bild zu interessieren, helfen auch einzelne herausstechende Elemente, die außerhalb der Mitte positioniert werden. Punkte vor einem Hintergrund, der zu ihnen im Kontrast steht, ziehen die Aufmerksamkeit besonders an.

[55 mm | 1/500 s | f11 | ISO 200]

Linien führen den Blick des Betrachters im Bild. Sie können entweder durch das Aneinanderreihen von Bildelementen gedanklich entstehen oder konkret im Bild vorhanden sein: Ein Weg, eine Gebäudekante oder ein Ast lassen sich gezielt so positionieren, dass sie den Blick auf das Hauptmotiv leiten. Besonders dynamisch wirken dabei Diagonalen und Dreiecke. Horizontale oder vertikale Linien als Parallelen wiederum sorgen oft für eine Art Schichtung und bringen Ordnung und Ruhe ins Bild.

< Abbildung 3.38
Der rote »Punkt« durchbricht hier die klare Struktur
der Arena und lenkt die Aufmerksamkeit auf sich.

[105 mm | 1/160 s | f6,3 | ISO 200]

< Abbildung 3.39
Die Linie führt zum Motiv hin.

⌄ Abbildung 3.40
Hier wird der Effekt durch doppelte Diagonalen erreicht.

[49 mm | 1/250 s | f11 | ISO 200]

Abbildung 3.41 >
Der Fokus liegt hier auf dem charakteristischen Merkmal dieser Landschaft – den wellenförmigen Strukturen.

[51 mm | 1/200 s | f10 | ISO 200]

⌄ Abbildung 3.42
Horizontale Linien wirken in Landschaftsaufnahmen wie übereinander gelegte Schichten.

[300 mm | 1/250 s | f7,1 | ISO 200]

Mehrere Linien wiederum bilden Muster und Strukturen. Der Betrachter sucht ganz automatisch das Bild nach einer solchen Ordnung ab. Die besonderen Strukturen einer Landschaft zum Beispiel sind manchmal so interessant, dass sie als Motiv taugen. Häufig trägt auch die gezielte Unterbrechung des Musters entscheidend zur Bildwirkung bei. Ein einzelner Blickfang – zum Beispiel nach der Drittelregel positioniert – sticht aus der Harmonie heraus und bringt Dynamik ins Spiel.

Eine beliebte Möglichkeit, Motive zu betonen, ist die Verwendung eines Rahmens. Zusätzlich zu der natürlichen Begrenzung des Fotos hebt dieser das zentrale Bildelement von seiner Umgebung ab und bringt damit ein ordnendes Element ein.

Die Wirkung von Bildern lässt sich durch das Spiel mit Gestaltungsprinzipien wie diesen erheblich steigern. Wenn Sie ganz bewusst die Werke großer Meister der Malerei oder Fotografie studieren, werden Sie diese Elemente in zahlreichen Variationen wiederfinden.

Die Drittelregel in Film und Kunst

Wenn Sie den nächsten Spielfilm einmal ganz bewusst betrachten, werden Sie viele Einstellungen finden, in denen der Kameramann ganz bewusst mit der Drittelregel gearbeitet hat. Auch in anderen visuellen Darstellungsformen wie Werbung und Malerei funktioniert dieses Prinzip wunderbar. Es handelt sich dabei um eine Vereinfachung des Goldenen Schnitts, der in der Natur zu beobachten ist und seit der Antike genutzt wird, um in der Kunst harmonische Proportionen zu schaffen.

ﬠ **Abbildung 3.43**
Hier bildet die Mauer den Rahmen für die Aufnahme.

[55 mm | 1/100 s | f9 | ISO 200]

Kapitel 4
Das A & O: die richtige Belichtung für Ihre Bilder

Die Belichtung korrigieren

Im vorherigen Kapitel haben Sie die Motiv- und Kreativprogramme kennengelernt. In den meisten Fällen liefern diese Automatiken perfekt belichtete Bilder. Das liegt unter anderem daran, dass die EOS 1200D versucht, eine ausgewogene mittlere Belichtung zu finden. Bei dieser gewinnen weder die dunklen noch die hellen Bildelemente die Oberhand.

Was aber, wenn diese – in vielen Konstellationen passende – Rechnung bei Ihrem Motiv einmal nicht aufgeht? Etwa weil Sie gerade im gleißend hellen Schnee oder im dunklen Bergwerk stehen – sich also in einer Situation befinden, in der der Überfluss beziehungsweise Mangel an Licht geradezu typisch ist und daher mit auf das Foto soll? Probleme gibt es auch, wenn der Unterschied zwischen hellen und dunklen Bereichen so groß ist, dass zwangsläufig Teile des Bildes entweder über- oder unterbelichtet sind (siehe Abbildung 4.1).

In allen diesen Fällen empfiehlt es sich, in die Automatik der 1200D einzugreifen und eine Korrektur vorzunehmen. Darum geht es in diesem Kapitel.

˅ Abbildung 4.1
Die Kamera konnte den hohen Kontrastumfang zwischen Sonne und Schatten nicht bewältigen. Das Fahrrad an der Hauswand ist völlig unterbelichtet.

[29 mm | 1/200 s | f8 | ISO 200]

Den Kontrastumfang bewältigen

Für den Menschen ist das Wahrnehmen des Unterschieds zwischen besonders hellen und besonders dunklen Bereichen keine wirkliche Herausforderung. Denn das menschliche Auge – besser gesagt das Gehirn – baut in unserem Kopf ein Bild zusammen, bei dem verschiedene Lichtsituationen zu einem stimmigen Gesamteindruck miteinander verbunden werden – zumindest bis zu einem gewissen Grad.

Die Elektronik der EOS 1200D allerdings entscheidet sich im Zweifelsfall für einen Mittelwert. In Abbildung 4.2 würden sowohl der Kirchturm als auch die Blumenvase in einem langweiligen Grau versinken. Bei der Aufnahme der Blumenvase wurde deshalb eine Entscheidung zugunsten der Blumen getroffen und die

Blende entsprechend angepasst. Welche Belichtung in einem kritischen Fall wie diesem »richtig« ist, müssen Sie selbst bestimmen – je nachdem, was abgebildet werden soll. Über die Änderung von Blende und Belichtungszeit können Sie regeln, wie viel Licht den Sensor erreicht, und somit auch, welches Bildelement wie belichtet wird.

[28 mm | 1/800 s | f8 | ISO 200]

< Abbildung 4.2
Blick aus dem Fenster: Da der Sensor der Kamera den hohen Kontrastumfang zwischen drinnen und draußen nicht bewältigen kann, wurde hier manuell auf den Tisch hin belichtet. Die Kirche im Hintergrund ist vollkommen überbelichtet.

 Dem Dilemma entkommen

Es gibt für Situationen mit hohem Kontrastumfang natürlich verschiedene Lösungen. Im Bildbeispiel oben können Sie etwa die Belichtung auf den Kirchturm einstellen und die Blumen mit einem Blitz aufhellen (siehe Kapitel 7).

So korrigieren Sie gezielt die Belichtung

Der **M**-Modus, mit dem die beiden Parameter Blende und Belichtungszeit manuell eingestellt werden können, ist Ihnen bereits aus Kapitel 3 bekannt. Im manuellen Modus sind Sie der alleinige Herrscher über das Geschehen. Denkbar sind allerdings viele Situationen, in denen Sie zwar nicht auf die Belichtungsmessung der EOS 1200D verzichten möchten, aber trotzdem selbst eingreifen und nachjustieren wollen. Eben dies versteht man unter dem Begriff *Belichtungskorrektur*. Dabei wird die für die Belichtung vorgeschlagene Kombination aus Blende, Belichtungszeit und ISO-Wert nur als Ausgangsbasis genutzt. Anschließend korrigieren Sie die Werte um den gewünschten Faktor nach oben oder unten.

So arbeitet die Automatik

Wenn Sie eine Belichtungskorrektur einstellen, wird die im **Tv**-Programm voreinge-
stellte Belichtungszeit beibehalten, die Blende jedoch weiter geöffnet oder geschlossen, als es die Automatik vorschlägt. Umgekehrt bleibt die im **Av**-Programm gewählte
Blende gleich, und die Belichtungszeit wird entsprechend verkürzt oder verlängert.
Im Modus **P** trachtet die Kameraautomatik danach, eine verwacklungssichere Belichtungszeit beizubehalten, weswegen sich hier vorrangig der Blendenwert ändert.

Die Belichtungskorrektur funktioniert übrigens nur in den Kreativprogrammen **P**,
Tv und **Av**.

Die Abbildungen auf der rechten Seite zeigen die Wirkung einer gezielten
Überbelichtung. Beim Fotografieren im Schnee muss die Belichtung also
nach oben korrigiert werden. Umgekehrt ist es bei einem sehr dunklen Motiv, hier gilt es unterzubelichten. Dieser Zusammenhang erscheint auf den
ersten Blick vielleicht merkwürdig. Soll nicht bei viel Licht die Blende eher geschlossen werden? Genau dieser Annahme ist die Kamera gefolgt und hat damit das Bild falsch belichtet.

Warum das passiert, wird deutlich, wenn man sich die Funktionsweise
der Belichtungsautomatik verdeutlicht. Ob das »viele Licht« von einem hellen Sommerhimmel, einer starken Lampe oder einer Schneelandschaft her-
rührt, kann die Elektronik nicht wissen. Sie wird deshalb gegensteuern und
Blende und Belichtungszeit so verkleinern beziehungsweise verkürzen, dass
weniger Licht auf den Sensor kommt. Die Elektronik ist dabei bestrebt, jedes
Bild auf einen mittelhellen Wert zu belichten. Für die meisten Motivsituationen passt dies nämlich ziemlich gut. Obendrein kann die Kamera nicht ein-
schätzen, welche Motivelemente tatsächlich weiß sind, und diese als Refe-
renz nehmen. Letztlich wird deshalb alles auf ein mittleres Grau getrimmt.

 AUTO-ISO greift ein

Die Unter- oder Überbelichtung erfolgt bei vorgegebener Blende durch eine geänderte
Belichtungszeit, bei einer vorgegebenen Belichtungszeit dagegen durch eine absichtlich kleinere oder größere Blende. Steht die ISO-Einstellung allerdings auf **AUTO**, wird
auch dieser Belichtungsparameter mit einbezogen: Eine gezielte Unterbelichtung um
eine Blendenstufe führt zu einer Halbierung des ISO-Wertes, eine Überbelichtung zu
einer Verdoppelung.

Eine Belichtungskorrektur einstellen

SCHRITT FÜR SCHRITT

1 **Belichtung nach oben/unten korrigieren**

Halten Sie die **Av**-Taste ❶ auf der Rückseite der 1200D gedrückt, und drehen Sie gleichzeitig am **Hauptwahlrad** nach rechts oder links.

2 **Belichtungsskala prüfen**

Im Display erscheint die Anzeige der Überbelichtung (rechts von der Mitte ❷) oder Unterbelichtung (links von der Mitte) in Drittel-Blendenstufen. Die gleiche Anzeige ist auch im Sucher vorhanden.

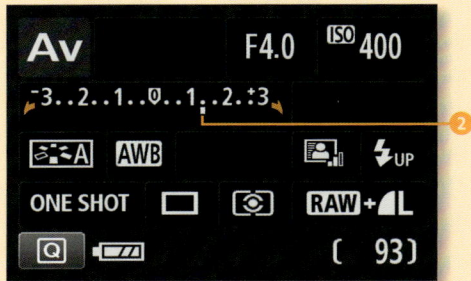

3 **Passende Korrektur einstellen**

Bei dem folgenden Bild eines Hundes im Schnee war die Elektronik überfordert. Das Weiß wird zu Grau, die Struktur des Fells ist kaum noch zu erkennen. In dunklen Bildteilen fehlt es an Zeichnung. Eine Überbelichtung um 1,3 Blendenstufen ❸ schaffte hier Abhilfe.

So misst die EOS 1200D die Belichtung

Um die Belichtung zu messen, muss die Kamera zu einem Trick greifen. Durch das Objektiv kann sie nämlich nur die vom Motiv reflektierte Lichtmenge, nicht aber das Umgebungslicht messen. Ob ein helles Objekt schwach beleuchtet oder ein sehr dunkles Element hell angestrahlt wird, ist für die Kamera nicht zu unterscheiden. Bei der Berechnung für die richtige Belichtung geht die Elektronik deshalb der Einfachheit halber davon aus, dass der angemessene Motivteil einem mittleren Grau entspricht. Ein solches Grau würde gedruckt etwa 18 Prozent des Lichts reflektieren. Die 1200D ordnet dem gemessenen Wert einfach eine mittelhelle Farbe zu und steuert Blendenöffnung, Belichtungszeit und ISO-Wert entsprechend.

Der Begriff »Blende«

Wie Sie schon wissen, bezeichnet der Begriff Blende im reinen Wortsinn die Lamellen im Objektiv. Der Ausdruck wird jedoch im weiteren Sinne auch als Synonym für den Belichtungswert verwendet. »Das Bild wurde um eine Blende beziehungsweise eine Blendenstufe unterbelichtet« kann also nicht nur bedeuten, dass etwa die Blende von 1,4 auf 2 verstellt wurde, sondern auch, dass die Belichtungszeit von 1/200 auf 1/400 s oder die ISO-Zahl von 200 auf 100 gestellt wurde. Lassen Sie sich davon nicht verwirren!

∨ Abbildung 4.3
Ohne Unterbelichtung würde in dieser Situation der schwarze Hintergrund zu einem faden Grau.

Diese einfache Methode, die sich in vielen Fällen bewährt, versagt zwangsläufig bei Motiven, die sehr dunkel oder sehr hell sind. Ein weißer Schneehase in seinem Element oder ein dunkles Auto vor einem Tunnel werden im automatisch belichteten Bild grau dargestellt. Für die Elektronik der 1200D repräsentieren diese beiden Beispielmotive lediglich helle und dunkle Bildelemente, die der Mittelwert-Methodik folgend abgedunkelt oder aufgehellt werden müssen.

Um nun dem Schließen der Blende oder dem Verkürzen der Belichtungszeit durch die Kamera entgegenzuwirken, ist gezieltes Eingreifen nötig. Überbelichten bedeutet, dass die Blende geöffnet oder die Belichtungszeit verlängert wird. In beiden Fällen gerät mehr Licht auf den Sensor, das Bild wird heller. Beim Unterbelichten wird die Blende weiter geschlossen oder die Belichtungszeit verkürzt, das Bild wird dunkler.

[125 mm | 1/160 s | f5,6 | ISO 320]

Die Belichtungsreihenautomatik nutzen

Mit einem Probeschuss, einem Blick aufs Display und einer anschließenden Belichtungskorrektur lässt sich auch in kritischen Lichtsituationen unkompliziert ein gutes Ergebnis erzielen. Für den Fall, dass die Entscheidung über die korrekte Belichtung schwerfällt und beispielsweise erst am heimischen Computer getroffen werden soll, gibt es eine sehr hilfreiche Funktion. Beim Gebrauch der **Belichtungsreihenautomatik** schießt die 1200D ein normal belichtetes, ein unterbelichtetes und ein überbelichtetes Bild direkt hintereinander. Dabei können Sie frei bestimmen, um wie viele Blendenstufen über- oder unterbelichtet wird.

[32 mm | 1/50 s | f4,5 | ISO 200 | +1 LW | Stativ]
[32 mm | 1/25 s | f4,5 | ISO 200 | +2 LW | Stativ]
[32 mm | 1/25 s | f4,5 | ISO 200 | +3 LW | Stativ]

∧ **Abbildung 4.4**
Da in diesem Bild viele weiße Elemente sind, war eine Belichtungsreihe mit verschiedenen Stufen der Überbelichtung das Mittel der Wahl. Hier das Ergebnis beim Wert +1 (links). Beim Wert +2 (Mitte) ist das Porzellan wesentlich weißer. Der Wert +3 (rechts) ist ein wenig zu viel des Guten.

Eine Belichtungsreihe fotografieren

SCHRITT FÜR SCHRITT

1 Den Befehl auswählen

Drücken Sie im **P**-, **Tv**-, **Av**- oder **M**-Programm die **Q**-Taste. Manövrieren Sie mit den **Pfeiltasten** zur Belichtungsstufenanzeige ❶. Mit einem Druck auf die Taste **SET** geht es weiter.

2 Die Parameter einstellen

Mit dem **Hauptwahlrad** können Sie nun einstellen, um wie viele Blendenstufen bei den einzelnen Bildern vom Mittelwert ❸ abgewichen werden soll. Die großen Balken ❹ markieren jeweils eine Stufe, die kleinen ❷ jeweils einen Drittelschritt. Mit den **Pfeiltasten** nach links und rechts können Sie zudem einen anderen Ausgangspunkt ❺ der Reihenaufnahmen definieren. Auf diese Weise ist es zum Beispiel möglich, eine starke, eine mittlere und eine sehr moderate Unterbelichtung durchzuführen.

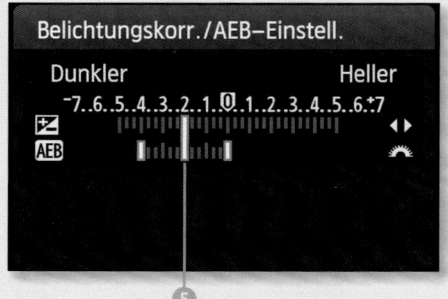

3 Fotografieren

Drücken Sie dreimal hintereinander auf den **Auslöser**. Wenn Sie die Betriebsart auf **Reihenaufnahme** gestellt haben, schießt die 1200D die Bilder mit einem längeren Fingerdruck in kurzer Folge direkt hintereinander. Vergessen Sie übrigens nicht, die Belichtungsreihenautomatik wieder auszuschalten, sonst geht es im gleichen Rhythmus weiter.

Automatische Belichtungsoptimierung

Wenn Sie die Q-Taste [Q] drücken und zum Symbol für die **Automatische Belichtungs-optimierung** ❻ wechseln, können Sie diese in vier verschiedenen Stufen aktivieren. Die Standardeinstellung ❼ ist dabei eine gute Wahl. Mit dieser Funktion werden Verluste in der Detaildarstellung von dunklen und hellen Teilen eines Bildes kompensiert. Dunkle Bereiche hellt die Automatik der 1200D dazu ein wenig auf, so dass sie nicht ins Schwarze »absaufen«, helle Bildpartien wiederum werden ein wenig abgedunkelt, so dass sie nicht »ausbrennen«. Damit ist die **Automatische Belichtungsoptimierung** besonders in kontrastreichen Lichtsituationen hilfreich.

Im Gegensatz zu JPEG-Bildern sind RAW-Dateien von den Anpassungen nicht betroffen. Wenn Canons eigene Software Digital Photo Professional zum Einsatz kommt, wird die hier gewählte Option allerdings berücksichtigt, und die Software führt selbstständig eine entsprechende Optimierung aus.

∧ Abbildung 4.5
Symbol für die **Automatische Belichtungsoptimierung** *und Auswahlmöglichkeiten*

Die Belichtungsmessmethoden der EOS 1200D

Die gängigen kritischen Situationen lassen sich mit einer gezielten Über- oder Unterbelichtung meistern. Besonders helle oder besonders dunkle Bildelemente können Sie so sehr schnell ins rechte Licht setzen. Mit ein wenig Übung ist es obendrein möglich, ohne Blick aufs Display eine Belichtungskorrektur einzustellen. Um aber von Anfang an eine möglichst korrekte Belichtung zu erreichen, kann eine Änderung des Messverfahrens hilfreich sein.

Die EOS 1200D verfügt über drei Arten der Belichtungsmessung. Sie unterscheiden sich vor allem dadurch, welcher Bereich des Bildes in die

Berechnung der Kombination von Blende und Belichtungszeit mit einfließt. Standardmäßig eingestellt ist die **Mehrfeldmessung**. Wenn Sie an der EOS 1200D die **Q**-Taste drücken und anschließend über die **Pfeiltasten** das Icon **❶** auswählen, sehen Sie die eingestellte Belichtungsmessmethode **❷**. Mit den **Pfeiltasten** können Sie nun eine der anderen beiden Belichtungsmessarten auswählen: die **Selektivmessung** oder die **mittenbetonte Messung**.

Abbildung 4.6 >
Über das orange umrandete Symbol **❶** *können Sie die Belichtungsmessmethode auswählen.*

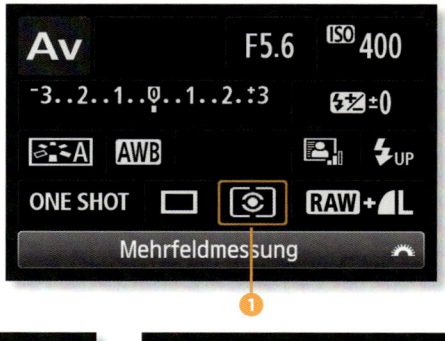

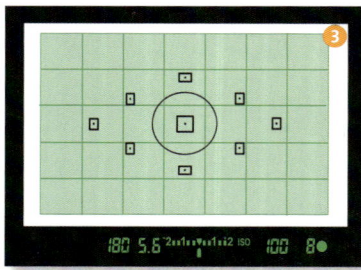
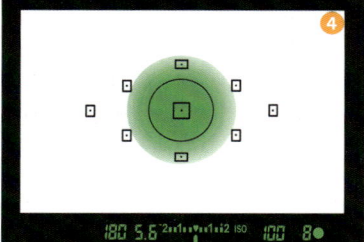
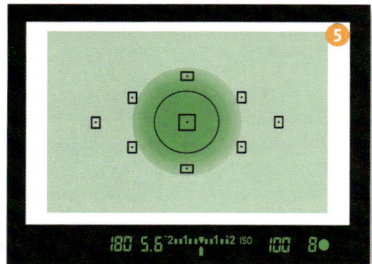

^ Abbildung 4.7
Wählen Sie zwischen **Mehrfeldmessung** **❸**, **Selektivmessung** **❹** *und* **mittenbetonter Messung** **❺**.

Im Zweifel Mehrfeldmessung

Trotz ausgefeilter Technik kann die 1200D nicht wissen, was Sie fotografieren wollen. Dementsprechend sind die Belichtungsmessmethoden nur der Versuch, für unterschiedliche Szenarien passende Messsysteme anzubieten. In der Praxis ist es allerdings recht umständlich, jedes Bild im Sucher zu analysieren und den Belichtungsmodus zu ändern. Einmal ganz davon abgesehen, dass es vielleicht schnell gehen muss. Für jedes einzelne Foto erst in ein solches Mikromanagement der Kamera einsteigen zu müssen, verdirbt auf Dauer den Spaß.

In schwierigen Lichtsituationen ist es oft wesentlich effizienter, nach einem Kontrollschuss mit einer Belichtungskorrektur zum Ergebnis zu kommen. Mit ein wenig Erfahrung und den hier vorgestellten Techniken gelingt es auch ohne ständige Messmethodenänderung, die Belichtung den eigenen Wünschen anzupassen. Die Mehrfeldmessung ist dafür die ideale Ausgangslage.

Der Alleskönner: die Mehrfeldmessung ◉

Als Universalwerkzeug für fast alle Lichtsituationen hat sich die **Mehrfeldmessung** bewährt. Die EOS 1200D misst die Belichtung der kompletten, in 63 Felder unterteilten Bildfläche. Dabei fließt der beim gerade aktivierten Autofokusmessfeld gemessene Belichtungswert mit einem etwas höheren Anteil in die Gesamtrechnung mit ein. In den meisten Fällen liefert die Mehrfeldmessung eine sehr ausgewogene Belichtung. Sie ist vom Schnappschuss bis hin zur Fotoreportage vielfältig einsetzbar.

[18 mm | 1/100 s | f8 | ISO 400 | Stativ]

Abbildung 4.8 >
*Die **Mehrfeldmessung** leistet bei einem solchen Motiv gute Dienste.*

Der Spezialist: die Selektivmessung ◎

Bei der **Selektivmessung** misst die EOS 1200D nur einen mittleren Ausschnitt, der etwa neun Prozent der gesamten sichtbaren Sucherfläche ausmacht. Was sich außerhalb dieses Bereichs abspielt, ist für die Belichtungseinstellung irrelevant. Das ist bei Gegenlichtaufnahmen durchaus von Vorteil. Dabei werden im Endeffekt sehr helle Bildteile hingenommen, damit die Kamera nicht durch eine kürzere Belichtungszeit die bildwichtigen Elemente abdunkelt.

Ein Zwischending: die mittenbetonte Messung ▢

Bei der **mittenbetonten Messung** wird – wie bei der **Mehrfeldmessung** – das gesamte Bild betrachtet. Allerdings fließen die Elemente in der Mitte des Bildes etwas stärker in die Berechnung der Belichtung mit ein. Das ist vor allem dann hilfreich, wenn besonders helles oder dunkles Licht am Rand die Belichtungsmessung nicht verwirren soll.

[300 mm | 1/100 s | f11 | ISO 400]

Abbildung 4.9 >
*Die **mittenbetonte Messung** ignoriert sehr helle oder dunkle Randbereiche des Bildes.*

Die Belichtungswerte können Sie speichern

Mit den Messmethoden **Selektivmessung** und **Mittenbetonte Messung** können Sie einen abgegrenzten Punkt oder einen größeren Bereich innerhalb des Sucherbildes anmessen. Sie drücken den **Auslöser** halb, und die 1200D zeigt Ihnen im Sucher und auf dem Display die gemessenen Werte für Blende, Belichtung und ISO-Einstellung an. Falls Sie nun die Kamera schwenken, um einen anderen Ausschnitt zu wählen, ändern sich auch diese Belichtungswerte. Ein wenig anders verhält es sich bei der Mehrfeldmessung. Hier bleibt der Wert bestehen, solange der **Auslöser** halb gedrückt wird. Auch in den anderen Messarten gibt es jedoch eine Möglichkeit, mit der die einmal vorgeschlagene Zeit-Blenden-Kombination so lange gespeichert bleibt, bis Sie das Bild geschossen haben. Drücken Sie dafür einfach die **Sterntaste** ❶. Der kleine Stern, der daraufhin links im Sucher erscheint, quittiert den Vorgang.

▲ **Abbildung 4.10**
*Die **Sterntaste** auf der Rückseite der 1200D*

Gespeichert wird bei dieser Funktion übrigens stets der Belichtungswert des zentralen Autofokusmessfeldes. Auch hier folgt die Mehrfeldmessung einer anderen Logik. Wird die Belichtung mit dieser Methode gemessen, so wird der Wert des aktiven Autofokusmessfeldes genommen. Weitere Informationen zur Auswahl der Autofokusmessfelder finden Sie in Kapitel 6.

Das Histogramm verstehen und anwenden

Die Beurteilung der korrekten Belichtung muss unterwegs über das Display erfolgen. Doch gerade an sehr sonnigen Tagen ist das gar nicht so einfach. Bilder, die auf den ersten Blick viel zu dunkel erscheinen, entpuppen sich zu Hause am Computer als vollkommen in Ordnung. Um auch an der Kamera selbst die Belichtung sehr schnell und einfach überprüfen zu können, gibt es das *Histogramm*. Wenn Sie beim Betrachten eines Bildes zweimal die **DISP**-Taste drücken, sehen Sie es: ein weißes Gebirge mit einzelnen Spitzen. Was auf den ersten Blick wie ein komplexes Diagramm erscheint, stellt tatsächlich einen relativ einfachen Sachverhalt dar: Zu sehen ist die Helligkeitsverteilung der einzelnen *Pixel* des Bildes. Jedes digitale Bild setzt sich aus einzelnen Pixeln, also Bildpunkten, zusammen. Das der EOS 1200D besteht standardmäßig aus 5 184 × 3 456 Pixeln. Das sind rund 18 Millionen Pixel – die Megapixelzahl.

❮ **Abbildung 4.11**
Das Histogramm ❷

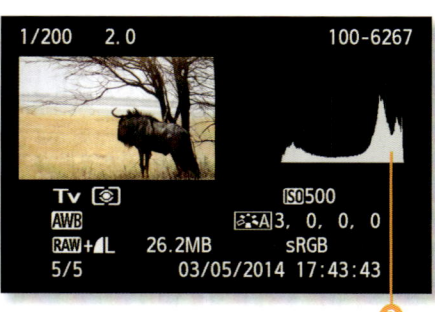

⊞ Die richtige Belichtung dank Live-Histogramm

Auch im **Livebild**-Betrieb lässt sich das Histogramm hervorragend für die Beurteilung der Belichtung nutzen. Drücken Sie einfach die **DISP**-Taste mehrmals hintereinander, und ein kontinuierlich aktualisiertes Histogramm erscheint.

Stellen Sie sich die Bildpunkte des Bildes als kleine Bauklötze vor. Interessant sind in diesem Fall nur die Helligkeitswerte, deshalb spielt die Farbe bei dieser Art des Histogramms keine Rolle. Die einzelnen Pixel — hier also die Steine — werden der Helligkeit nach geordnet und gestapelt. Die vollkommen schwarzen kommen ganz auf die linke, die absolut weißen ganz auf die rechte Seite. Dazwischen werden alle Steine von dunkel nach hell (von links nach rechts) geordnet. Das Ergebnis ist das Histogramm des Bildes. Mit ein wenig Übung lässt sich anhand des Histogramms erkennen, ob das Bild über- oder unterbelichtet ist.

[25 mm | 1/800 s | f8 | ISO 200]

Abbildung 4.12 >

Ein ausgewogen belichtetes Bild: einzelne dunkle und helle Bereiche und eine Vielzahl von mittelmäßig hellen Stellen

ᴠ Abbildung 4.13

Hier sammeln sich die Helligkeitswerte auf der rechten Seite, die Gischt erscheint ohne jede Zeichnung. Die Lücke links zeigt, dass hier durchaus Potenzial für eine weiter geschlossene Blende oder eine kürzere Belichtungszeit bestand. Die unbesetzten Positionen wären dann gefüllt.

[200 mm | 1/320 s | f5,6 | ISO 200]

ᴠ Abbildung 4.14

Die dunkle Stimmung trägt zur dramatischen Wirkung des Bildes bei. Die abgeschnittenen dunklen Bereiche (Tiefen) zeigen jedoch, dass hier Farbinformationen für immer verloren gegangen sind. Besser wäre es gewesen, etwas überzubelichten.

[70 mm | 1/500 s | f9 | ISO 200 | Stativ]

Problemzonen der Belichtung meistern

Bei der Darstellung eines Histogramms auf dem Display blinken möglicherweise sehr helle Stellen schwarz auf ❶.

In diesen »ausgefressenen« Bereichen können keine Farbinformationen mehr festgestellt werden. Wird ein solches Foto ausgedruckt, versprüht der Druckkopf bei diesen Bildteilen keine Tinte. Nur das blanke Papier ist an diesen Stellen zu sehen – nicht unbedingt ein schöner Anblick.

Es empfiehlt sich daher grundsätzlich, solche Überbelichtungen zu vermeiden. Übrigens auch dann, wenn tatsächlich eine weiße Fläche dargestellt werden soll. Es kommt also darauf an, sich der kritischen Belichtungsgrenze anzunähern, ohne sie tatsächlich zu übertreten.

∧ Abbildung 4.15
Das Wildschwein wurde im Schnee aufgenommen, ein Teil davon blinkt schwarz auf ❶. Die lange Spitze ❸ auf der rechten Seite zeigt, dass das Bild viele helle Anteile enthält.

[70 mm | 1/125 s | f6,3 | ISO 200]

☑ Histogrammhelfer

Die weißen vertikalen Striche ❷ zeigen im Histogramm jeweils eine Blendenstufe Differenz an.

Etwas weniger problematisch in dieser Hinsicht sind vollkommen schwarze Bereiche. Der Bildeindruck leidet nicht unbedingt, wenn in den Schatten keinerlei Details mehr wahrnehmbar sind. Dann dürfen sie getrost »absaufen«. Ein gutes Beispiel für problemlos dunkle Motivteile sind scherenschnittartige Darstellungen im Abendlicht.

Manchmal können leicht unter- oder überbelichtete Bilder noch durch Nachbearbeitung am Computer in Form gebracht werden. Auch hier zeigen sich die Vorteile des RAW-Formats: Mit einem RAW-Konverter wie dem mit der EOS 1200D ausgelieferten Digital Photo Professional lässt sich die Belichtung innerhalb eines Rahmens von einer bis zwei Blendenstufen nachträglich retten. Weitere Informationen dazu finden Sie in Kapitel 14.

Gerade bei einer kritischen Konstellation empfiehlt es sich, eher »zu den Lichtern hin« zu belichten. Das Abdunkeln von leicht überbelichteten Stellen funktioniert wesentlich besser als das nachträgliche Aufhellen zu dunkler Bereiche. Der Grund: In den Schatten – den dunklen Partien – sind insgesamt weniger Tonwerte vorhanden als in den hellen Bereichen. Das liegt daran, dass der Sensor der Kamera von dort weniger Farbinformationen liefert. Werden diese durch ein Anheben der Belichtung weiter aufgespreizt, also auf weitere Positionen verteilt, entstehen Brüche in den Farbverläufen. All diese Probleme lassen sich vermeiden, wenn schon bei der Aufnahme die Belichtung stimmt. Mit Hilfe des Histogramms funktioniert das in den meisten Fällen ziemlich gut.

⌄ **Abbildung 4.16**
Diese Landschaft wurde gegen das Abendlicht fotografiert. Hier macht es nichts aus, dass schwarze Bildteile keine Zeichnung mehr haben.

[160 mm | 1/250 s | f5 | ISO 200 | Stativ]

Kapitel 5
Schönere Farben und reines Weiß erzielen

Farbstichige Fotos vermeiden mit dem richtigen Weißabgleich

RAW

Das RAW-Format ermöglicht es, den Weißabgleich auch nachträglich am Computer nach Belieben zu ändern. Ein weiterer Grund, die Bilder in diesem Format zu speichern.

So wichtig wie die Frage nach Licht oder Schatten ist die nach der richtigen Farbe. Auch hier sind Sie gefragt: Geht es um eine möglichst realistische farbliche Wiedergabe einer Situation, kommt der Weißabgleich ins Spiel. Damit teilt der Fotograf der Kamera mit, was ein reines Weiß ist. Die Kamera nutzt diese Information dann als Ausgangsbasis für die Farbgebung.

Für unser Auge bleibt ein weißes Blatt Papier, egal ob es unter Tages- oder Kunstlicht betrachtet wird, mehr oder minder weiß. Die Kamera jedoch erkennt präzise, welche Wellenlänge des Lichts je nach Tageszeit und Beleuchtungsart dominiert. Über den automatischen Weißabgleich kann sie etwa das blaugrüne Licht einer Leuchtstoffröhre neutralisieren. Funktioniert diese Automatik nicht richtig, findet sich im Bild ein entsprechender Farbstich.

Farben mit Temperatur

Jeder Regenbogen zeigt, dass das Licht der Sonne das komplette Farbspektrum umfasst. Weil sich aber der Winkel und die Entfernung zwischen Erde und Sonne im Laufe des Tages ändern, wechseln zugleich die Anteile der unterschiedlichen Wellenlängen des Lichts. Das menschliche Auge bemerkt diese Schwankungen fast ausschließlich an der rötlichen Morgen- und Abenddämmerung. An die kleineren Änderungen im Tagesverlauf und die Charakteristika von Kunstlicht passt es sich dank seiner Fähigkeit zur *chromatischen Adaption* an: Ein weißes Blatt Papier erscheint uns sowohl bei Tageslicht als auch unter einer blaugrün leuchtenden Neonröhre weiß.

Abbildung 5.1 >
Die Farbtemperatur verschiedener Lichtarten

Alle unterschiedlichen Lichtcharakteristika lassen sich mit verschiedenen Farbtemperaturwerten beschreiben (siehe Abbildung 5.1). Diese werden in der Einheit Kelvin erfasst. Anders jedoch, als es unsere alltägliche Verwendung der Begriffe kalte und warme Farben vermuten lässt, ist rotes Licht physikalisch gesehen weitaus kälter – und damit energieärmer – als blaues Licht.

Beim Weißabgleich findet nun eine Neutralisierung statt: Das nur bei Tageslicht mit 5 500 Kelvin ausgeglichene Lichtspektrum wird dazu in Richtung der fehlenden Farben kompensiert. Bei kühlen Farbtemperaturen von beispielsweise 3 500 Kelvin dominieren die Rottöne, es fehlt der blaue Bereich des Lichts. Bei einem Weißabgleich wird dieser stärker mit einbezogen.

Weißabgleichseinstellung	Farbtemperatur
☀ Tageslicht	5 200 Kelvin
⌂ Schatten	7 000 Kelvin
☁ Wolkig	6 000 Kelvin
☀ Kunstlicht	3 200 Kelvin
▒ Leuchtstoffröhre	4 000 Kelvin
⚡ Blitz	je nach Blitzmodell

< Tabelle 5.1
Lichtsituationen und Kelvinzahlen

☑ **Der Weißabgleich beim Speedlite 600EX-RT**

Beim Blitz Speedlite 600EX-RT von Canon können zwei unterschiedlich gefärbte Filter vor dem Blitz montiert werden. Dies wird mechanisch erkannt und als Steuerimpuls an die Kamera weitergegeben. Die Farbtemperatur wird in diesem Fall in der Kamera automatisch verändert, sofern Sie die Option ⚡ oder **AWB** wählen.

So passen Sie den Weißabgleich an

Normalerweise schafft es der automatische Weißabgleich der EOS 1200D recht gut, Farbverfälschungen zu kompensieren. Es gibt allerdings ein paar wenige Ausnahmesituationen, in denen Sie um eine manuelle Einstellung nicht herumkommen. Gerade bei Mischlicht ist es nötig, den Weißabgleich entweder manuell vorzugeben oder ihn auf die dominierende Lichtquelle einzustellen.

In den Motivprogrammen ist dies über die Beleuchtungseinstellungen möglich. In den Kreativprogrammen

< Abbildung 5.2
Der Weißabgleich verbirgt sich auf dem Display hinter dem Symbol **AWB** ❶*, englisch für Automatic White Balance.*

(**P**, **Av**, **Tv**, **M**) können Sie ganz einfach die **WB**-Taste ❶ drücken. Im Menü stehen acht verschiedene Beleuchtungssituationen zur Auswahl: **Automatischer Weißabgleich (AWB)**, **Tageslicht** ☀, **Schatten** ⌂, **Wolkig** ☁, **Kunstlicht** ☀, **Leuchtstoff** ☲ und **Blitz** ⚡ sowie **Manuell** ⛰. Außer bei den Einstellungen **Automatischer Weißabgleich** und **Blitz** wird die Farbtemperatur in Kelvin angegeben.

Wenn eine der vorgegebenen Standard-Belichtungssituationen nicht zum gewünschten Ergebnis führt, hilft ein manueller Weißabgleich.

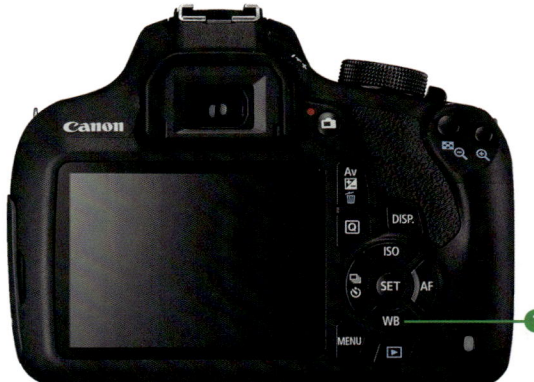

< ∨ **Abbildung 5.3**
Ein Druck auf die **WB**-*Taste* ❶ *bringt die Auswahlmöglichkeiten für den Weißabgleich zum Vorschein.*

[55 mm | 1/4 s | f11 | ISO 200 | Stativ]

[55 mm | 0,3 s | f11 | ISO 200 | Stativ]

∧ **Abbildung 5.4**
Links: Mit der Einstellung **Kunstlicht** *(3 200 Kelvin) erhält das Bild einen starken Blaustich.*
Rechts: Hier stimmt die Darstellung der Farben (5 800 Kelvin).

So nehmen Sie einen manuellen Weißabgleich vor

SCHRITT FÜR SCHRITT

1 **Etwas Weißes fotografieren**
Stellen Sie den Weißabgleich zum Beispiel auf **AWB**, und fotografieren Sie ein weißes Objekt, etwa ein weißes Blatt Papier, das nicht unbedingt formatfüllend abgelichtet sein muss. Puristen greifen zur weißen Rückseite einer Graukarte, denn Papier enthält häufig blaue Aufheller. Dadurch erscheint es strahlend weiß – was wieder zeigt, wie sich das Auge an unterschiedliche Farbtemperaturen adaptiert.

2 **Den manuellen Weißabgleich starten**
Drücken Sie die Taste **MENU**, und wählen Sie im zweiten Reiter die Option **Custom WB**. Nun

können Sie auf der Speicherkarte nach dem Bild suchen, wie Sie es vom Durchblättern von Fotos her kennen. Mit **SET** bestätigen Sie, dass es sich um das richtige Bild handelt.

3 **Zu Ende bringen**
Jetzt geht es darum, die gespeicherten Weißabgleichswerte tatsächlich zu nutzen. Drücken Sie dazu die **WB**-Taste auf der Rückseite der 1200D, und wählen Sie dort die Einstellung **Manuell** ◿◺. Nun werden die Farben bei jedem neuen Foto korrekt wiedergegeben, so lange sich die Lichtverhältnisse nicht wieder ändern!

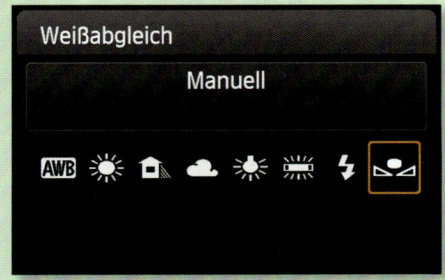

Den Bildlook verändern mit dem Weißabgleich

Nicht immer ist eine farbgetreue Darstellung erwünscht. Durch bewusstes Ändern der Farbtemperatur auf einen vermeintlich falschen Wert erhält ein Foto eine besondere Stimmung. Niedrige Kelvin-Werte erzeugen eher bläuliche Bilder, hohe Werte verleihen dem Bild warme, rötliche Farben. Dadurch kann auch eine graue Aufnahme zur Mittagszeit in das Bild einer sommerlichen Abendstimmung verwandelt werden.

Abbildung 5.5 >
Der Weißabgleich auf 7400 Kelvin erzeugt beim Bild rechts die warme Stimmung.

[115 mm | 1/160 s | f8 | ISO 200 | Stativ]

Farben nach Wunsch: Bildstile einsetzen

Bei einer Aufnahme landen die Bildinformationen vom Sensor in einem ersten Schritt als Rohdaten in der Elektronik der Kamera. Sofern Sie mit RAW-Dateien arbeiten, werden sie auch in dieser Form gespeichert. Man spricht auch von einem digitalen Negativ. Anders sieht es beim JPEG-Format aus. Dabei handelt es sich um ein bereits »entwickeltes« Bild. Nach welchen Regeln dies innerhalb der Kamera geschieht, bestimmen die sogenannten *Bildstile* (englisch: *Picture Styles*). Dabei handelt es sich um Vorgaben zu Schärfe, Kontrast, Sättigung und dazu, ob eine Farbkorrektur vorgenommen werden soll.

So passen Sie die Bildstile individuell an

In den Motivprogrammen nutzt die EOS 1200D stets den Bildstil **Auto** 〔≈A〕. Dieser soll in allen zuvor genannten Punkten ein optimales Ergebnis bieten. Gewissermaßen mitgeliefert werden sechs weitere Bildstile. Sie können in den Kreativprogrammen (**P**, **Tv**, **Av** und **M**) frei ausgesucht werden. Dazu drücken Sie die **Q**-Taste und wählen das Symbol für die Bildstile **❶** aus.

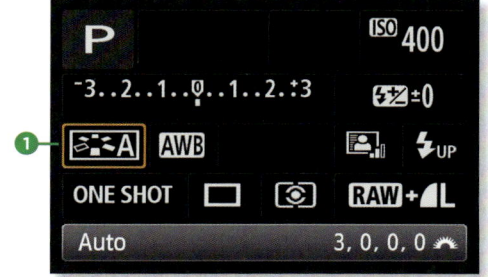

Die Bildstile ermöglichen ganz ohne Computereinsatz eine Veränderung der Farben im Foto. Es lohnt sich in jedem Fall, mit den verschiedenen Einstellungen zu experimentieren. Ignorieren Sie dabei ruhig die Namensgebung, und testen Sie zum Beispiel die Bildwirkung des Bildstils **Landschaft** bei einer Porträtaufnahme. In der folgenden Tabelle werden alle Standard-Bildstile der EOS 1200D aufgelistet und ihre jeweiligen Auswirkungen beschrieben.

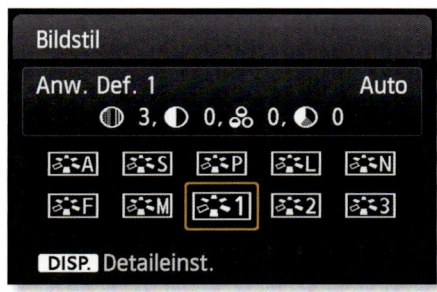

∧ Abbildung 5.6
Das Symbol für die Bildstile ❶ (oben) führt Sie zu einer Übersicht.

Bildstil	Beschreibung
〔≈A〕 Auto	Die 1200D analysiert die Aufnahmesituation und versucht, satte und warme Farben zu erzeugen.
〔≈S〕 Standard	Universal-Bildstil für sehr lebendige Farben
〔≈P〕 Porträt	Erzeugt zarte Hauttöne und somit ein eher weiches Bild.
〔≈L〕 Landschaft	Farbtöne von Grün bis Blau werden lebhafter dargestellt: Wiese und Himmel erscheinen in kräftigen Farben.
〔≈N〕 Neutral	Dieser Bildstil eignet sich besonders für die Nachbearbeitung am Computer, da er nicht in die Farbwiedergabe eingreift.
〔≈F〕 Natürlich	Wie **Neutral**, allerdings werden die Farben automatisch angepasst, falls mit einer Farbtemperatur von unter 5 200 Kelvin fotografiert wird.
〔≈M〕 Monochrom	Die Bilder landen in Schwarzweiß auf der Speicherkarte.

∧ Tabelle 5.2
Die Standard-Bildstile von Canon

Darüber hinaus sehen Sie im Menü drei Platzhalter für anwenderdefinierte Bildstile. Sie können nämlich nicht nur die Standardvorgaben nach eigenen Wünschen modifizieren, sondern auch neue Bildstile entwerfen und diese auf die Speicherplätze legen. Das funktioniert über die Menüs der Kamera oder über den Picture Style Editor, den Sie auf einer der CD-ROMs finden, die der EOS 1200D beiliegen. Dort stehen Ihnen wesentlich mehr Einstellmöglichkeiten als in der Kamera selbst zur Verfügung. Die mitgelieferten Standard-Bildstile beispielsweise sind wesentlich komplexer aufgebaut, als die vier Parameter ahnen lassen, die Sie im Kameramenü ändern können.

Parameter	Auswirkung
🌓 Schärfe	Hier wird bestimmt, wie stark die Bilder geschärft werden sollen. Bei sehr hohen Einstellungen sind oft unschöne weiße Ränder an Stellen mit hohem Kontrast zu sehen. Übertreiben Sie es also nicht – »3« ist ein guter Wert. Wunder kann diese Funktion ohnehin nicht vollbringen. Ein komplett unscharfes Bild ist nicht zu retten. Beim RAW-Format erledigen Sie das Schärfen übrigens am Computer.
🌓 Kontrast	Hier stellen Sie den Unterschied zwischen hellen und dunklen Bereichen des Bildes ein. Bei hohen Werten werden helle Bildteile noch heller, dunkle noch dunkler wiedergegeben. Außerdem steigt mit höherem Kontrast der Schärfeindruck. Ein sehr kontrastarmes Foto wirkt flau, ein sehr kontrastreiches unter Umständen eher silhouettenhaft.
🔵 Farbsättigung	Mit steigender Sättigung der Farben wirken die Bilder bunter – bis hin zu einem sehr kitschigen Bildeindruck.
🌓 Farbton	Negative Werte senken den Blauanteil und verstärken damit die Rottöne, positive Werte senken den Grünanteil und verstärken die Gelbtöne.

Tabelle 5.3 >
Die Bildstil-Parameter im Überblick

Die von Canon mitgelieferten Bildstile unterscheiden sich nur in Nuancen voneinander. Erst bei genauem Betrachten der Bilder am Computer werden die feinen Unterschiede deutlich. Falls Sie die Parameter auf ihre jeweiligen Extremwerte setzen, zeigt sich der Unterschied wesentlich deutlicher. Damit sind allerdings auch Nachteile verbunden: Ein Foto, das mit einem selbst kreierten Bonbon-Look aufgenommen wurde, strahlt in knalligen Farben. Es lässt sich anschließend aber kaum mehr in ein normales Bild verwandeln.

Falls Sie Ihre Fotos nur als JPEG-Dateien aufnehmen, achten Sie deshalb beim Fotografieren besser genau auf den eingestellten Bildstil, und erzeugen Sie sehr ausgefallene Effekte lieber erst später am Computer.

Wenn es Ihnen nicht auf realistische Farben, sondern das kreative Spiel mit Effekten ankommt, sind extreme Bildstil-Einstellungen in der 1200D sehr interessant. Eine sehr hohe Schärfe, ein deutlicher Kontrast und stark entsättigte Farben sind beispielsweise denkbare Elemente eines Fashion-Looks. Dieser könnte ansonsten nur mit Bildbearbeitungsprogrammen erzielt werden. Sofern Sie die entsprechenden Werte in den Bildstil-Einstellungen ändern, bekommen Ihre Fotos auch ganz ohne Nachbearbeitung das gewünschte Aussehen. Hier ist Experimentieren angesagt.

[85 mm | 1/160 s | f9 | ISO 200]

✅ **Das RAW-Format lässt alle Möglichkeiten offen**

Die Informationen zum Bildstil werden übrigens auch als Teil der RAW-Datei gespeichert. Sie lassen sich allerdings nur mit der Ihrer EOS 1200D beiliegenden Software Digital Photo Professional wieder komplett auslesen. Genau genommen wird dort das Bild entwickelt und dabei mit dem Bildstil versehen, der bei der Aufnahme eingeschaltet war. Sie können nachträglich allerdings auch jeden anderen Bildstil über das Bild legen, ohne dass dies zulasten der Bildqualität gehen würde.

Wer als RAW-Nutzer etwa mit Software von Adobe arbeitet, muss auf diese Möglichkeit verzichten. Aus diesem Grund ist es unter Umständen sinnvoll, eine Aufnahme sowohl als RAW- als auch als JPEG-Datei abzuspeichern. Die RAW-Datei liefert dann ein Negativ für mögliche Variationen, und das JPEG-Bild lässt sich als kreative Schnellentwicklung ohne weitere Bearbeitungen nutzen.

⌃ **Abbildung 5.7**
Über einen Bildstil können Sie Fotos schon in der Kamera einen ganz besonderen Look geben, der ansonsten nur durch Nachbearbeitung am Computer zu erreichen wäre.

Einen eigenen Bildstil anlegen
SCHRITT FÜR SCHRITT

1 Ins Bildstil-Menü navigieren

Mit einem selbst kreierten Bildstil ersparen Sie
sich jede Menge Nachbearbeitungszeit und
geben Ihren Bildern einen ganz eigenen Look.
Drücken Sie die **MENU**-Taste, wählen Sie im
zweiten Reiter den Eintrag **Bildstil**, und bestätigen Sie die Auswahl mit der **SET**-Taste.

2 Einen Speicherplatz auswählen

Sie können einen existierenden Bildstil ändern
oder – was empfehlenswerter ist – einen der
mit **Anw. Def.** bezeichneten anwenderdefinier-
ten Speicherplätze belegen. Drücken Sie die
DISP-Taste, um Veränderungen vorzunehmen.

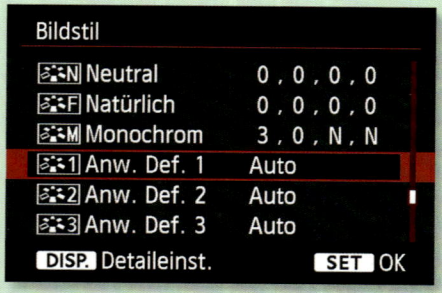

3 Die Parameter einstellen

Im Menü **Bildstil** ist es möglich, einen grund-
legenden Bildstil auszuwählen. Die dazugehö-
rigen Parameter lassen sich nach einem Druck
auf die **SET**-Taste mit den **Pfeiltasten** individuell
anpassen, zum Beispiel der **Kontrast**. Was die
Werte genau bedeuten, sehen Sie in Tabelle 5.3
auf Seite 112.

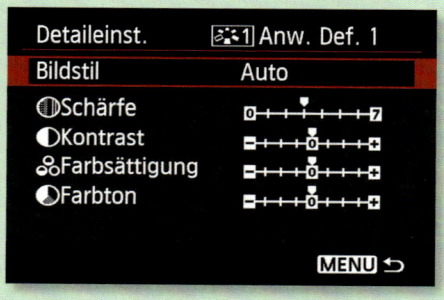

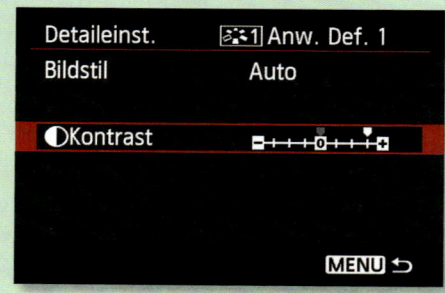

Schnelles Schwarzweiß mit Bildstilen

Schwarzweißaufnahmen sollten immer erst am Computer in ihre endgültige Form gebracht werden. Dort haben Sie bei der Bearbeitung die Wahl, welche Farbanteile von Rot, Grün und Blau zu Graustufen zwischen Schwarz und Weiß verwandelt werden. Die **Monochrom**-Einstellung der EOS 1200D kann dennoch helfen, »in Schwarzweiß zu sehen«. Ein Blick auf das Display genügt, um zu überprüfen, ob ein Motiv auch auf diese Weise funktioniert.

Es ist allerdings empfehlenswert, als Speicherart ▣RAW + ◢ L zu wählen. So landet neben dem schwarzweißen JPEG-Bild auch eine RAW-Datei mit den Farbinformationen auf der Speicherkarte. So halten Sie sich alle Optionen offen, und Bilder, die Ihre Wirkung in Schwarzweiß nicht entfalten, sind dann nicht verloren. Umgekehrt können Sie RAW-Dateien inklusive aller Farbinformationen mit sämtlichen Möglichkeiten der Nachbearbeitung in ein sehr ausdrucksstarkes Schwarzweißbild verwandeln.

[35 mm | 1/1600 s | f4,5 | ISO 100]

∧ **Abbildung 5.8**

*Mit dem Bildstil **Monochrom** lässt sich leicht herausfinden, ob ein Bild in Schwarzweiß die gewünschte Wirkung hat. Wenn Sie es zusätzlich im RAW-Format abspeichern, haben Sie immer noch die Farbvariante als Alternative.*

[18 mm | 1/400 s | f8 | ISO 200 | Stativ]

< **Abbildung 5.9**

Ein solch farbenfrohes Bild verliert in Schwarzweiß seine Wirkung.

Weitere Bildstile von Canon nutzen

EXKURS

Auf der Website *http://web.canon.jp/imaging/ picturestyle* finden Sie unter **Picture Style File** ❶ sieben weitere Bildstile von Canon. Der *Autumn-Hue*-Bildstil beispielsweise bringt die herbstlichen Farbtöne schön zur Geltung, mit *Twilight* bekommen Abendstimmungen eine purpurne Note. Mit Hilfe der nachfolgenden Schritte übertragen Sie die Bildstile auf Ihre EOS 1200D.

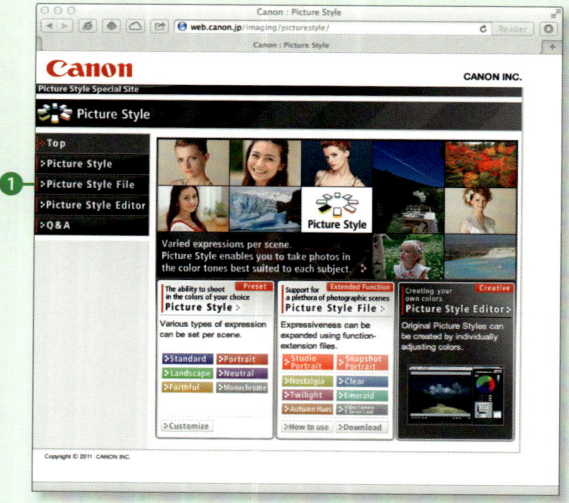

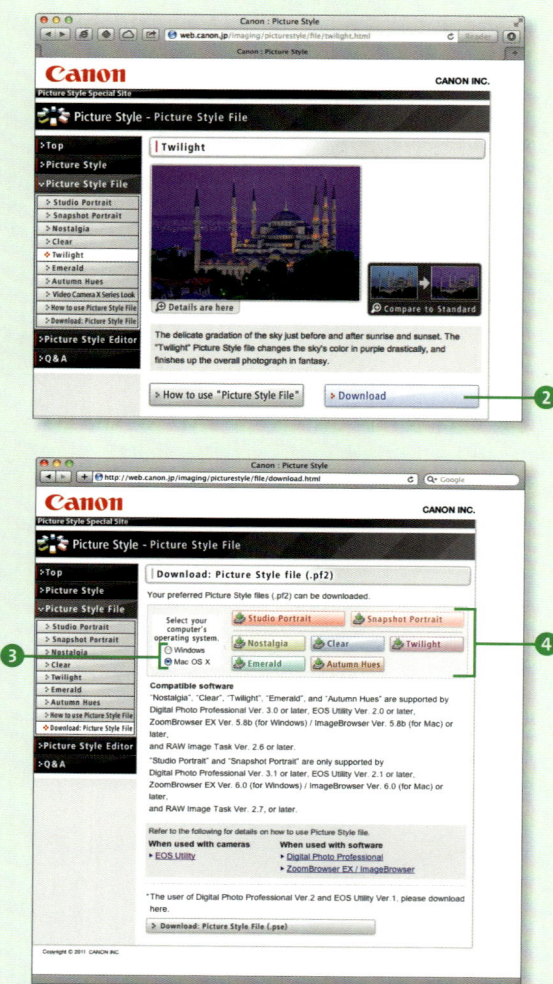

∧ **Abbildung 5.10**
Picture Style auf der Canon-Website

1 Den gewünschten Bildstil herunterladen
Klicken Sie beim jeweiligen Bildstil auf **Download** ❷. Stellen Sie ein, ob Sie einen Mac oder PC besitzen ❸, und klicken Sie dann auf den gewünschten Bildstil ❹. Er landet im Normalfall als *.pf2*-Datei im Download-Verzeichnis Ihres Rechners.

2 Die Kamera an den Rechner anschließen
Verbinden Sie die EOS 1200D über ein USB-Kabel mit dem Computer, und starten Sie das Programm EOS Utility. Klicken Sie auf **Kamera-Einstellungen/Fernaufnahme** ❺.

4 **Bildstil speichern**

Sie können sich einen von drei Speicherplätzen für anwenderdefinierte Bildstile aussuchen **8**. Bestehende dort abgelegte Bildstile werden im nächsten Schritt überschrieben. Klicken Sie auf das **Öffnen**-Symbol **9**. Geben Sie den Speicherplatz der im ersten Schritt heruntergeladenen Datei an, und klicken Sie auf **Öffnen**. Klicken Sie auf **OK** **10**, um den Bildstil in der 1200D zu registrieren. Sie können ihn nun wie gewohnt aus dem **Bildstil**-Menü der Kamera aufrufen.

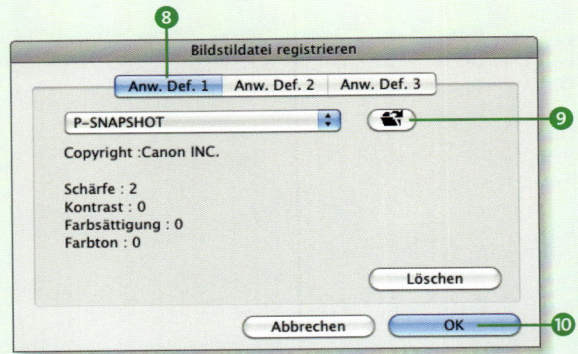

3 **Benutzerdefinierte Bildstile aufrufen**

Im sich daraufhin öffnenden Fenster für die Kameraeinstellungen und die Fernaufnahme klicken Sie zunächst auf das Kamerasymbol **6** und dann auf **Benutzereinst.datei registr.** **7**. Falls dieser Eintrag ausgegraut ist, wechseln Sie in eines der Kreativprogramme, also **P**, **Tv**, **Av** oder **M**.

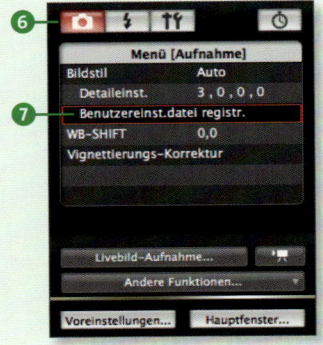

Kapitel 6
Perfekt scharfstellen mit der EOS 1200D

Automatisches Scharfstellen

Wie sich durch die Wahl der Blende unterschiedlich scharfe Bildbereiche erzeugen lassen, haben Sie bereits in Kapitel 3 erfahren. In diesem Kapitel geht es um die Bildschärfe ganz allgemein. Auf den folgenden Seiten spielt deshalb die Schärfentiefe eine untergeordnete Rolle. Stattdessen dreht sich alles rund um die Einstellungen der neun Autofokusmessfelder, mit deren Hilfe der EOS 1200D das Scharfstellen gelingt. Außerdem lernen Sie die drei verschiedenen Autofokus-Betriebsarten der Kamera kennen.

Im Prinzip ist das Scharfstellen denkbar einfach: Wenn Sie den **Auslöser** halb herunterdrücken, fängt das Objektiv an zu arbeiten, kurze Zeit später blinken eines oder mehrere der neun roten Autofokusfelder im Display, und ein Bestätigungssignal ist zu hören. Damit ist der Fokussiervorgang abgeschlossen. Manchmal allerdings stellt die Kamera auf die falschen Punkte scharf.

Im Bildbeispiel (Abbildung 6.1) hat sich die Kamera an der Fläche des hellen Zinktopfs orientiert und vermutet, dass dort die Schärfe liegen soll. In einem solchen Fall sollten Sie das aktive Autofokusmessfeld lieber manuell auswählen.

Das kann allerdings knifflig werden, wenn die Schärfe an einer Stelle im Bild sitzen soll, an der sich gar kein Messfeld befindet. In einem solchen Fall müssen Sie zunächst mit Hilfe eines nahegelegenen Autofokusmessfelds scharfstellen und die 1200D anschließend schwenken, um den gewünschten Bildausschnitt zu wählen. Diese Technik wird auch als *Focus then recompose* (FTR) bezeichnet — englisch für *Fokussieren, dann neu komponieren*.

∧ Abbildung 6.1
Hier wählte die Kamera den falschen Fokuspunkt. Der Blumentopf wird scharf dargestellt, und die unscharfen Blüten im Vordergrund irritieren den Betrachter.

Dieses Verfahren hat allerdings besonders bei weit geöffneter Blende seine Tücken. Bei einer Blende von f1,8, einer Brennweite von 50 mm und einer Fokussierung auf ein Motiv in einer Entfernung von zwei Metern erstreckt sich die Schärfeebene von 1,95 bis 2,05 Meter. Wenn Sie nun die Kamera ein wenig drehen, bewegt sich natürlich auch der scharfe Bereich. Bei einer so geringen

Schärfentiefe von gerade einmal zehn Zentimetern reicht dies, um die Schärfe beispielsweise bei einem Porträt von den Augen auf die Ohren zu legen. Das Bild ist dann nicht mehr ideal scharf.

Es gibt angesichts dieses Problems verschiedene Lösungen. Zum einen können Sie ganz gezielt ein passenderes Autofokusmessfeld auswählen, bei dem Sie die Kamera nicht oder zumindest nur ganz wenig schwenken müssen. Zum an-

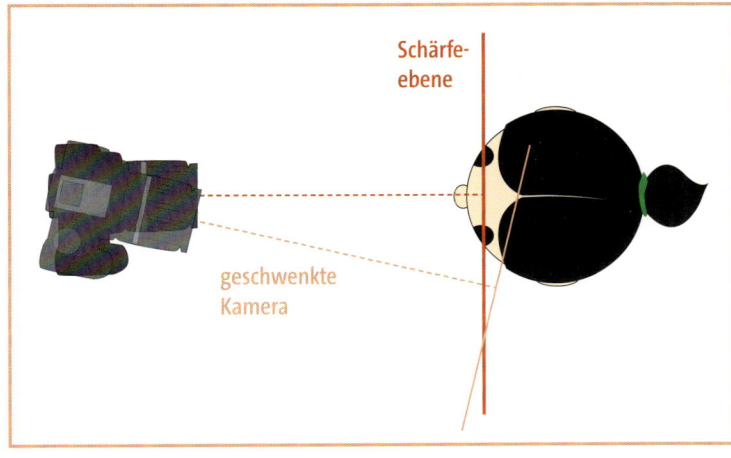

∧ **Abbildung 6.2**
Verschiebung der Schärfeebene beim Schwenken der Kamera

deren können Sie eine etwas weiter geschlossene Blende (größere Blendenzahl) wählen und so darauf setzen, dass auch beim Schwenken die gesamte Augenpartie noch innerhalb des scharfen Bereichs liegt. Die dritte Möglichkeit besteht darin, den Autofokus am Objektiv auszuschalten und manuell scharfzustellen. Es ist jedoch gar nicht so einfach, dabei die Treffsicherheit der Automatik zu erreichen.

In der Landschaftsfotografie mit großen Entfernungen und einer weiter geschlossenen Blende ist dieses Problem übrigens weniger gravierend.

Autofokus auf anderer Taste

Falls die EOS 1200D nicht wie gewünscht reagiert, haben Sie möglicherweise die Individualfunktion **C.Fn IV (Operation/Weiteres): Auslöser/AE-Speicherung** verändert. Über die Einstellungen dort ist es zum Beispiel möglich, die Autofokusfunktion auf die **Sterntaste** ✱ zu legen. Ab Seite 327 finden Sie dazu weitere Informationen. Ihre derart individuell konfigurierte Kamera können Sie dann allerdings keinem anderen mehr in die Hand drücken, ohne ihm eine ausführliche Einweisung zu geben.

Der richtige Autofokusmodus für alle Fälle

Wenn Ihr Motiv stillhält, macht der Autofokus der EOS 1200D kaum Probleme. Sobald allerdings Bewegung ins Spiel kommt, lohnt sich ein genauerer

^ Abbildung 6.3
*Die AF-Taste ❶ auf
der Kamerarückseite*

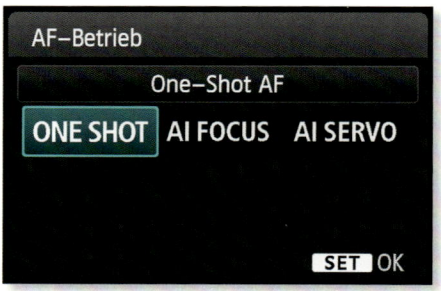

^ Abbildung 6.4
*Ein Druck auf die AF-Taste führt ins Menü
der Autofokusmodi.*

Blick auf den eingestellten Autofokusmodus. Wie alle Canon-Spiegelreflexkameras bietet die EOS 1200D die drei Varianten **One Shot**, **AI Servo** und **AI Focus**. In den Kreativprogrammen (**P**, **Tv**, **Av** und **M**) zeigt ein Druck auf die **AF**-Taste ❶ die gerade eingestellte Autofokus-Betriebsart. Mit den **Pfeiltasten** oder dem **Hauptwahlrad** treffen Sie eine Auswahl.

One Shot für unbewegte Motive

Den Modus **One Shot** kennen Sie bereits aus Motivprogrammen wie **Porträt** 🧍, **Landschaft** 🏞 und **Nahaufnahme** 🌷. Beim Antippen des **Auslösers** startet der Fokussiervorgang. Ist das anvisierte Motiv scharfgestellt, leuchtet der Fokuspunkt im Sucher rot auf, und ein Bestätigungston ist zu hören. Der einmal gefundene Schärfepunkt bleibt so lange erhalten, bis die 1200D ausgelöst hat oder der **Auslöser** wieder losgelassen wird. Das gilt auch, wenn sich das Motiv zwischenzeitlich aus dem fokussierten Bereich herausbewegt hat. Dieses Verhalten ist trotzdem bei vielen fotografischen Genres sehr angenehm. So ist es vor dem eigentlichen Auslösen nämlich möglich, den Ausschnitt ein wenig zu verändern, ohne dass sich die Schärfe verstellt.

⌞⌝ **Gutes Gedächtnis**

Der jeweils aktivierte Autofokusmodus gilt für alle Kreativprogramme. Wenn Sie also mit aktivierter **AI Focus**-Einstellung vom **Av**- in den **Tv**-Modus wechseln, ändert das nichts an den Autofokuseinstellungen.

AI Servo für bewegte Motive

Bei der Fokussierung im Modus **AI Servo** startet das Autofokussystem beim Antippen des **Auslösers** einen Dauerbetrieb und hört erst mit dem kontinuierlichen Scharfstellen auf, wenn die Aufnahme beendet ist. Anders als bei **One Shot** wird also bei einem bewegten Motiv der Fokus nachgeführt.

Erst scharfstellen, dann das Bild gestalten

SCHRITT FÜR SCHRITT

1 **Auf manuelle Messfeldwahl umschalten**

Drücken Sie die Taste zur **AF-Messfeldwahl** ❷.
Auf dem Display erscheint eine Darstellung der
neun Autofokuspunkte. Mit der **SET**-Taste schalten Sie zwischen der automatischen Messfeldwahl und dem zentralen Autofokusmessfeld
um. Die orange markierten Punkte kennzeich-
nen die aktiven Messfelder. Bei der **Automatischen Wahl** sind alle Felder aktiv, bei der **Manuellen Wahl** nur eines, hier das rechte ❸.

2 **Messfeld auswählen**

Mit den **Pfeiltasten** können Sie nun das
Messfeld aktivieren, das dem gewünschten
Schärfepunkt am nächsten liegt – noch
schneller geht das mit dem **Hauptwahlrad**.

3 **Schärfepunkt festlegen**

Schwenken Sie die Kamera so, dass das AF-
Messfeld über dem gewünschten Bereich liegt.
Drücken Sie den **Auslöser** halb herunter. Der
Autofokus startet und stellt die passende
Schärfe ein.

4 **Bildausschnitt ändern**

Mit gehaltenem **Auslöser** bewegen Sie die Kamera zum gewünschten Ausschnitt und schießen das Foto. Um auf das Auge zu fokussieren,
müssen Sie zunächst mit einem nahegelegenen AF-Messfeld ❹ darauf scharfstellen und
die EOS 1200D dann schwenken.

5 **Tipp!**

Indem Sie mit dem Daumen die **AF-Messfeldwahl**-Taste drücken und mit dem Zeigefinger
am **Hauptwahlrad** drehen, können Sie die Fokuspunkte auch während des Blicks durch den
Sucher verstellen. Im Sucher leuchtet dann
das aktive Messfeld rot auf. Im Eifer eines
Fotoshootings kommen Sie mit dieser Technik
wesentlich schneller ans Ziel, als wenn Sie jedes Mal erst auf das Display schauen.

Die Betriebsart **Reihenaufnahme** und der Fokusmodus **AI Servo** sind eng miteinander verbunden. So nutzen Sportfotografen ihre Kameras in der Regel mit diesen beiden Einstellungen. Gerade wenn eine Bewegung mit mehreren schnell hintereinander geschossenen Bildern eingefangen wird, soll der Fokus schließlich sitzen. Um das zu erreichen, ist das Autofokussystem sogar in der Lage, die Entfernung eines bewegten Motivs vorausschauend zu berechnen. Die Elektronik steuert den Verschluss und den Autofokus so, dass jedes einzelne Bild scharf eingefangen wird.

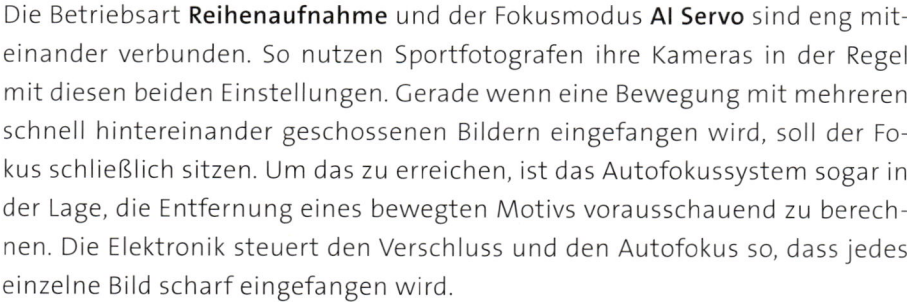

⌄ Abbildung 6.5
Sobald Bewegung ins Spiel kommt, zeigt der AF-Modus AI Servo seine Stärken.

Ob fahrende Autos, spielende Kinder oder rennende Tiere: Der Modus **AI Servo** ist für fast alle Arten von Bewegung die richtige Wahl. Aus diesem Grund wird er auch standardmäßig aktiviert, sobald Sie das Motivprogramm Sport 🏃 wählen. Eine Besonderheit gilt, wenn **AI Servo** und die automatische Messfeldwahl bei den Autofokuseinstellungen zugleich aktiviert sind. Die Fokussierung erfolgt in diesem Fall zunächst mit dem zentralen Messfeld. Wenn sich das Motiv unter einen der übrigen acht Fokuspunkte bewegt, wird der Fokus an diesen übergeben. Das bringt vor allem bei der Actionfotografie Vorteile. Sie fokussieren beispielsweise einen Sportler mit dem mittleren Autofokusfeld an und können mit der Kamera seiner Bewegung folgen. Selbst wenn das nicht genau gelingt und er sich aus der Bildmitte wegbewegt, bleibt die Scharfstellung bestehen. Allerdings erfolgt die Übergabe immer nur von der Mitte aus, nicht zwischen den acht Feldern außen herum.

Wie gut der Autofokus auf ein sich bewegendes Motiv reagieren kann, hängt auch vom verwendeten Objektiv ab. Modelle, in denen ein schneller Ultraschallmotor die Scharfstellung erledigt, sind hier klar im Vorteil. Bei Canon tragen diese Objektive die Abkürzung *USM* für

[235 mm | 1/500 s | f9 | ISO 200]

Ultraschallmotor im Namen. Wenn Sie oft Sport- und Actionszenen fotografieren, lohnt sich womöglich der Kauf eines solchen Modells. Weitere Informationen zu guten Objektiven finden Sie im Zubehör-Kapitel ab Seite 157.

 Lautloser Fokus

Beim Fokussieren mit **AI Servo** ertönt kein Bestätigungston, und auch der runde Schärfeindikator unten rechts im Sucher leuchtet nicht auf.

AI Focus: das Beste beider Welten

Der Autofokusmodus **AI Focus** ist im Prinzip eine Mischung aus den Modi **One Shot** und **AI Servo**. Bei statischen Motiven wird – wie im Autofokusmodus **One Shot** – nur einmal scharfgestellt. Sobald die EOS 1200D eine Bewegung des anvisierten Objekts registriert, verhält sich der Autofokus allerdings wie im Modus **AI Servo**. Das geschieht jedoch häufig mit einer kurzen Verzögerung. Deshalb ist diese Autofokusart für sehr schnell bewegte Motive eher weniger geeignet. Sie ist übrigens standardmäßig in den Motivprogrammen **Vollautomatik** $\boxed{A^+}$, $\boxed{CA}$ und **Blitz aus** $\boxed{\text{\textmaltese}}$ aktiviert.

Optionen für jeden Fall: One Shot, AI Servo oder AI Focus

Bleibt die Frage, warum Sie nicht einfach permanent im Modus **AI Focus** fotografieren sollten: Bei dieser Autofokusart – wie auch bei **AI Servo** – schaltet die EOS 1200D in die sogenannte *Auslösepriorität*. Das bedeutet, dass beim Durchdrücken des **Auslösers** auf jeden Fall ein Foto geschossen wird, auch wenn das Objektiv noch arbeitet und die endgültige Scharfstellung noch nicht erreicht ist. Das ist so gewollt, weil dadurch in bewegten Situationen der entscheidende Moment nicht verpasst wird. Wenigstens ein leicht unscharfes Bild im Kasten zu haben, ist beispielsweise in der Sportfotografie wichtiger, als vollkommen leer auszugehen. Wenn es sich dagegen um unbewegliche Motive handelt, ist ein solches Autofokusverhalten meist unerwünscht. Hier möchte der Fotograf lieber auf den Bestätigungston und das Blinken im Sucher warten. Beide Signale geben Sicherheit für ein perfekt scharfgestelltes Foto. Für Porträt- und Naturaufnahmen ist **One Shot** also die beste Wahl.

Manuell scharfstellen

Der Autofokus kann über die Messfeldwahl an viele Motivsituationen angepasst werden. Trotzdem gibt es Fälle, in denen er nicht oder nur schlecht funktioniert. Sobald sich zwischen dem Objektiv und dem eigentlichen Motiv Bereiche mit einem hohen Kontrast befinden, wird sich die Kamera an diesen orientieren und darauf fokussieren. Ein typisches Beispiel sind die Maschen

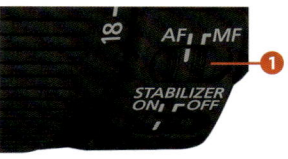

Abbildung 6.6 >
*Zwischen Autofokus (**AF**) und manuellem Fokus (**MF**) schalten Sie am Objektiv um ❶.*

eines Drahtzauns oder der Dreck eines ungeputzten Fensters. Es ist in diesen Situationen fast unmöglich, den Autofokus dazu zu bringen, auf das eigentliche Motiv scharf zu stellen. Der einzige Weg zu scharfen Bildern führt dann über das Ausschalten des Autofokus am Objektiv.

Das manuelle Fokussieren ist mit einer modernen Spiegelreflexkamera wie der EOS 1200D gar nicht so leicht. Schon ein leichter Dreh am Fokusring des Objektivs reicht, und der gewünschte Schärfepunkt ist wieder überschritten. Einige Objektive sind mit einer Entfernungsskala versehen, die anzeigt, auf welche Distanz fokussiert wird. Der praktische Nutzen dieser Information ist für das genaue Scharfstellen allerdings begrenzt.

∧ Abbildung 6.7
Die Skala am Objektiv zeigt an, in welcher Entfernung die Schärfeebene liegt.

Tipp

Am einfachsten ist das manuelle Fokussieren im **Livebild**-Betrieb, denn hier lässt sich die Schärfe über die mit der **AF-Messfeldwahl**-Taste ❷ (die hier als **Lupentaste** fungiert) zuschaltbare fünf- oder zehnfache Vergrößerung sehr gut abschätzen.

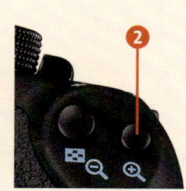

So vermeiden Sie unscharfe Bilder

Unscharfe Fotos sind ärgerlich und oft vermeidbar. Die Ursachen für solche Bilder lassen sich relativ klar eingrenzen. Manchmal ist auch eine Kombination aus diesen Umständen verantwortlich:

1. Scharfstellen auf den falschen Fokuspunkt
2. Wahl einer ungeeigneten Blende und dadurch zu wenig Schärfentiefe
3. Wahl einer zu langen Belichtungszeit für Aufnahmen aus der Hand

Falscher Fokuspunkt

Bei der Abbildung 6.8 hat sich der Autofokus an der Rinde des Baums orientiert, und der Kopf des Eichhörnchens liegt nicht mehr innerhalb der Schärfeebene. Gerade in solchen Situationen ist es für die Kamera schwer, die richtige Fokuseinstellung zu finden. Es hilft dann, ein anderes AF-Messfeld zu wählen. Wie Sie das passende AF-Messfeld schnell auswählen, lesen Sie auf Seite 123. Der Bereich, der von diesen Feldern erfasst wird, ist übrigens größer, als es die Darstellung im Display vermuten lässt. Gerade bei sehr fein strukturierten Mustern im Motiv ist die Automatik der Kamera deshalb überfordert. Manchmal helfen Reihenaufnahmen, bei denen dann hoffentlich auf wenigstens einem der Fotos der Fokus sitzt. Alternativ haben Sie natürlich stets die Möglichkeit, den Autofokusschalter am Objektiv auf **MF** zu stellen und manuell scharfzustellen.

[300 mm | 1/500 s | f6,3 | ISO 800]

< Abbildung 6.8
*Die **Autofokus-Mess-feldwahl** hat sich für den Baum entschieden. Dadurch ist der Kopf des Eichhörnchens leicht unscharf.*

Offene Blende und geringe Schärfentiefe

Ein typisches Beispiel für eine falsch gewählte Blende sind Gruppenaufnahmen, bei denen die einzelnen Personen versetzt zueinander stehen. Ist die Blende weit geöffnet (kleine Blendenzahl), reicht die Schärfentiefe häufig nicht aus, um alle Beteiligten scharf abzubilden. Je näher Sie den Motivteilen sind, je weiter diese auseinanderliegen und je weiter die Blende geöffnet ist, desto stärker zeigt sich dieses Problem. Betrachten Sie zum Beispiel die Abbildung im Kasten auf der folgenden Seite: Bei Blende 8 und einer Fokussierung auf das zehn Meter entfernte Boot startet der scharfe Bereich bei 7,65 Metern Distanz von der Kamera und endet bei 14,45 Metern. Das Schloss in größerer Entfernung kann so unmöglich scharf abgebildet werden.

Keine Sorge: Mit eigener Erfahrung bekommen Sie im Laufe der Zeit ein gutes Gefühl für die richtige Blendenwahl. In der Zwischenzeit hilft der prüfende Blick auf das Kameradisplay. Auch Experimente mit einem Rechner für die Schärfentiefe (siehe Seite 228) bringen Sie voran.

Hyperfokale Distanz

In dieser Konstellation war es nicht möglich, mit Blende 8 das ganze Motiv scharf abzubilden. Mit einem Abstand von 33 Metern zum Boot hätte der Fotograf bei gleicher Blendeneinstellung sämtliche Motivteile scharf abbilden können. Bei diesen 33 Metern handelt es sich um die sogenannte *Hyperfokale Distanz*, die auf Seite 206 näher vorgestellt wird.

[70 mm | 1/500 s | f8 | ISO 400]

˅ Abbildung 6.9

Bei dieser Aufnahme war die Belichtungszeit zu lang. Eine kürzere Belichtungszeit hätte hier zu einer verwacklungsfreien Aufnahme geführt.

[300 mm | 1/8 s | f5,6 | ISO 1600]

Zu lange Belichtungszeit

Dieses Problem gilt beim Fotografieren aus der freien Hand, also ohne Stativ: Bei einer Belichtungszeit von 1/35 s und einer Brennweite von 135 mm ist ein unscharfes Bild leider vorprogrammiert. Nutzen Sie die Kehrwertregel 1/(Brennweite × 1,6), um eine ausreichend kurze Belichtungszeit einzustellen und Verwackler zu verhindern. Nach dieser Rechnung wäre im Beispiel in Abbildung 6.9 eine Belichtungszeit von mindestens 1/480 s angebracht. Wenn das Bild dann zu dunkel gerät, hilft das Öffnen der Blende (also ein Verringern des Blendenwerts), ein höherer ISO-Wert oder der Einsatz von Stativ und Fernauslöser.

Manchmal ist es nicht möglich, die Belichtungszeit kurz genug für eine Aufnahme aus der Hand einzustellen. In einer solchen Situation leistet ein Stativ gute Dienste. Selbst wenn dieses sehr stabil ist, reicht jedoch unter Umständen ein zu kräftiger Druck auf den **Auslöser**, um die Kamera in Schwingungen zu versetzen. Das führt zu unscharfen Bildern. Im **Livebild**-Modus bei zehnfacher Vergrößerung können Sie sich davon einmal selbst ein Bild machen. Das Auslösen mit Hilfe des Selbstauslösers oder eines Kabelfernauslösers verhindert solche Erschütterungen. Verbinden Sie den Stecker des Fernauslösers über die dafür vorhandene Buchse ❶ mit Ihrer Kamera, und überzeugen Sie sich selbst von der gesteigerten Qualität Ihrer Bilder.

< **Abbildung 6.10**
Die Buchse für einen Kabelfernauslöser finden Sie hinter dieser Klappe ❶*.*

 Schärfe ist relativ

In einigen Bereichen der Fotografie sind scharfe Bilder essenziell, in anderen weniger wichtig. Eine durchgehend unscharfe Landschaftsaufnahme etwa wird den Betrachter kaum begeistern. Ganz anders sieht es zum Beispiel bei einem Fußballspiel aus, dessen entscheidenden Moment der Fotograf eingefangen hat. Hier wird man über kleinere technische Unzulänglichkeiten eher hinwegsehen – komplett unscharf darf natürlich auch ein solches Bild nicht sein. Unschärfe können Sie aber auch als kreatives Stilmittel einsetzen und dabei tolle Effekte erzielen.

[15 mm | 1/8 s | f16 | ISO 100]

ᐱ **Abbildung 6.11**
Unschärfe als Stilmittel: Hier wurde die Kamera während der Belichtung absichtlich bewegt.

Scharfstellen im Livebild-Modus

Falls die Kamera auf einem Stativ steht und Sie genügend Zeit für die Bildkomposition haben, spielt der **Livebild**-Modus seine Vorteile aus. Sie können den Autofokus ganz gezielt auf einen gewünschten Bereich des Motivs legen und sind dabei nicht durch die Lage der neun Autofokusmessfelder beschränkt.

∧ **Abbildung 6.12**
Diese Taste ❶ bringt Sie zum Livebild.

Mehr Infos auf den Schirm

Mit der **DISP**-Taste bringen Sie weitere Informationen auf den **Livebild**-Schirm. Nach mehrmaligem Drücken erscheint sogar ein Histogramm, wie Sie es aus Kapitel 4 kennen. Damit lässt sich die Belichtungseinstellung sehr gut beurteilen.

Beim Scharfstellen im **Livebild**-Betrieb haben Sie die Wahl zwischen verschiedenen Autofokus-Betriebsarten. Sie wechseln zwischen diesen, indem Sie im **Livebild**-Modus die Taste [Q] drücken. In allen Kreativ- und Motivprogrammen stehen die Optionen **FlexiZone–Single** AF □, **Gesichtserkennung** AF ☺ und **AFQuick** AFQuick zur Auswahl.

Die Betriebsart **FlexiZone–Single** AF □ ist für den **Livebild**-Betrieb am hilfreichsten und funktioniert denkbar einfach: Mit den **Pfeiltasten** verschieben Sie das weiße Rechteck auf dem Bildschirm an die Stelle im Bild, die scharf abgebildet werden soll. Mit der **AF-Messfeldwahl**-Taste können Sie außerdem eine zehnfache Vergrößerung einschalten, um diesen Ausschnitt genauer zu kontrollieren. Wenn Sie den **Auslöser** dann länger halb durchdrücken, arbeitet das Objektiv so lange, bis der gewünschte Punkt scharf erscheint. Das weiße

∧ **Abbildung 6.13**
Die verschiedenen Autofokus-Betriebsarten im Livebild-Modus

∧ **Abbildung 6.14**
Im FlexiZone–Single-Modus lässt sich der Fokuspunkt völlig frei wählen.

Rechteck verwandelt sich in diesem Fall in ein grünes, und die bekannte Bestätigung ertönt. Dabei funktioniert die EOS 1200D wie eine Kompaktkamera: Die Entfernungseinstellung am Objektiv wird so lange hin- und hergefahren, bis der über das Sensorbild gemessene Kontrast am höchsten ist. Weitere Informationen zur Technik des Autofokus finden Sie im Exkurs ab Seite 134.

Den Bildausschnitt vergrößern

In den **Livebild**-Autofokusmodi **FlexiZone–Single** AF □ und **AFQuick** AF Quick lässt sich eine fünf- oder eine zehnfache Vergrößerung des Bildausschnitts einschalten. Drücken Sie dazu einfach die **AF-Messfeldwahl**-Taste (siehe Seite 123). Diese Funktion ist zur Kontrolle, aber auch zum manuellen Scharfstellen sehr hilfreich.

Die **Gesichtserkennung** AF ☺ wurde von den Kompaktkameras übernommen. Diese funktioniert recht zuverlässig und erspart das lästige Ausrichten des Fokuspunkts. Werden mehrere Gesichter erkannt, so kann die gewünschte Person mit den **Pfeiltasten** ausgewählt werden. Scharfstellen müssen Sie auch hier durch das Antippen des **Auslösers**.

Die dritte Autofokusmethode im **Livebild**-Betrieb heißt **AFQuick** AF Quick. Dabei wird das Autofokussystem verwendet, dass auch beim Sucher-Betrieb zum Einsatz kommt. Deshalb müssen Sie sich für eines der neun Autofokusmessfelder entscheiden. Hier führt die **SET**-Taste in Kombination mit den **Pfeiltasten** zur manuellen Auswahl eines einzelnen Feldes. Durch zweimaliges Betätigen der **SET**-Taste kehren Sie zur automatischen Auswahl der AF-Messfelder zurück.

⌃ **Abbildung 6.15**
Im **AFQuick**-Modus wählen Sie das Autofokusmessfeld wie beim Blick durch den Sucher aus.

Wenn Sie den **Auslöser** halb herunterdrücken, wird zurück zum Sucher-Betrieb geschaltet, und das Display wird kurz schwarz. Schließlich muss der Spiegel, der im **Livebild**-Betrieb nach oben geklappt ist, nach unten fahren. Nur so liegen die Autofokussensoren im Strahlengang und können funktionieren. Dieser Vorgang dauert jedoch nicht lange, und so ist der Autofokus im **AFQuick**-Betrieb relativ schnell. Der Nachteil ist allerdings die mangelnde Flexibilität. Sofern Sie ohnehin die Muße für den **Livebild**-Einsatz haben, sollten Sie dessen Potenzial auch nutzen. Das geht am besten im Modus **FlexiZone–Single**.

Schärfe und Unschärfe mit Stil: Mitzieher

Ein scharfes, ganz offensichtlich bewegtes Motiv vor einem verwaschenen Hintergrund bringt Dynamik ins Bild. Dieser als *Mitzieher* bekannte Effekt ist zum Beispiel ein beliebtes Gestaltungsmittel in der Sportfotografie, um die Geschwindigkeit von Sportwagen oder Rennrädern besser zu verdeutlichen. Ein solcher Eindruck entsteht dadurch, dass der Fotograf mit der Kamera und einer relativ langen Belichtungszeit dem Zielobjekt folgt.

Stellen Sie den Autofokus dafür am besten in den AF-Modus **AI Servo**, und wählen Sie das **Tv**-Programm. Nun stellt sich die Frage, welche Belichtungszeit für das Mitziehen die richtige ist. Dies hängt ganz von der verwendeten Brennweite und der Geschwindigkeit des verfolgten Objekts ab. Bei einem Rennwagen sind Belichtungszeiten von 1/500 s angebracht, während sich manch ein Fahrradfahrer schon mit einer Belichtungszeit von 1/30 s scharf einfangen lässt. Hier gilt es, sich durch Versuch und Irrtum an den idealen Wert anzunähern. Ist der Wischeffekt nicht ausgeprägt genug, muss die Belichtungszeit verlängert werden. Wirkt das gesamte Bild verschwommen, steht eine Verkürzung an. Zudem gilt, dass die Belichtungszeit umso kürzer sein muss, je näher Sie sich an Ihrem Motiv befinden.

Abbildung 6.16 >
Beim Mitzieher ist das bewegte Motiv möglichst scharf. Im Hintergrund ist die Bewegungsunschärfe in Form von unscharfen Streifen zu sehen.

[76 mm | 1/60 s | f10 | ISO 200]

Mitzieher und Bildstabilisator

Die Bildstabilisatoren aktueller Objektive erkennen, dass es sich um einen Mitzieher handelt, und schalten die Verwacklungskorrektur automatisch aus. Sie würde ansonsten den Wischeffekt zunichtemachen.

Das Geheimnis guter Mitzieher liegt neben der richtigen Belichtungszeit auch in einer ruhigen, gleichmäßigen Schwenkbewegung. Verfolgen Sie das Motiv schon eine Weile vor der Aufnahme, und drücken Sie in einer fließenden Bewegung auf den **Auslöser**, ohne dabei zu stocken oder gar mit dem Schwenken aufzuhören. Mit vielen Versuchen, Geduld und etwas Erfahrung werden sich Ihre Ergebnisse schnell verbessern.

⌄ **Abbildung 6.17**
Der Mopedfahrer hat im entscheidenden Moment eine Rikscha überholt – er ist scharf, die Rikscha dagegen ist aufgrund der deutlich niedrigeren Geschwindigkeit verschwommen.

[76 mm | 1/50 s | f5,6 | ISO 800]

So funktioniert der Autofokus der EOS 1200D
EXKURS

Die EOS 1200D nutzt, wie alle modernen Spiegelreflexkameras, den sogenannten *Phasen-Autofokus*. Bei diesem sind im Hauptspiegel ❶ der Kamera
kleine, halb transparente Öffnungen, durch die das Licht zuerst auf einen
weiteren Spiegel ❷ und anschließend auf Autofokussensoren ❹ fällt. Bevor
es dort ankommt, wird es allerdings über eine Reihe von Mikroprismen ❸
aufgesplittet und auf die versetzt angeordneten Messfelder der Autofokussensoren geworfen. Indem dort die Abweichung (die »Phase«) zu einem de-
ckungsgleichen Bild gemessen wird, kann berechnet werden, ob der Fokus zu
weit vorn oder hinten sitzt. Dabei liefert die Elektronik sogar einen konkreten Wert, um den der Motor im Objektiv nach links oder rechts drehen muss.
Ein Hin- und Herfahren des Autofokus ist deshalb eigentlich nicht nötig. In

Abbildung 6.18 >
*Die Funktionsweise
des Autofokus*

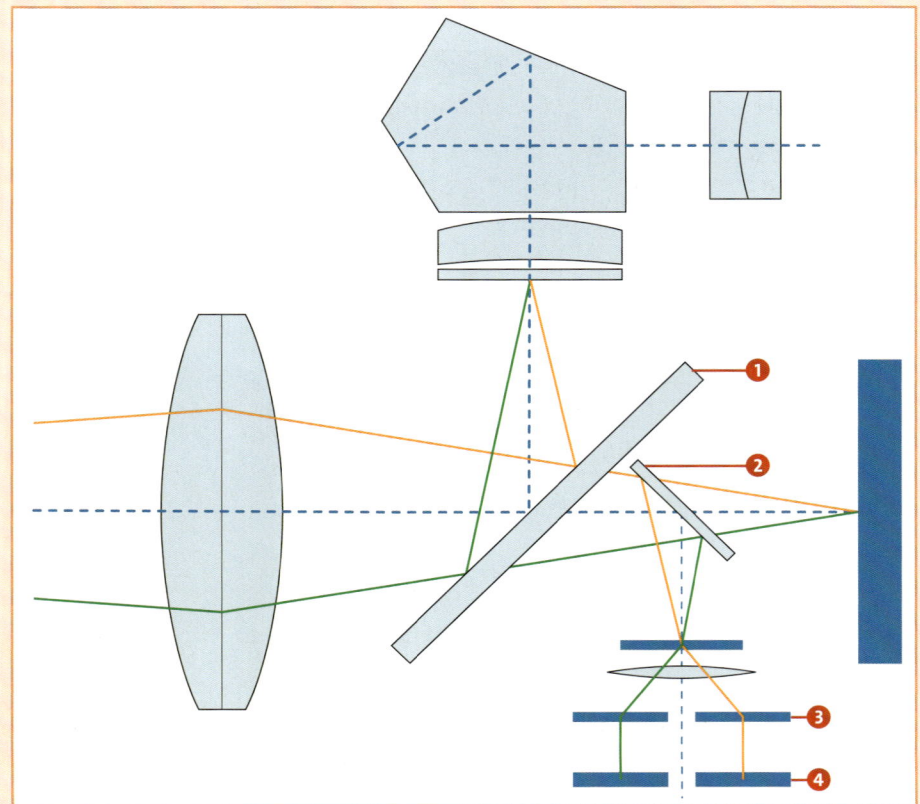

der Praxis hat jedoch die Mechanik ein gewisses Spiel, und auch die Messung arbeitet nur im Rahmen gewisser Toleranzen. Deshalb wird der Prozess für die Feineinstellung zyklisch wiederholt. Beim zentralen Autofokusmessfeld handelt es sich um einen sogenannten Kreuzsensor (rot). Dieser erkennt sowohl horizontale als auch vertikale Strukturen. Der oberste und der unterste Messpunkt (grün) erkennen jeweils nur horizontale, alle übrigen Sensoren (orange) registrieren nur vertikale Strukturen.

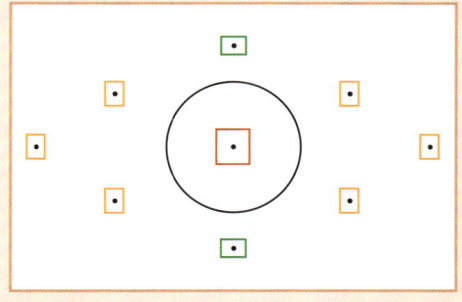

∧ Abbildung 6.19
Die unterschiedlichen Autofokussensoren der EOS 1200D

Die Sensoren arbeiten dabei mit dem Licht, das vor dem eigentlichen Auslöseprozess (siehe auch Kapitel 1, Seite 30) durch das Objektiv fällt. Da die Blende in diesem Stadium noch komplett geöffnet ist, profitiert der Phasen-Autofokus von einem lichtstarken Objektiv. Selbst in schlechten Lichtverhältnissen fällt dann noch genügend Licht auf die Autofokussensoren. Grundsätzlich kann die EOS 1200D mit allen Objektiven, deren größte Blendenöffnung mindestens 5,6 beträgt, scharfstellen. Ab einer Blende von 2,8 spielt der mittlere Autofokussensor darüber hinaus seine volle Stärke aus: Objektive mit einer solch großen Blendenöffnung liefern so viel Licht, dass sich dieser Autofokussensor in einen empfindlicheren Modus schaltet. Das ermöglicht ein noch präziseres Scharfstellen.

Die im Sucher erkennbaren Markierungen geben übrigens nicht die tatsächliche Größe der Sensoren wieder. Tatsächlich sind diese wesentlich kleiner. Falls der Fokus also einmal nicht genau sitzt, kann auch ein kontrastreicher Bereich außerhalb des angezeigten Messfelds daran schuld sein. Solche Probleme sind jedoch in der fotografischen Praxis die Ausnahme.

Abbildung 6.20 >
Die AF-Sensoren der EOS 1200D sind unterschiedlich ausgerüstet, um zuverlässig auf horizontale und vertikale Strukturen scharfzustellen.

Kapitel 7
Besser blitzen mit der EOS 1200D

Der bequeme Einstieg mit der Blitzautomatik

Das Blitzlicht hat bei manchen Fotografen ein schlechtes Image. Hart und unnatürlich sind die typischen Attribute, die ihm für gewöhnlich zugeschrieben werden. Das liegt auch daran, dass einige dabei vor allem an totgeblitzte Nachtaufnahmen denken. Schließlich hat das Blitzlicht für viele nur einen Zweck: in der Dunkelheit für genügend Beleuchtung zu sorgen. In diesem Kapitel werden Sie sehen, dass dies den Möglichkeiten des künstlichen Lichts nicht gerecht wird. Denn nicht nur wenn es dunkel ist, kann ein Blitz dem Bild den richtigen Schliff geben. Auch als effektvoller Aufheller ist das Blitzlicht ausgesprochen gut zu gebrauchen.

Mit dem Aufklappblitz hat die EOS 1200D ihre eigene Lichtmaschine an Bord. Dieser kleine Helfer schaltet sich in den Motivprogrammen – außer bei den Einstellungen **Blitz aus** ⚡, **Landschaft** 🏔 und **Sport** 🏃 – automatisch zu. In den Kreativprogrammen dagegen müssen Sie ihn selbst durch einen Druck auf die **Blitztaste** ❶ aktivieren.

∧ Abbildung 7.1
*Den internen Blitz können Sie mit Hilfe der **Blitztaste** ❶ aufklappen.*

⌐⌐ **Blitzen in der Kreativautomatik CA**

In der Kreativautomatik **CA** aktiviert sich der Blitz zwar automatisch, Sie können ihn jedoch auch gezielt ein- oder ausschalten.

So ermittelt der Blitz seine Leistung

Die Blitzautomatik der EOS 1200D nimmt Ihnen sowohl in den Motiv- als auch in den Kreativprogrammen viel Arbeit ab. Sie komponieren Ihr Bild und lösen aus, die 1200D kümmert sich um den Rest. Der interne Blitz der Kamera wie auch entsprechend ausgerüstete externe Aufsteckblitze arbeiten dabei mit dem Canon E-TTL-II-System (TTL = *Through The Lens* = englisch für *durch das Objektiv*). Dieses sorgt dafür, dass der Blitz nicht einfach nur mit voller Leistung abgefeuert, sondern fein dosiert wird. Sobald Sie den **Auslöser** halb herunterdrücken, erfolgt eine Messung des Umgebungslichts. Beim Durchdrücken des **Auslösers** startet zunächst ein Vorblitz, der die Szene erhellt. Dabei erfolgt eine zweite Messung. Die Kameraelektronik weiß nun, wie hell es ohne Hilfsmittel ist und wie viel Licht der Blitz ins Spiel bringen könnte. Damit ist es anschließend möglich, den eigentlichen Blitz so zu dosieren, dass eine ausgewogene Mischung aus noch vorhandener Beleuchtung und Blitz-licht erreicht wird. All diese Schritte erfolgen so schnell hintereinander, dass der Vorblitz nicht zu sehen ist – es sei denn, Sie blitzen auf den zweiten Ver-schlussvorhang (siehe Seite 152).

[55 mm | 1/200 s | f5,6 | ISO 100]

< **Abbildung 7.2**
Der interne Blitz ent-faltet sein Potenzial vor allem beim Auf-hellen von Motiven im Schatten.

 Blitz und Distanz

Wird der Blitz frontal abgefeuert, wie es beim internen Blitz zwangsläufig der Fall ist, so berücksichtigt das E-TTL-II-System sogar die Entfernung zum anfokussierten Motiv. Dazu wird die Entfernungseinstellung des Objektivs an die 1200D übertragen. Einige ältere Objektive wie das EF 50 mm f/1,4 USM und das EF 50 mm f/1,8 II unterstützen diese Funktion allerdings nicht.

Die Blitzautomatik übertrumpfen: die Blitzbelichtungskorrektur

Wie jede andere Kameraautomatik ist auch das E-TTL-II-System nicht unfehl-bar: Der Blitz kann zu hell oder zu dunkel für Ihr Empfinden ausfallen. Über die Blitzbelichtungskorrektur können Sie in den Kreativprogrammen **P**, **Tv**, **Av** und **M** die Blitzintensität manuell justieren. Wie das genau geht, lesen Sie in der folgenden Schritt-für-Schritt-Anleitung.

Die Blitzbelichtung in den Kreativprogrammen korrigieren

SCHRITT FÜR SCHRITT

1 Blitzbelichtungskorrektur aufrufen
Gehen Sie bei aktiviertem Blitz über Q ins Displaymenü. Wählen Sie mit den **Pfeiltasten** das Symbol für die Blitzbelichtungskorrektur ❶ aus.

2 Korrektur einstellen
Alternativ drehen Sie das **Hauptwahlrad** einfach nach rechts, wenn stärker geblitzt werden soll, und nach links, wenn Sie schwächer blitzen möchten. Die Schritte sind jeweils in Drittel-Blendenstufen ❷ angegeben. Mit **SET** gelangen Sie wie gewohnt zur ausführlicheren

Darstellung ❸. Mit diesem gezielten Eingriff lassen sich in vielen Fällen Fehleinschätzungen der Automatik beheben. Gerade wenn der Blitz als Aufhelllicht genutzt wird, ist diese Funktion hilfreich.

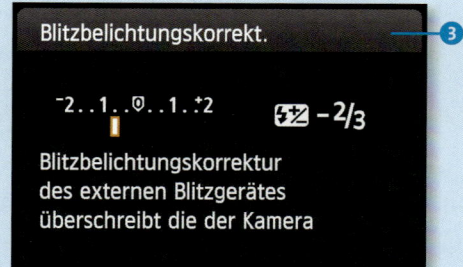

∨ **Abbildung 7.3**
Da der Blitz in diesem Foto (links) zu stark war, wurde die Blitzbelichtung nach unten korrigiert (rechts).

Den internen Blitz als Aufheller nutzen

Der integrierte Blitz der EOS 1200D eignet sich vor allem gut als Aufhellblitz, um gezielt Licht auf Schattenpartien zu werfen. Die typische Situation dafür sind Aufnahmen im leichten Gegenlicht. Am natürlichsten wirkt das Bild, wenn der Aufhellblitz fein dosiert ist, so dass nicht zu viel Kontrast entsteht.

[50 mm | 1/200 s | f2,8 | ISO 100 | Stativ]

< **Abbildung 7.4**
Über den Blitz wurde zusätzlich eine gelbe Folie gezogen. Dadurch entsteht die warme Lichtstimmung im Bild.

 Das Hilfslicht deaktivieren

Sind beim Blitzen kurze, mitunter etwas nervende Blitzimpulse zu sehen, ist es vermutlich recht dunkel. In solchen Situationen muss die Kamera für ein wenig Licht sorgen, damit der Autofokus in der Dämmerung einwandfrei arbeiten kann. Sie können dieses Verhalten über die Individualfunktion **C.Fn III (Autofokus/Transport) AF-Hilfslicht-Aussendung** abstellen.

So erzielen Sie eine harmonische Beleuchtung

Liegt der betroffene Bildteil, den Sie aufhellen möchten, im dunkelsten Schwarz, ist der Blitz die einzige Lichtquelle. In diesem Fall lässt sich der typische Blitz-Look zumindest beim internen Kamerablitz kaum vermeiden. Es hilft allerdings häufig, die Blitzstärke ein wenig zu verringern. Tasten Sie sich mit der Methode von Seite 140 an eine ausgewogene Belichtung heran.

[55 mm | 1/200 s | f16 | ISO 200]

∧ **Abbildung 7.5**
Auch bei Nahaufnahmen ist der Aufhellblitz sehr gut geeignet, um an trüben Tagen mehr Licht aufs Motiv zu bringen.

Beim Blick durch den Sucher auf die Belichtungs- und Blendenwerte, die Ihnen die Kamera vorschlägt, fällt Ihnen unter Umständen auf, dass nicht mehr alle Zeiteinstellungen verfügbar sind. Sie können am **Hauptwahlrad** drehen, so viel Sie wollen, die Belichtungszeit kann niemals kürzer als 1/200 s sein. Dabei handelt es sich um die maximale Blitzsynchronzeit, die auch *X-Synchronzeit* genannt wird. Mit dieser Einschränkung müssen Sie beim Blitzbetrieb leben – es sei denn, Sie verfügen über einen Aufsteckblitz mit High-Speed-Synchronisation. Damit fällt die Grenze von 1/200 s, und Belichtungszeiten von bis zu 1/4000 s werden möglich.

Wichtig: die Blitzsynchronzeit

Die Blitzsynchronzeit ist die kürzeste Belichtungszeit, mit der ein Foto mit Blitzeinsatz geschossen werden kann. Warum es nicht möglich ist, ein Bild mit einer Belichtungszeit von 1/1000 s zu schießen und dabei zu blitzen, wird schnell klar, wenn Sie die Funktionsweise der Kamera betrachten: Beim Auslösen fährt der Spiegel nach oben, und der erste Verschlussvorgang öffnet sich. Jetzt muss der Blitz zünden. Der zweite Vorhang schiebt sich von oben nach unten und verschließt den Sensor wieder. Bei höheren Verschlussgeschwindigkeiten ist der erste Vorhang noch nicht ganz offen, während der zweite schon den Schließvorgang startet. Dies ist an der EOS 1200D bei kürzeren Belichtungszeiten als 1/200 s der Fall. Bei solch kurzen Zeiten liegt der Sensor also niemals komplett frei, sondern es schiebt sich während der Belichtung nur ein Schlitz von oben nach unten über den Sensor – daher auch der Name *Schlitzverschluss*. Der Blitz, der ja nur während einer sehr kurzen Zeitspanne sein Licht verbreitet, könnte bei diesen kurzen Belichtungszeiten niemals das komplette Bild belichten. Der zweite Vorhang würde in diesem Fall für einen schwarzen Balken im Bild sorgen.

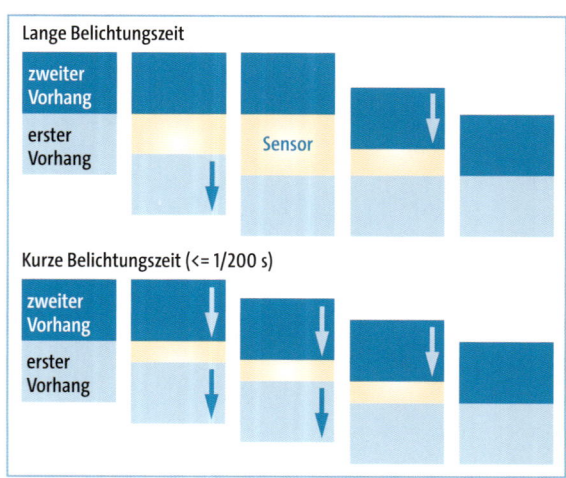

< **Abbildung 7.6**
Funktionsweise des Schlitzverschlusses bei langen (oben) und bei kurzen Belichtungszeiten (unten)

Das Zusammenspiel optimieren

Experimentieren Sie beim Aufhellblitzen auch mit der »normalen« Belichtungskorrektur, indem Sie die **Av**-Taste drücken und am **Hauptwahlrad** drehen. Denkbar ist zum Beispiel der Versuch, die Umgebung mit Hilfe der Belichtungskorrektur um ein bis zwei Blenden unterzubelichten. Das angeblitzte Motiv sticht so stärker hervor.

So speichern Sie die Blitzbelichtung

In Kapitel 4 auf Seite 100 haben Sie die Belichtungsmessspeicherung über die **Sterntaste** ✶ kennengelernt. Sie können damit einen wichtigen Bereich des Motivs anmessen, die Belichtung speichern und den Ausschnitt verändern. Beim Auslösen wird trotzdem der gewählte Wert verwendet. Wenn der Blitz ins Spiel kommt, gelten andere Regeln. Schließlich soll die bei seinem Einsatz gemessene Helligkeit berücksichtigt werden. Ein Druck auf die **Sterntaste** startet bei Blitzbetrieb deshalb einen Messblitz. Der dabei für die Blitzleistung ermittelte Wert wird dann für die nächste Auslösung verwendet.

Blitzen in den Kreativprogrammen

Je nach eingestelltem Programm mischt die Kamera Umgebungslicht und Blitzlicht mit verschiedenen Anteilen und gibt damit den beiden Lichtarten eine jeweils unterschiedliche Gewichtung: In den Motivprogrammen etwa fungiert der Blitz als Hauptlichtquelle. Entsprechend totgeblitzt sehen die Aufnahmen in vielen Fällen aus. In den Kreativprogrammen **P**, **Tv**, **Av** oder **M** gelten für die Abstimmung zwischen dem natürlichen und dem künstlichen Licht jeweils ganz unterschiedliche Regeln. Je nach Einstellung betrachtet die Automatik den Blitz als zentrale Lichtquelle oder dezenten Aufheller. So ist es möglich, dezente Lichtstimmungen, beispielsweise am Abend oder Morgen, einzufangen. Das durch die Sonne oder andere Quellen gelieferte Licht hat bei dieser Art des Blitzens einen größeren Anteil an der Gesamtbelichtung. Die Wirkung ist natürlicher. Im Idealfall ist überhaupt nicht zu sehen, dass ein Blitz zum Einsatz kam.

Blitzstärke und Belichtung aufeinander abstimmen

Beim Blitzen bleiben die Funktionen von Blende und Belichtungszeit bestehen: Mit der Blende steuern Sie die Schärfentiefe, mit der Belichtungszeit haben Sie Einfluss auf das Verwacklungsrisiko. Dort wo das Blitzlicht ins Spiel kommt, gelten allerdings teilweise etwas andere Regeln: Wenn es völlig dunkel ist, ist es problemlos möglich, mit einer Belichtungszeit von 2 Sekunden ein völlig scharfes Bild einer sich bewegenden Person zu schießen. Bei ausreichender Helligkeit wäre eine solch lange Belichtungszeit auf jeden Fall ein »Verstoß« gegen die sogenannte Kehrwertregel (siehe Seite 70) und würde zu einer verwackelten Aufnahme führen.

[24 mm | 0,8 s | f4 | ISO 400 | Stativ]

∧ Abbildung 7.7
Die Lichtstimmung des Abends blieb durch die relativ lange Belichtungszeit erhalten.

Die Erklärung dafür: Der Blitz selbst zündet nur etwa 1/800 s lang und erreicht damit eine extrem kurze »Belichtungszeit«. Wie lange vor oder nach dem Blitz der Verschluss der Kamera geöffnet ist, hat bei Dunkelheit für die Lichtwirkung keine Bedeutung. Beim Fotografieren passiert nämlich Folgendes: Der Verschluss öffnet sich, und der Blitz beleuchtet kurz, aber intensiv alles in seiner Reichweite. In der darauffolgenden Dunkelheit spielen Kameraverwackler und Bewegungen des Motivs keine Rolle mehr. Jedenfalls gilt dies, wenn ein Motiv in völliger Dunkelheit angeblitzt wird. Da jedoch die wenigsten Fotos in pechschwarzer Nacht entstehen, gibt es eine wichtige Einschränkung: Alles, was im Bild noch von einer natürlichen oder anderen Lichtquelle dauerhaft beleuchtet wird, unterliegt den bekannten Gesetzen: Ist die Belichtungszeit zu lang, so entstehen an diesen Stellen verwackelte Bildbereiche. Bei Blitzfotos sind diese meist in Form von »Schleiern« zu sehen. Die an der Kamera eingestellte Belichtungszeit ist also vorrangig dafür verantwortlich, andere Lichtquellen – etwa das Licht der untergehenden Sonne oder der Straßenlaternen – im Bild sichtbar zu machen.

Über die Blende lässt sich beim rein manuellen Blitzen ebenfalls bestimmen, wie viel eines natürlich beleuchteten Hintergrunds auf dem Bild erscheint. Schließlich regelt die Blende, ob viel oder wenig Licht durch das Objektiv einfällt – egal, ob es sich dabei um Blitz- oder Umgebungslicht handelt.

Die E-TTL-Automatik kompensiert jedoch alle Ihre Änderungen der Blende durch eine entsprechend höhere oder niedrigere Blitzintensität. Wenn Sie die Blende also weiter schließen (Blendenwert erhöhen) und infolgedessen der Hintergrund weniger vom Blitz erhellt wird, regelt die Automatik der 1200D den Blitz hoch, so dass die Justage von natürlichen Lichtquellen und Blitz recht schwierig ist. Der entscheidende Parameter, mit dem sich die Gewichtung des Umgebungslichts beeinflussen lässt, ist beim Blitzen mit der E-TTL-Automatik deshalb die Belichtungszeit.

Versuch und Irrtum

Indem Sie eigene Erfahrungen sammeln, werden Sie die folgenden Abschnitte besser verstehen. Die Lektüre und eigene Versuche mit dem Blitz in der Dämmerung bringen Ihnen also hoffentlich in jeder Hinsicht die Erleuchtung.

Blitzen im P-Programm

Der **P**-Modus ist auf eine Belichtungszeit hin optimiert, bei der keine Verwacklungen auftreten. Ist das Umgebungslicht hell, wird von einem Aufhellblitz ausgegangen, der mit niedriger Intensität abgefeuert wird. Handelt es sich dagegen um eine insgesamt dunkle Situation, wird eine Belichtungszeit von mindestens 1/60 s bis maximal 1/200 s gewählt. In der Folge erscheint das angeblitzte Motiv hell, der übrige Teil des Bildes bleibt sehr dunkel. Je kürzer die Belichtungszeit ist, desto stärker tritt dieses für viele Blitzfotos typische Muster auf.

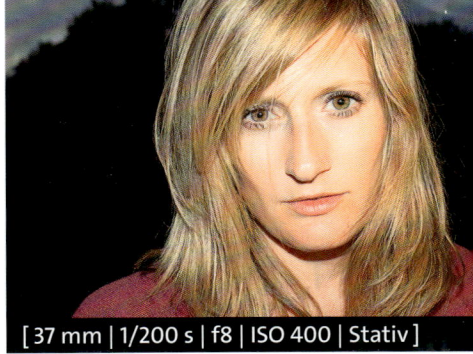

[37 mm | 1/200 s | f8 | ISO 400 | Stativ]

∧ **Abbildung 7.8**
Die Umgebung versinkt im Dunkel, unter dem Kinn entsteht ein schwarzer Schatten: Dieses Bild ist totgeblitzt.

Blitzen im Tv-Programm

Im **Tv**-Modus versucht die EOS 1200D, zur eingestellten Belichtungszeit eine passende Blende zu finden. Sofern dies ohne Unterbelichtung gelingt, agiert der Blitz als Aufhelllicht. Praktisch relevant ist dies zum Beispiel draußen in der Natur zur Abendzeit, wenn durchaus noch Licht vorhanden ist. Droht allerdings eine Unterbelichtung, obwohl die Blende so weit wie möglich geöffnet ist, blinkt der Blendenwert im Display. Schalten Sie den Blitz hinzu, kompensiert dieser den entstandenen Lichtmangel. Er wird zur Hauptlichtquelle und mit entsprechend höherer Leistung ausgelöst.

Im **Tv**-Modus können Sie über die Wahl der Belichtungzeit die Mischung zwischen Blitz- und Umgebungslicht sehr gut bestimmen. Bei kurzen Belichtungzeiten erscheint sehr wenig von der natürlich beleuchteten Umgebung auf dem Bild. Im Extremfall ist der Hintergrund vollkommen schwarz. Das kann zum Beispiel bei einer Makroaufnahme durchaus ein interessanter Effekt sein. Bei langen Belichtungzeiten dagegen kommt sehr viel von der Umgebung mit auf das Bild – vorausgesetzt natürlich, diese wird vom vorhandenen Umgebungslicht erhellt. Gleichzeitig kann eben dieser Teil des Bildes verwackeln, wie oben beschrieben.

Verwacklungen durch Bewegungsunschärfe können jedoch auch ein bewusst eingesetztes Stilmittel sein. Wie bei einer offenen Blende auch, wird die Aufmerksamkeit des Betrachters gezielt auf das Motiv gelenkt, das im Gegensatz zum Hintergrund scharf abgebildet wird. In diesem Fall allerdings ist es nicht durch eine niedrige Schärfentiefe hervorgehoben, sondern vom Blitz angestrahlt.

[17 mm | 0,6 s | f1,6 | ISO 100 | Blitz]

Abbildung 7.9 >
Unschärfe kombiniert mit Blitzlicht erzeugt interessante Bildeffekte (Bild: Ivo Gretener, www.istockphoto.com).

Blitzen im Av-Programm

Im **Av**-Programm geht die Kamera davon aus, dass das natürliche Licht dominiert und lediglich durch den Blitz sparsam aufgehellt werden soll. Die Umgebung im Hintergrund wird durch eine entsprechend lange Belichtungzeit ausreichend hell abgebildet, das Motiv im Vordergrund durch den Blitz. Dabei kann es allerdings passieren, dass die Kamera eine so lange Belichtungszeit vorgibt, dass Verwacklungen unvermeidbar sind. Andererseits lässt sich dies für kreative Effekte nutzen.

Wenn die Belichtungszeit nicht zu lang werden soll, können Sie diese im **Av**-Modus durch eine gezielte Unterbelichtung verkürzen. Mit einer dadurch kürzeren Belichtungszeit wird das Bild insgesamt dunkler. Der Blitz wird allerdings zur Kompensation mit größerer Leistung gezündet. Dies wirkt jedoch nur auf die Objekte in seinem unmittelbaren Einflussfeld. Nach hinten hin fällt das Licht immer stärker ab, was für einen dunkleren Hintergrund sorgt.

Sie können das Blitzverhalten der EOS 1200D im **Av**-Programm noch genauer steuern. Im Menü finden Sie im neunten Reiter unter **Individualfunktionen (C.Fn) ❶** die Individualfunktion **C.Fn I: Belichtung Blitzsynchronzeit bei Av**. Ist dort **Automatisch ❷** eingestellt, so nutzt die Kamera je nach Helligkeit des Motivs eine Belichtungszeit zwischen 1/200 s und 30 s. Eine grundsätzliche Philosophie des Blitzens im **Av**-Programm ist schließlich, dass dabei der Blitz nur als moderater Aufheller zum Einsatz kommt. Die Folge ist ein möglicherweise verwackelter Hintergrund. Mit der zweiten Einstellung ❸ dagegen sinkt der mögliche Belichtungszeitwert auf 1/200 s bis 1/60 s. Damit sinkt zwar das Verwacklungsrisiko, der Hintergrund erscheint jedoch unter Umständen zu dunkel. Noch stärker in diese Richtung wirkt die dritte Einstellung ❹: Hier legen Sie fest, dass die Belichtungszeit dann bei allen Blendeneinstellungen 1/200 s beträgt. Damit sind verwackelte Porträts sehr unwahrscheinlich, der Hintergrund versinkt jedoch ziemlich sicher in Dunkelheit.

[50 mm | 1/200 s | f3,2 | ISO 100]

∧ **Abbildung 7.10**
Im Av-Programm der 1200D kann der Blitz sehr diskret ins Spiel gebracht werden.

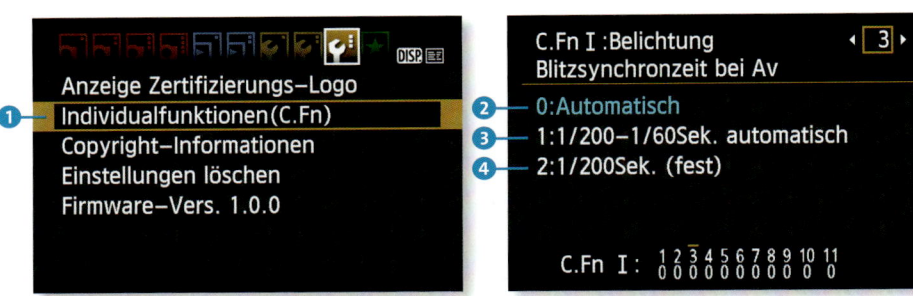

< **Abbildung 7.11**
Wie sich der Blitz im Av-Betrieb verhalten soll, lässt sich im Menü der 1200D einstellen.

Blitzen im M-Modus

Auch im **M**-Modus arbeitet der Blitz als Aufhelllicht. Die Blende kann beliebig, die Belichtungszeit bis zur Synchronzeit von 1/200 s eingestellt werden. Ein guter Anhaltspunkt für die Arbeit mit dem Blitz ist die Belichtungsanzeige im Display. Die Angaben dort beziehen sich auf die Belichtung ohne Blitz. Ist der Anzeiger links ❶ und zeigt dadurch eine Unterbelichtung an, wird der Blitz versuchen, diese zu kompensieren. Bei einer ausgewogenen Belichtung steht der Zeiger in der Mitte ❷ oder sehr nahe daran. Der Blitz wird mit minimaler Stärke blitzen, sofern Sie nicht über die Blitzbelichtungskorrektur manuell gegensteuern (siehe Seite 140) .

∧ Abbildung 7.12
Die Belichtungsanzeige zeigt Ihnen im Sucher mögliche Fehlbelichtungen an. Links deutet der Zeiger auf eine Unterbelichtung hin, rechts ist die Belichtung ausgewogen.

 Der ISO-Wert beim Blitzen

Wie die Blende und die Belichtungszeit spielt auch der ISO-Wert beim Blitzen eine große Rolle. Das natürliche Licht erhält bei einer höheren ISO-Zahl mehr Gewicht, der Blitz muss weniger stark arbeiten oder erreicht mit gleicher Kraft ein weiter entferntes Ziel. Statt die Belichtungszeit weiter zu verlängern, können Sie also auch durch eine ISO-Erhöhung zum gleichen Ergebnis kommen.

Die Grenzen des internen Blitzes der 1200D

Vielleicht sind Sie bei Ihren Versuchen mit künstlichem Licht bereits an die Grenzen des internen Blitzes gestoßen. Dieser hat nämlich gleich zwei Eigenschaften, die für eine gute Beleuchtung eher hinderlich sind.

1. Kleine Lichtquelle: Der interne Blitz der EOS 1200D ist recht klein. Kleine Lichtquellen aber werfen harte Schatten, wie Sie mit einer Taschenlampe leicht selbst überprüfen können. Das in der Fotografie häufig gewünschte weiche Licht kommt dagegen aus einer großen Lichtquelle.

2. Die Nähe zur optischen Achse: Je näher sich die Lichtquelle am Objektiv befindet, desto härter sind die Schattenränder. Außerdem kommt das Licht des internen Blitzes so sehr aus Richtung der Kamera, dass jegliche Plastizität des Motivs verlorengeht. Mit diesem Punkt hängen auch die für viele Blitzbilder typischen roten Augen zusammen. Wenigstens dagegen gibt es allerdings Abhilfe: Im ersten Reiter des Aufnahmemenüs 1 ❸ können Sie über die Funktion **R.Aug. Ein/ Aus** ❹ einstellen, dass bei Blitzbetrieb ein Hilfslicht ausgesendet wird. Es sorgt dafür, dass sich die Pupille des Auges durch einen Vorblitz schließt und die stark durchblutete Netzhaut nicht im Bild zu sehen ist.

∧ **Abbildung 7.13**
Roten Augen beugen Sie vor, indem Sie die Einstellung **R.Aug. Ein/ Aus** ❹ *aktivieren.*

Die Blitzalternative: der Aufsteckblitz

Ein Aufsteckblitz kann die im vorangegangenen Abschnitt beschriebenen Probleme zumindest teilweise aus der Welt schaffen. Neben Canon selbst bietet eine ganze Reihe von Fremdherstellern preiswertere Modelle an. Die Geheimnisse des E-TTL-II-Blitzsystems von Canon durchdringt jedoch dessen Erfinder selbst am besten. In diesem Bereich sollten Sie deshalb zum Original greifen.

Der Profitipp für schönes Blitzlicht: indirekt blitzen

Auf jeden Fall ist ein Blitzgerät mit schwenkbarem Kopf empfehlenswert. Mit einem solchen erweitern sich die Blitzmöglichkeiten ganz erheblich. So können Sie durch das Blitzen über Eck – das sogenannte *indirekte Blitzen* – ganz einfach für weiches Licht sorgen. Dafür richten Sie den Blitzkopf in Richtung Decke oder Wand. Diese fungiert dann als Reflektor, der das Licht diffus, also in alle Richtungen, streut. Das Ergebnis ist ein viel besser ausgeleuchtetes Bild, wie Sie am Beispiel der Abbildung rechts sehen können.

Reflexionen
Wenn Sie das Licht über eine farbig angestrichene Fläche reflektieren lassen, hinterlässt dies im Bild einen entsprechenden Farbstich.

Abbildung 7.14 >
Das Blitzlicht reflektierte an einer Hauswand und wurde diffus zurückgeworfen.

[55 mm | 1/50 s | f5,6 | ISO 800 | Stativ]

∧ Abbildung 7.15
Ein externer Blitz liefert deutlich mehr Leistung als der eingebaute Blitz der EOS 1200D (Bild: Canon).

Wofür steht die Leitzahl?

Die Stärke eines Blitzgeräts wird mit dem Begriff *Leitzahl* beschrieben. Während der interne Blitz der EOS 1200D eine Leitzahl von 9,2 bietet, können die Canon-Modelle Speedlite 270EX, 320EX, 430EX II und 600EX-RT mit der Leitzahl 27, 32, 43 beziehungsweise 60 blitzen. Mit dem Wert lässt sich leicht berechnen, aus welcher Entfernung ein Motiv bei ISO 100 aufgehellt werden kann: Die Leitzahl muss dafür durch die eingestellte Blende dividiert werden. Bei Blende f5,6 reicht der interne Blitz also gerade einmal 1,6 Meter weit (9,2 dividiert durch 5,6). Der 430EX II schafft dagegen 7,7 Meter (43 dividiert durch 5,6).

Bei vielen Blitzgeräten erscheint im Display die Blitzreichweite in Metern, sobald der Blitzkopf nach vorn gerichtet ist. Eine hohe Leitzahl ist übrigens nicht das Maß aller Dinge. In der Praxis wird ohnehin meist mit reduzierter Blitzleistung gefeuert.

[50 mm | 1/50 s | f1,8 | ISO 800 | Stativ]

∧ Abbildung 7.16
Bei offener Blende verschwimmt der Hintergrund, und Lichtquellen lösen sich in große Punkte auf.

Die Königsklasse: entfesselt blitzen

Der externe Blitz auf dem Blitzschuh der Kamera befreit Sie bereits von vielen Nachteilen des eingebauten Blitzes der EOS 1200D. Noch besseres Licht bringt ein seitlich vom Motiv positionierter Blitz. Dafür müssen Sie diesen von der Kamera lösen – man spricht hier vom sogenannten *entfesselten Blitz*. Am einfachsten geht dies über eine Art Verlängerungskabel, das von Canon unter der Bezeichnung OC-E3 für rund 50 Euro verkauft wird. Hier können Sie jedoch auch getrost zu einem Nachbau greifen, den es schon ab 10 Euro gibt. Eine Alternative sind Funksysteme, etwa die Modelle RF-602 und RF-603 des chinesischen Herstellers Yongnuo. Diese kosten rund 30 Euro. Während allerdings über das Kabel auch die E-TTL-Signale übertragen werden, müssen Sie mit solchen Lösungen rein manuell arbeiten.

Die Vorteile des entfesselten Blitzens sind deutlich sichtbar: Durch seitliches Blitzen lassen sich Konturen oft viel besser herausarbeiten als durch frontales Licht. Sogar eine von hinten oder der Seite scheinende »Sonne« kann simuliert werden. Diese Art des Blitzens ist besonders in der Porträtfotografie verbreitet, in der ein im Winkel von etwa 45 Grad zur Kopfrichtung positioniertes Licht für eine schöne Modellierung der Schatten sorgt.

Beim entfesselten Blitzen entstehen besonders schöne Bilder, wenn das Licht weich gemacht wird, etwa durch einen Diffusor, einen Schirm oder eine Softbox. Einfache Aufsteckdiffusoren sind ab etwa 5 Euro erhältlich. Ein einfacher weißer Schirm, ein Lichtstativ und eine Halterung für den Blitz kosten etwa 60 Euro.

Ein weiterer Vorteil des entfesselten Blitzens ist, dass Sie mit dem Blitz nahe an Ihr Motiv herankommen. Ähnlich wie durch eine große Lichtquelle lassen sich auch dadurch weiche Schatten erzielen. Zudem können Sie dann mit einer niedrigeren Intensität blitzen.

Vorsicht, Spannung!

Verwenden Sie keine Blitze, die nicht explizit für Canon-Kameras gebaut worden sind. Der einzige normierte Kontakt am Blitzschuh ist der große runde in der Mitte. Alle anderen Verbindungen werden von Hersteller zu Hersteller unterschiedlich verwendet. Es kann also durchaus sein, dass ein alter Kamerablitz über einen dieser Kontakte eine recht hohe Spannung an die Kamera abgibt – mit fatalen Folgen für die Elektronik. Es gibt allerdings Adapter, die keine überflüssigen Verbindungen weiterleiten.

Blitzen auf den zweiten Verschlussvorhang
EXKURS

Verwacklungen und verwischte Bildelemente sind in der Blitzfotografie ein gutes stilistisches Mittel, um Dynamik zu verdeutlichen. Das ist oft nötig, denn das Blitzlicht hat grundsätzlich den gegenteiligen Effekt: Durch den kurzen Lichtimpuls wird ein sehr kurzer Moment auf dem Sensor fixiert; die Bewegung eines Motivs scheint eingefroren zu sein. Mitunter führt das zu seltsamen Effekten, wie in Abbildung 7.17 zu sehen.

∧ **Abbildung 7.17**
Beim Blitz auf den ersten Vorhang scheinen Bewegungen rückwärts abzulaufen.

∧ **Abbildung 7.18**
Beim Blitz auf den zweiten Vorhang sehen die Lichteffekte für unser Auge natürlich aus, nämlich mit statt gegen die Bewegungsrichtung.

Was ist hier passiert? Der Verschluss einer Kamera besteht unter anderem aus zwei Vorhängen, die sich nacheinander öffnen und schließen. In diesem Fall hat sich der erste Vorhang geöffnet, der Blitz zündete unmittelbar danach und fixierte damit den Radfahrer. Dieser ist währenddessen weitergefahren und hat die ganze Zeit über mit seinem Licht eine Spur gezogen.

Beim Blitzen auf den zweiten Verschlussvorhang sind die Abläufe etwas anders: Der erste Vorhang öffnet sich, und der Radfahrer zieht seine Lichtspur. Jetzt erst kommt der Blitz und fixiert ihn in seiner Bewegung. Nun verschließt der zweite Vorhang den Sensor wieder. Die Bildwirkung ist eine komplett andere.

1 Blitzsteuerung aufrufen

Navigieren Sie über die **MENU**-Taste und das Aufnahmemenü 1 ❶ zur Option **Blitzsteuerung** ❷.

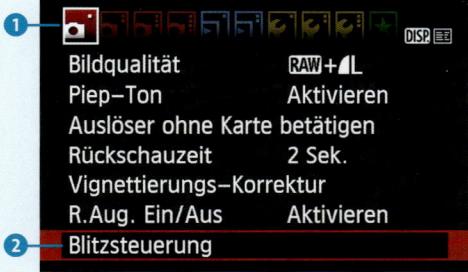

2 Funktionseinstellungen

Bestätigen Sie mit der **SET**-Taste. Wählen Sie nun den Eintrag **Funktionseinst. int. Blitz** ❸ oder **Funktionseinst. ext. Blitz** ❹.

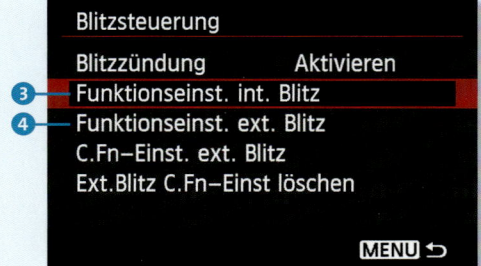

3 Verschlussvorhang auswählen

Unter dem Eintrag **Verschluss-Sync** ❺ können Sie nun zwischen den Optionen **1. Verschluss** und **2. Verschluss** wählen.

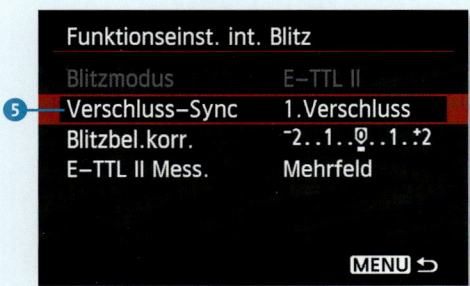

Wenn Sie sich für einen externen Blitz entschieden haben, steht Ihnen gleichermaßen die Wahl zwischen **1. Verschluss** und **2. Verschluss** offen.

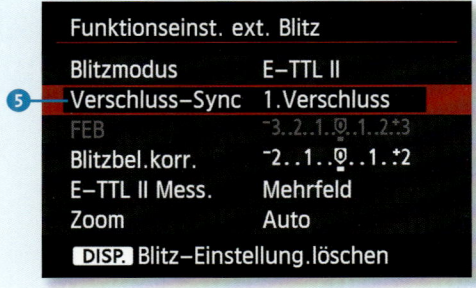

Kapitel 8
Die Möglichkeiten erweitern mit sinnvollem Zubehör

Die EOS 1200D sinnvoll aufrüsten

Mit der Kamera und einem Objektiv hört die Leidenschaft meist nicht auf. Nach dem Kauf der Grundausstattung und ersten fotografischen Erfolgen möchten Sie vielleicht Ihre Ausrüstung erweitern. Orientierung im schwer zu überblickenden Angebot an Zubehör bietet dieses Kapitel.

Der richtige Schutz: Kamerataschen

Für viele Neubesitzer einer digitalen Spiegelreflexkamera steht der Kauf einer Tasche ganz oben auf der Prioritätenliste. Hier bieten sehr viele Hersteller die unterschiedlichsten Modelle an, die sich wahlweise über der Schulter oder auf dem Rücken tragen lassen. Ausgefeiltere Rucksack-Varianten erlauben sogar das Be- und Entladen, ohne dass die Tasche umständlich abgesetzt werden muss. Bei den sogenannten *Slingbacks* kann ein Träger so über Kreuz umgesteckt werden, dass die Tasche bequem mit nur einem Gurt über der Brust getragen werden kann.

Letztlich muss jeder selbst sein Idealmodell finden, das zu den eigenen Tragepräferenzen passt. Was den Stauraum betrifft, lautet die klare Empfehlung, ruhig etwas großzügiger einzukaufen. Wer tiefer in das Hobby Fotografie einsteigt, sammelt im Laufe der Zeit schließlich das eine oder andere Zusatzobjektiv plus Zubehör an. Andererseits melden sich bei prall gefüllten Taschen schnell Rücken und Schultern mit Schmerzen. Hat sich die Erkenntnis durchgesetzt, dass nicht zu jedem Fotoausflug sämtliches Material mit muss, wächst bei den meisten Fotografen der Wunsch nach einer handlichen Tasche mit Platz für die Kamera und zwei bis drei Objektive. Eine ausgesprochen schwere Entscheidungsfindung beim Taschenkauf scheint angesichts dieser gegensätzlichen Aspekte vorprogrammiert. Umso wichtiger ist das Ausprobieren und Vergleichen.

⌃ Abbildung 8.1
In einen Fotorucksack passt viel Equipment. Leider hat kaum eines der angebotenen Modelle ein gut ausgereiftes Rückentragesystem (Bild: Kata).

⌃ Abbildung 8.2
Crumpler bietet sowohl praktische wie auch gut aussehende Umhängetaschen. Sie sind in verschiedenen Größen und Farben erhältlich. Das herausnehmbare Innenleben lässt sich auch in große Wanderrucksäcke integrieren (Bild: Crumpler).

Längere Touren mit der Kamera

Wer ernsthaft mit der Kamera auf Wanderschaft gehen will, wird im aktuellen Angebot an Taschen kaum fündig. Die meisten für fotografische Zwecke konstruierten Modelle haben einen Beckengurt, der diesen Namen eigentlich nicht verdient. Damit aber lastet das komplette Gewicht unangenehm auf den Schultern. Zudem verfügen die meisten dieser Fotorucksäcke nicht über ausreichend großen Stauraum. Besser ist es deshalb, auf einen klassischen Wanderrucksack zu setzen. Die Wechselobjektive lassen sich dann in Köchern transportieren, die Kamera selbst ruht sanft inmitten der ohnehin eingepackten Kleidung oder in speziellen gepolsterten Tüchern. Unter dem Namen X-Wrap gibt es beispielsweise bis zu 50 × 50 cm große Schutzhüllen, in die die Kamera einfach eingewickelt wird.

Sinnvoll für längere Touren ist übrigens auch ein Ersatzakku für rund 50 Euro. Der kleine Stromspender namens LP-E10 hält problemlos einen ganzen Fototag.

Objektive für Ihre EOS 1200D

Das Objektiv ist das Auge Ihrer EOS 1200D. Entsprechend hoch ist seine Bedeutung für die Bildqualität. In den Zeiten der Analogfotografie wurde scherzhaft davon gesprochen, dass die Kamera nicht mehr als ein Filmhalter ist, der – abgesehen von den Autofokus-Fähigkeiten – keinerlei Einfluss auf das Bild hat. Heute wurde der Film durch den Sensor ersetzt, doch noch immer ist das Objektiv zu etwa 80 Prozent für die Bildqualität verantwortlich. Mit dem Kauf eines neuen Objektivs können Sie also nicht nur in einen neuen Brennweitenbereich vordringen, sondern – mit der Wahl einer guten Linse – die technische Qualität Ihrer Bilder steigern.

Arten von Objektiven

Objektive lassen sich nach unterschiedlichen Merkmalen klassifizieren. So gibt es die Unterteilung nach Brennweiten in Weitwinkel-, Standard- und Teleobjektive sowie Spezialobjektive wie Makroobjektive. Von eher grundsätzlicher Natur ist die Aufteilung in Festbrennweiten und Zoomobjektive. In letztere Kategorie fällt das Kit-Objektiv EF-S 18–55 mm f/3,5–5,6 IS II. Von 18 bis 55 Millimetern lassen sich alle Brennweiten frei einstellen.

∧ Abbildung 8.3
Die Einteilung der verschiedenen Objektive wird nach ihrer Brennweite vorgenommen.

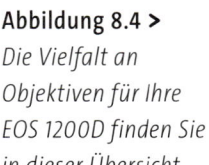

Abbildung 8.4 >
Die Vielfalt an Objektiven für Ihre EOS 1200D finden Sie in dieser Übersicht.

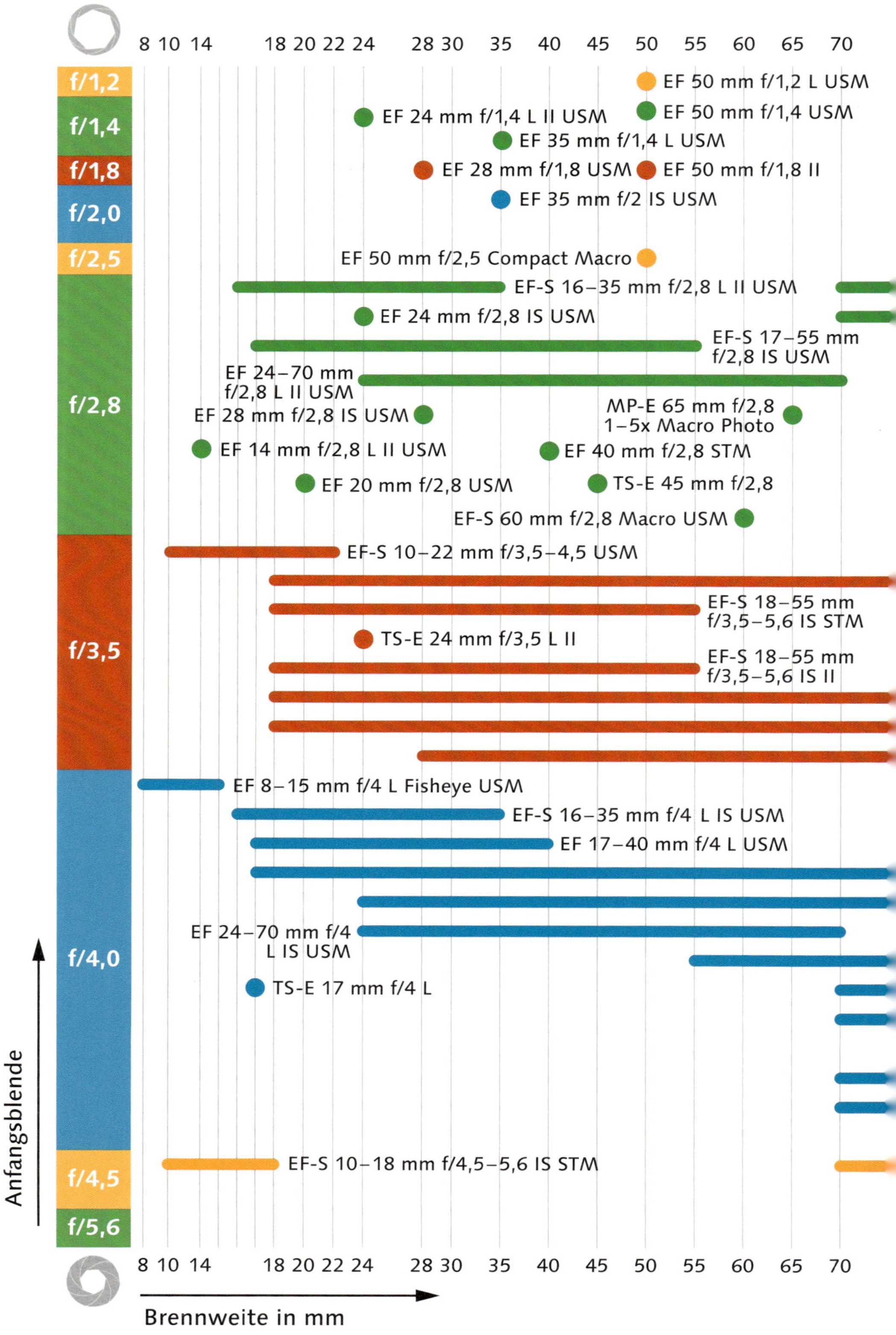

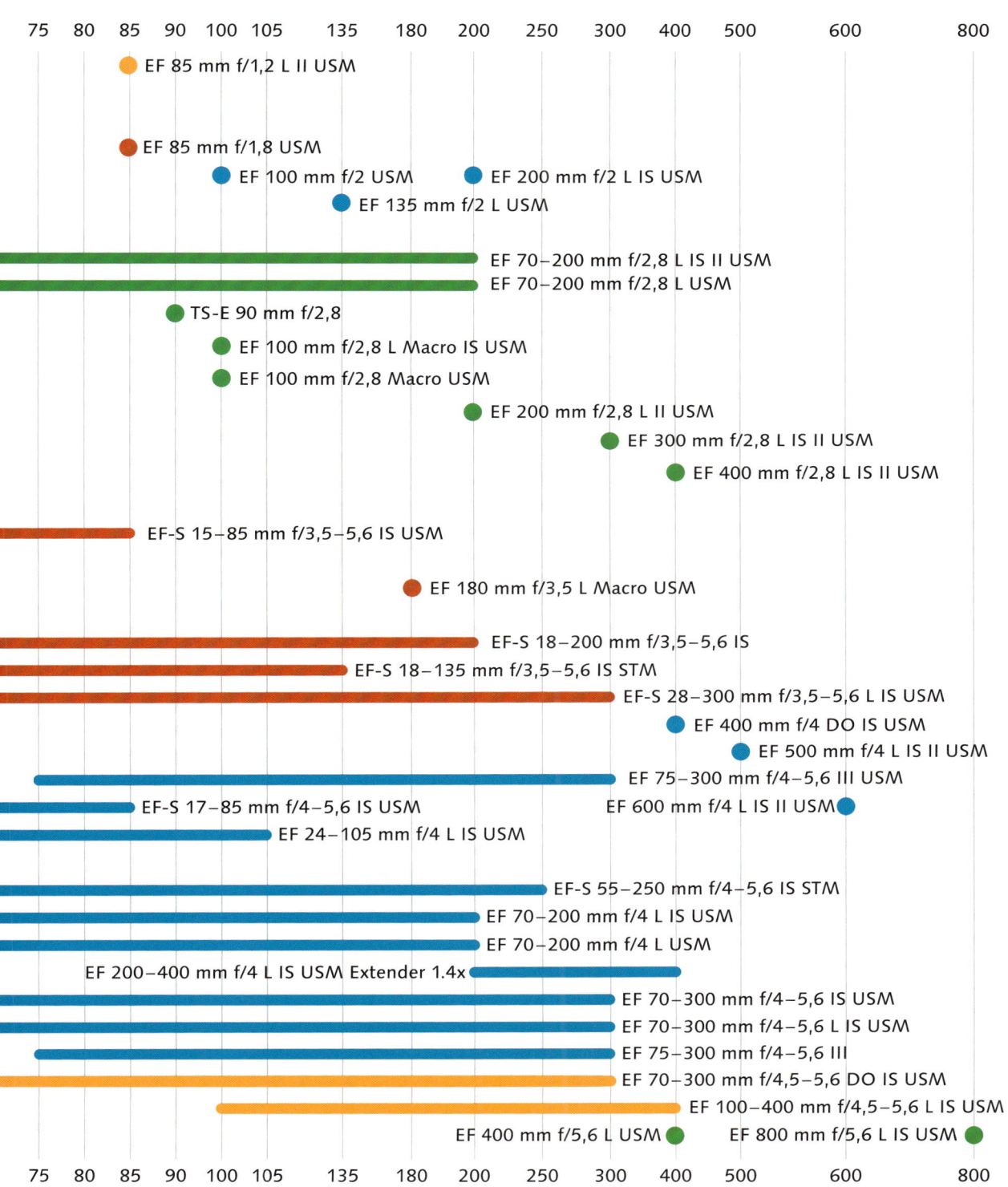

Die Abbildung 8.4 zeigt fast alle Objektive im Angebot von Canon. Hinzu kommen Modelle der sogenannten Dritthersteller wie Sigma, Tamron, Tokina und Zeiss. Angesichts dieser Vielfalt finden Sie garantiert das für Ihre Zwecke passende Modell. Die Auswahl ist jedoch gar nicht so einfach. Sie hängt von Ihrem bevorzugten Brennweitenbereich, der gewünschten kleinstmöglichen Blendenzahl, den allgemeinen Ansprüchen an die Qualität und natürlich dem Budget ab. Die Abbildung erschließt sich Ihnen wesentlich leichter, wenn Sie die Objektivbezeichnungen verstehen. Am Beispiel des Objektivs in der folgenden Abbildung lässt sich dieser Code aus Zahlen und Buchstaben leicht entschlüsseln.

⌃ **Abbildung 8.5**
Das Canon EF 70–300 mm f/4–5,6 L IS USM (Bild: Canon)

☑ Andere Hersteller, andere Bezeichnungen

Der Bildstabilisator, der bei Canon *Image Stabilizer* (IS) heißt, wird bei Sigma als *Optical Stabilizer* (OS) und bei Tamron als *Vibration Control* (VC) bezeichnet. Weitere von diesen Firmen verwendete Abkürzungen erlauben nicht per se ein Urteil über die Bildqualität, führen aber zu imposant langen Bezeichnungen. Ein Beispiel ist das AF 17–50 mm f2,8 SP XR Di II LD Aspherical von Tamron. Mit Ihrem Wissen können Sie nun allerdings auch diesen Code knacken: Es handelt sich um ein über alle Brennweiten hinweg mit offener Blende von f2,8 nutzbares Objektiv, das allerdings nicht mit einem Bildstabilisator (VC) ausgestattet ist. Die übrigen Kürzel stehen für spezielle Eigenschaften der verbauten Linsen. Damit allein lässt sich jedoch kein direkter Vergleich mit anderen Objektiven ableiten, die ohne diese Bezeichnungen auskommen.

Die Entschlüsselung des Objektivcodes des Objektivs aus Abbildung 8.5:

EF	70–300 mm	f/4–5,6 L	IS	USM

EF	Der EF-Anschluss von Canon, wie er an jeder EOS-Kamera des Herstellers verwendet wird. An die EOS 1200D passen allerdings auch mit EF-S bezeichnete Objektive, die speziell für APS-C-Sensoren entwickelt wurden.
70	Die kleinste Brennweite, die hier eingestellt werden kann.
300	Die größte Brennweite, die mit diesem Objektiv eingestellt werden kann.
4	Die Anfangsöffnung, also die größtmögliche Blendenöffnung, die bei der kleinsten Brennweite (hier 70 mm) möglich ist.
5,6	Die größte Anfangsöffnung, die bei der größten Brennweite (hier 300 mm) möglich ist. Objektive, bei denen an dieser Stelle nur eine einzige Zahl steht, ermöglichen über den ganzen Brennweitenbereich die gleiche, größtmögliche Blendenöffnung.
L	Es handelt sich um ein Objektiv aus der L-Serie von Canon, dies sind die teuren Premium-Modelle des Herstellers.
IS	Das Objektiv ist mit einem Bildstabilisator (*Image Stabilizer*) ausgestattet.
USM	Das Objektiv arbeitet mit einem Ultraschallmotor (*Ultra Sonic Motor*). Dadurch arbeitet der Autofokus schnell, geräuschlos und sehr präzise.

∧ **Tabelle 8.1**
Der entschlüsselte Objektivcode

Erklärungen für weitere Abkürzungen:

- STM – Das Objektiv ist mit einem Schrittmotor (*Stepper Motor*) ausgestattet. Der Autofokus arbeitet geräuschlos und kann eine neue Fokusposition ohne Ruck anfahren. Damit sind diese Objektive besonders für das Filmen gut geeignet.
- DO – Es handelt sich um ein Modell mit Mehrfachbeugungs-Linsensystem. Diese Technik ermöglicht leichte und relativ kompakter Objektive.
- Macro – steht für Makroobjektive. Nicht alle mit dieser Bezeichnung versehene Objektive ermöglichen allerdings eine 1:1-Darstellung (Seite 167).
- I, II oder III – bezeichnet eine neue Variante des gleichen Objektivs.

Bildstabilisierte Objektive

Viele heute erhältliche Objektive sind mit einem Bildstabilisator ausgerüstet. Vor allem wenn mit langen Brennweiten ohne Stativ fotografiert wird, sorgen schon kleine Bewegungen des Fotografen für große Verwacklungen. Über die Bildstabilisierung wird dies bis zu einer gewissen Grenze kompensiert.

 Bildstabilisierung

Bei einem Bildstabilisierungssystem messen kleine Mikrokreiselsensoren selbst kleinste Schwankungen, die etwa schon durch das Atmen des Fotografen entstehen können. Motoren wiederum verschieben Linsengruppen im Objektiv und kompensieren damit diese Schwankungen. Das Ausmaß an Verwacklungsunschärfe, das diese Technik verhindern kann, wird meist in Blendenstufen angegeben. Beachten Sie dabei, dass der Begriff Blende hier als Synonym für Belichtungswert verstanden wird.

In Kapitel 3 haben Sie die Kehrwertregel kennengelernt. Mit einem 100-mm-Objektiv können Sie demnach ein Bild mit einer Belichtungszeit von 1/160 s verwacklungsfrei aufnehmen (1/(Brennweite × 1,6)). Ein Bildstabilisator, der eine, zwei, drei oder vier Blendenstufen kompensiert, ermöglicht also eine Belichtungszeit von jeweils 1/80, 1/40, 1/20, 1/10 s, ohne dass das Bild unscharf wird. Die dahintersteckende Logik haben Sie bei den Blendenschritten auf Seite 72 kennengelernt.

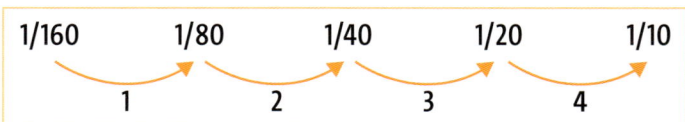

∧ Abbildung 8.6
Zur Erinnerung: In Blendenstufen angegebene unterschiedliche Helligkeiten lassen sich auch durch veränderte Belichtungszeiten realisieren.

Für höchste Qualitätsansprüche: Festbrennweiten

Das entschlüsselte Beispielobjektiv in Abbildung 8.5 ist – wie das Kit-Objektiv der 1200D auch – ein Zoomobjektiv. Daneben gibt es Objektive mit einer festen Brennweite. Das EF 50 mm f/1,8 II beispielsweise bietet nur die Brennweite 50 mm. Um mit diesem Objektiv das Motiv größer abzubilden, müssen

Sie demzufolge einige Schritte darauf zugehen. Auf den ersten Blick ist das Zoomobjektiv also bequemer. Dennoch haben auch die Festbrennweiten ihre Berechtigung und eine große Fangemeinde. Zum einen sprechen technische Gründe für Festbrennweiten: Diese Objektive erlauben größere Blendenöffnungen von bis zu f1,2, wie zum Beispiel das EF 50 mm f/1,2 L USM und das EF 85 mm f/1,2 L II USM, die derzeit lichtstärksten Objektive im Canon-Programm, die Sie in der Abbildung auf Seite 158 finden. Aber auch mit der größtmöglichen am zuvor genannten Objektiv EF 50 mm f/1,8 II einstellbaren Blende von f1,8 kann kein Zoomobjektiv mithalten. Damit haben diese Objektive besondere Stärken in Aufnahmesituationen mit wenig Licht sowie beim gezielten Spiel mit Schärfe und Unschärfe, wie Sie es in Kapitel 6 kennengelernt haben. Ein weiterer technischer Aspekt ist die hohe Bildqualität von Festbrennweiten. Diese Objektive bieten eine Schärfe, die in vielen Fällen nicht einmal von erheblich teureren Zoom-Pendants erreicht wird.

Ein Objektiv, das daher in keiner Kameratasche fehlen sollte und dank seiner geringen Größe dort auch problemlos Platz finden dürfte, ist eine 50-mm-Festbrennweite, wie eben das EF 50 mm f/1,8 II von Canon. Durch die große Offenblende von f1,8 eignet es sich ideal, um erste Experimente mit sehr geringer Schärfentiefe zu starten. Mit einem Gewicht von rund 130 Gramm gehört es zu den Leichtgewichten im aktuellen Canon-Programm. Unschlagbar ist auch der Preis: Nicht einmal 100 Euro sind für das Objektiv zu berappen.

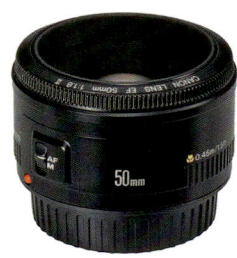

∧ **Abbildung 8.7**
Das Canon EF 50 mm f/1,8 II, eine klassische Festbrennweite mit hoher Lichtstärke (Bild: Canon)

 Bewusst den Bildausschnitt suchen

Neben technischen Gesichtspunkten gibt es noch eine bildgestalterische, psychologische Komponente, die für das Fotografieren mit Festbrennweiten spricht: Wer intensiv mit immer der gleichen Brennweite fotografiert, bekommt schon vor dem Blick durch den Sucher ein gutes Gespür dafür, wie das Bild komponiert werden muss. Durch das Zoomen »zu Fuß« – so empfinden es zumindest viele Fotografen – bekommt das Suchen und Finden eines passenden Ausschnitts eine größere Intensität, und das Gespür für Bildwirkung und -aufbau steigt.

Objektive für den APS-C-Sensor

An der EOS 1200D sind alle seit 1987 gebauten Canon-Objektive mit EF-Anschluss verwendbar, wobei EF für *Electronic Focus*, also *elektronisches Scharfstellen*, steht. Canon hat bislang rund 90 Millionen EF-Objektive produziert.

Entsprechend groß ist das Angebot an neuen sowie an gebrauchten Modellen. Mit einem Brennweitenbereich von 8 bis 1200 mm ist für jeden Einsatzzweck das passende Objektiv dabei.

Mit der Einführung der Digitalkamera EOS 20D brachte Canon auch Objektive auf den Markt, die ausschließlich an Digitalkameras mit dem APS-C-Sensor funktionieren. Dabei handelt es sich um einen gegenüber dem Kleinbildformat um das 1,6-fache kleineren Sensor. Mehr zu diesem sogenannten *Cropfaktor* von 1,6 erfahren Sie auf Seite 32.

Aktuell sind alle Kameras der EOS-Reihe mit Ausnahme der 6D, der 5D und der 1D mit einem APS-C-Sensor ausgestattet. Die speziell für APS-C-Kameras geeigneten Objektive erkennen Sie an der Bezeichnung EF-S. Bei den Kit-Objektiven der EOS 1200D, zum Beispiel dem EF-S 18–55 mm f/3,5–5,6 IS II, handelt es sich um solche Modelle. An der Vollformatkamera EOS 5D Mark III beispielsweise würden sie nicht funktionieren. Davon abgesehen, dass es mechanisch nicht möglich ist, ein EF-S-Objektiv dort zu montieren, würde dessen hinteres Ende zu weit in die Kamera hineinragen und dort den Spiegel beschädigen.

Auch Fremdhersteller wie Tamron, Tokina, Sigma und Zeiss bauen Objektive für das EF-Bajonett von Canon. Einige ältere, aus dem analogen Zeitalter stammende Modelle dieser Anbieter sind nicht mit der EOS 1200D kompatibel. Erkundigen Sie sich vor der Verwendung solcher Alt-Komponenten also besser beim Hersteller, ob Sie diese weiter verwenden können.

^ Abbildung 8.8
Das Kit-Objektiv (18–55 mm) der 1200D, das für den APS-C-Sensor konstruiert ist (Bild: Canon)

Die ersten ihrer Art: STM-Objektive

Erstmals im Jahr 2012 hat Canon Objektive mit Schrittmotor-Antrieb vorgestellt. Die Technologie ermöglicht es, sehr sanft – also ohne ruckartige Bewegungen – eine neue Fokusposition anzusteuern. Objektive mit USM-(Ultraschallmotor-)Antrieb dagegen wechseln meist sehr sprunghaft zu einem neuen Schärfepunkt. Was beim Fotografieren nicht stört, sieht im Film sehr merkwürdig aus. Bislang setzten ambitionierte Videofilmer deshalb lieber auf das Fokussieren von Hand. Die STM-Modelle eröffnen also gerade bei bewegten Bildern völlig neue Möglichkeiten. Sie alle zeichnen sich außerdem durch eine ordentliche Verarbeitungsqualität und hohe Bildschärfe aus.

Derzeit gibt es vier Zoom-Objektive der STM-Klasse. Es handelt sich dabei um weiterentwickelte Varianten von Objektiven mit herkömmlichem Antrieb: Das EF-S 18–135 mm f/3,5–5,6 IS STM für rund 380 Euro überzeugt

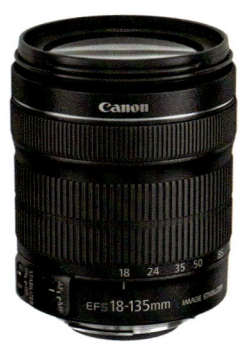

^ Abbildung 8.9
Besonders für passionierte Filmer ist das EF-S 18–135 mm f/3,5–5,6 IS STM interessant.

als universelle Allroundlösung mit attraktivem Brennweitenbereich. Mit 150 Euro wesentlich preiswerter ist die STM-Version des Kit-Objektivs, das EF-S 18–55 mm f/3,5–5,6 IS STM. Außerdem hat Canon mit dem EF-S 55–250 mm f/4–5,6 IS STM (270 Euro) ein recht gutes Teleobjektiv im Programm, das dieses perfekt ergänzt und sich durch eine hohe Bildqualität auszeichnet. Das untere Ende des Brennweitenspektrums deckt das Ultraweitwinkelobjektiv EF-S 10–18 mm f/4,5–5,6 IS STM für 280 Euro ab. Die bislang einzige STM-Festbrennweite ist das EF 40 mm f/2,8 STM für etwa 180 Euro. Dieser Winzling ist gerade mal 2,3 Zentimeter dick und trägt deshalb zurecht die Bezeichnung *Pancake* (englisch für Pfannkuchen). Wer gerne mit offener Blende fotografiert oder filmt und wem die 50-mm-Brennweite des EF 50 mm f/1,8 II schon zu viel ist, der wird mit diesem Objektiv sehr glücklich.

∧ Abbildung 8.10
Flach, preiswert und gut: Das neue EF 40 mm f/2,8 STM findet in jeder Fototasche Platz.

Weit entfernte Motive heranholen: Teleobjektive

Wer mit dem Kit-Objektiv genügend Erfahrung gesammelt hat, möchte vielleicht in höhere Brennweitenbereiche vordringen, zum Beispiel um Tiere aus der Ferne in Szene zu setzen oder um Landschaften perspektivisch verdichtet abzubilden. Kurz: Ein Teleobjektiv landet auf der Wunschliste. Die Objektivübersicht auf Seite 158 zeigt in dieser Klasse einige sehr gute Kandidaten. Weniger empfehlenswert sind einzig die Modelle EF 75–300 mm f/4–5.6 III. und EF 75–300 mm f/4–5.6 III USM. In Sachen Bildqualität sind die übrigen Objektive ihnen deutlich überlegen. Recht gut und preiswert ist dagegen das rechts abgebildete Objektiv EF-S 55–250 mm f/4–5,6 IS STM.

Eine noch ein wenig bessere Bildqualität bietet das Objektiv SP 70–300 F4–5,6 Di VC USD von Tamron. Durch seinen Ultraschallmotor fokussiert es ausgesprochen schnell, und der Bildstabilisator ermöglicht die Kompensation von vier Blendenstufen. Dieses Modell kostet ungefähr 330 Euro und ist damit in Sachen Preis/Leistung ungeschlagen. Zu einem noch etwas höheren Preis von rund 420 Euro gibt es das Canon EF 70–300 mm f/4–5,6 IS USM. Es liefert eine ähnlich gute Bildqualität, der Stabilisator kompensiert allerdings nur drei Blendenstufen.

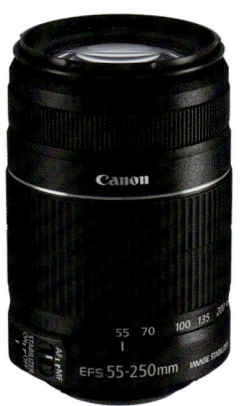

∧ Abbildung 8.11
Das 55–250 mm ist eine günstige Ergänzung zum Kit-Objektiv (Bild: Canon).

∧ Abbildung 8.12
Ein Telezoomobjektiv mit einem großen Brennweitenbereich (Bild: Tamron)

^ Abbildung 8.13

Das EF 70–200 mm f/4 L USM von Canon (Bild: Canon)

Soll das Objektiv eine Qualitätsstufe darüber liegen, bietet sich eines der 70–200-mm-L-Objektive von Canon an, die es in insgesamt vier Versionen gibt. Für eine exzellente Bildqualität müssen Sie allerdings auch erheblich mehr zahlen: Das EF 70–200 mm f/4 L USM kostet rund 530 Euro. Die bildstabilisierte Variante schlägt mit etwa 1020 Euro zu Buche. Eine noch größere Brennweitenspanne deckt das auf Seite 160 vorgestellte EF 70–300 mm f/4–5,6 L IS USM ab. Mit etwa 1300 Euro ist es zwar etwas preiswerter, erreicht jedoch die Qualität der 70–200-Millimeter-Objektive nicht ganz.

Das Zoomobjektiv mit der höchsten Brennweite von Canon war lange Zeit das EF 100–400 mm f/4,5–5,6 L IS USM für rund 1300 Euro. Dieses ist bei Landschafts- und Tierfotografen, die zugunsten von mehr Schärfentiefe auf die Lichtstärke verzichten können, ein sehr beliebtes Objektiv. Seit 2013 gibt es außerdem noch das EF 200–400 mm f/4 L IS USM Extender 1.4x für stolze 11000 Euro. Es lässt sich mit einem eingebauten Extender in ein 280–560-mm-Objektiv verwandeln. Der Vorstoß in höhere Brennweitenkategorien ist sehr teuer: Für das Canon EF 500 mm f/4 L IS II USM etwa müssen Sie rund 10000 Euro berappen.

Extreme Perspektiven: Weitwinkelobjektive

Am kurzen Ende des Brennweitenspektrums stehen die sogenannten Weit- und Ultraweitwinkelobjektive. Mit ihnen lassen sich Landschaften in ihrer ganzen Breite einfangen. Das Kit-Objektiv der EOS 1200D bietet in der 18-mm-Stellung bereits einen recht weiten Blickwinkel. Soll die Bildwirkung noch breiter werden, benötigen Sie ein sogenanntes Ultraweitwinkelobjektiv. Den preiswerten Einstieg ermöglicht das EF-S 10–18 mm f/4,5–5,6 IS STM für etwa 280 Euro. Hervorragende Leistungen liefert auch das EF-S 10–22 mm f/3,5–4,5 USM von Canon, das mit rund 530 Euro allerdings nicht ganz billig ist. Etwas preiswertere Alternativen sind zum Beispiel das 10–20 mm F4,0–5,6 EX DC/HSM von Sigma für etwa 380 Euro und das SP AF 10–24 mm F/3,5–4,5 Di II LD Aspherical (IF) von Tamron (ungefähr 400 Euro).

^ Abbildung 8.14

Das Ultraweitwinkelobjektiv Canon EF-S 10–18 mm f/4,5–5,6 IS STM (Bild: Canon)

Mit Weitwinkelobjektiven lassen sich faszinierende Bilder erzeugen. Allerdings ist die Komposition solcher Fotos ziemlich anspruchsvoll. In der Architekturfotografie etwa entstehen schnell sogenannte stürzende Linien (siehe Kapitel 13). Soll die Natur eindrucksvoll in Szene gesetzt werden, kommt es besonders darauf an, dem Bild Tiefe zu verleihen. Dazu müssen sowohl der

Vordergrund, als auch der mittlere Bereich und der Hintergrund sinnvoll aus-gefüllt werden (siehe Kapitel 10).

Kleines groß machen: Makroobjektive

Wer nach tieferen Einblicken in die Welt der kleinen Dinge sucht, braucht ein Makroobjektiv. Von Canon selbst gibt es derzeit sechs verschiedene Mo-delle zur Auswahl. Sie alle zeichnen sich durch eine ausgesprochen hohe Bildqualität aus. Das EF 50 mm f/2,5 Compact Macro ist kein Makroobjektiv im engeren Sinne, da es nur einen Abbildungsmaßstab von 1 : 2 bietet. Mit ei-nem Neupreis von 290 Euro ist es zudem vergleichsweise teuer. Gebraucht gibt es dieses Modell jedoch schon für etwa 160 Euro. Wer preiswert in die Makrofotografie einsteigen möchte und auf ein echtes Makroobjektiv mit ei-nem 1 : 1-Abbildungsmaßstab vorerst verzichten kann, sollte diese Alternative in Betracht ziehen.

Empfehlenswert sind auch die übrigen fünf Makroobjektive im Canon-Pro-gramm: das EF-S 60 mm f/2,8 Macro USM (rund 380 Euro), das EF 100 mm f/2,8 Macro USM (etwa 450 Euro), das EF 100 mm f/2,8 L Macro IS USM (rund 800 Euro) sowie das EF 180 mm f/3,5 L Macro USM (etwa 1 600 Euro). Ein abso-luter Exot im Canon-Programm ist das Lupenobjektiv MP-E 65 mm f/2,8 1-5x. Es erlaubt einen Abbildungsmaßstab von 5 : 1 und damit eine starke Vergrö-ßerung sehr kleiner Motive. Die Facettenaugen eines Insekts etwa lassen sich mit diesem 1000-Euro-Objektiv in ihrer ganzen Schönheit darstellen.

Das EF 100 mm f/2,8 L Macro IS USM bietet dank seines Bildstabilisators die Möglichkeit, aus der Hand heraus, also ohne Stativ, Makroaufnahmen zu schießen. Der Bildstabilisator wurde von Canon völlig neu entwickelt und kompensiert sogar vier Blendenstufen.

^ **Abbildung 8.15**
Das Makroobjektiv EF 100 mm f/2,8 L Macro IS USM (Bild: Canon)

Auch die sogenannten Fremdhersteller haben gute Objektive in dieser Ka-tegorie im Programm. Besonders beliebt sind etwa das Tamron SP 90 mm F/2.8 Di VC USD (rund 400 Euro) sowie das Sigma 105 mm F2,8 EX Makro DG OS HSM (etwa 460 Euro). Eben dieser Hersteller hat mit dem 150 mm F2,8 APO Makro EX DG OS HSM (etwa 900 Euro) auch im höheren Brennweitenbe-reich eine ausgesprochen attraktive Canon-Alternative im Programm.

Welche Makrobrennweite die richtige für Sie ist, hängt von Ihren persönli-chen Präferenzen ab. Je kürzer die Brennweite ist, desto näher müssen Sie he-rangehen, um ein kleines Motiv formatfüllend abbilden zu können. Insekten wie zum Beispiel Schmetterlinge ergreifen dann allerdings leicht die Flucht. Eine längere Brennweite ermöglicht einen größeren Aufnahmeabstand (»Arbeitsabstand«), dafür ist allerdings der Bildwinkel geringer, und es lässt sich weniger Umgebung in die Bildkomposition mit einbeziehen.

☑ Zubehör für die Makrofotografie

Für wenig Geld näher an das Motiv heran bringen Sie Zwischenringe oder Nahlinsen. Mit der Nahlinse wird dem Objektiv gewissermaßen eine Brille aufgesetzt, und alles, was vor der Linse erscheint, wird dadurch vergrößert. Der Hauptnachteil dieser Makromethode ist die besonders zum Rand hin stark nachlassende Bildqualität. Der Zwischenring kommt zwischen Kamera und Objektiv. Er verlängert den Abstand zwischen Objektiv und Sensor und erlaubt dadurch, näher an das Motiv heranzugehen. Die Bildqualität verschlechtert sich bei beiden Varianten. Wirkungsvoller sind bei kurzen Brennweiten Zwischenringe und bei langen Brennweiten Nahlinsen.

∧ Abbildung 8.16
Mit Nahlinsen erschließen Sie sich für den Anfang leicht und preiswert den Nahbereich (Bild: Schneider).

Standardbrennweiten für jeden Tag

Früher oder später kommt vielleicht der Zeitpunkt, an dem das Kit-Objektiv der EOS 1200D Ihren fotografischen Ansprüchen nicht mehr genügt. Eine preiswerte Alternative ist dann das SP AF 17–50 mm F/2,8 XR Di II LD Aspherical (IF) von Tamron (rund 300 Euro) Mit einer Anfangsblende von 2,8 bei allen Brennweiten ist es recht lichtstark und eignet sich damit sowohl für das Spiel mit Schärfe und Unschärfe, als auch bei schwachem Licht für Aufnahmen ohne Blitz und Verwackler. Dieses Modell ist allerdings nicht mit einem Bildstabilisator ausgestattet. Das SP AF 17–50 mm F/2,8 XR Di II VC LD Aspherical (IF) von Tamron (rund 360 Euro) verfügt zwar über einen solchen, erreicht jedoch nach Meinung vieler Tester nicht die Bildqualität seines preiswerteren Pendants.

Das SP AF 28–75 mm F/2,8 XR Di LD Aspherical (IF) MACRO von Tamron fängt in einem etwas höheren Brennweitenbereich an und bietet dafür nach oben etwas Luft. Wenn Sie häufig Weitwinkelaufnahmen machen, sind die anderen zwei genannten Objektive möglicherweise die bessere Wahl.

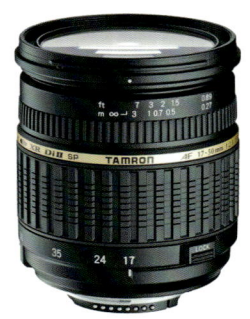

∧ Abbildung 8.17
Auch Standardzoomobjektive gibt es in lichtstarken Ausführungen (Bild: Tamron).

In einer ähnlichen Brennweitenklasse spielt auch das Canon-Modell EF-S 17–85 mm f/4–5,6 IS USM und kostet etwa 320 Euro. Für diesen Preis bietet es allerdings im Vergleich zum 18–55-mm-Kit wenig mehr als 30 mm mehr Brennweite am oberen Ende bei einer ähnlichen optischen Güte. Das EF-S 15–85 mm f/3,5–5,6 IS USM ist zwar mit etwa 660 Euro ungleich teurer, dafür jedoch ist die Bildqualität ausgesprochen gut.

Einen sehr interessanten Brennweitenbereich decken auch die beiden Standardbrennweiten – das EF-S 18–135 mm f/3,5–5,6 IS und das neuere, we-sentlich bessere EF-S 18–135 mm f/3,5–5,6 IS STM – ab. Diese Objektive sind für etwa 340 beziehungsweise 380 Euro erhältlich.

In der L-Klasse deckt Canon diese Brennweitenkate-gorie mit dem EF 24–70 mm f/2,8 L II USM für rund 2 200 Euro und mit dem EF 24–105 mm f/4 L IS USM (etwa 970 Euro) und dem EF 24–70 mm f/4 L IS USM (etwa 1 200 Euro) ab. Qualitativ nicht weit von diesen dreien entfernt ist das EF-S 17–55 mm f/2,8 IS USM für rund 830 Euro. Eine interessante Alternative ist das Tamron SP 24–70mm F/2.8 Di VC USD, das im Gegen-satz zu seinem Canon-Pendant mit einem Bildstabili-sator ausgestattet ist und nur etwa 900 Euro kostet.

∧ Abbildung 8.18
Das Canon EF-S 18–135 mm f/3,5–5,6 IS (Bild: Canon).

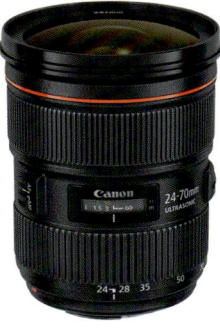

∧ Abbildung 8.19
Lichtstark, aber teuer – gegenüber der Vorgängerversion des EF 24–70 mm f/2,8 L II USM hat sich der Preis fast verdoppelt.

Die Allrounder: Superzoomobjektive

Oft beworben werden die sogenannten Superzoomobjektive. Dabei han-delt es sich zum Beispiel um Modelle wie das EF-S 18–200 mm f/3,5–5,6 IS von Canon (etwa 450 Euro) oder das 18–200 mm F3,5–6,3 DC Makro OS/HSM von Sigma (rund 350 Euro). Diese Modelle decken einen ausgesprochen gro-ßen Brennweitenbereich ab. Technisch ist es enorm schwierig, unter dieser Prämisse ein Objektiv mit hoher Bildqualität für ei-nen so großen Sensor wie den der 1200D zu bauen. Bei Zoomobjektiven, die nur kleinere Bereiche des Brenn-weitenspektrums umfassen, ist die Abbildungsleis-tung jedenfalls höher. Dennoch ist die Bildqualität der Superzooms nicht so schlecht, wie sie zum Bei-spiel in Internetforen oft dargestellt wird. Gerade auf Reisen in staubige Gegenden, in denen ständiges

< Abbildung 8.20
Dieses Superzoomob-jektiv von Sigma deckt einen Brennweitenbe-reich von 18 bis 200 mm ab (18–200 mm F3,5–6,3 DC Makro OS/HSM, Bild: Sigma).

Objektivwechseln nur hinderlich wäre, bieten diese Modelle eine ausgesprochen hohe Flexibilität.

Alte Objektive neu entdeckt

Möglicherweise haben Sie noch alte Objektive von einer analogen Canon EOS-Kamera und fragen sich, ob diese in puncto Bildqualität an der EOS 1200D ein gutes Ergebnis erzielen. Am leichtesten lässt sich diese Frage natürlich durch eigene Versuche klären. Insbesondere von den einfachen Kit-Objektiven früherer Modelle ist dabei nicht viel zu erwarten. Das EF 28–80 mm f/3,5–5,6, wie es beispielsweise mit der EOS 500N verkauft wurde, bringt keine wirklich zufriedenstellende Bildqualität.

Anders verhält es sich mit den meisten mit USM-Fokussierung ausgestatteten älteren Objektiven. Diese Modelle repräsentierten einst die Mittelklasse und sind auch an der EOS 1200D durchaus gut verwendbar. Einige von ihnen sind heute bei eBay zum Schnäppchenpreis erhältlich. Das EF 35–135 mm f/3,5–5,6 USM beispielsweise bietet eine solide Abbildungsleistung, ist leicht und für rund 100 Euro gebraucht erhältlich. Auch das EF 100–300 mm, für das ebenfalls Preise um die 100 Euro gezahlt werden, fällt in diese Kategorie. Ein weiteres Secondhand-Schätzchen ist das EF 28–135 mm f/3,5–5,6 IS. Es bietet eine recht gute Bildqualität, einen interessanten Brennweitenbereich sowie einen Bildstabilisator. Mit ein wenig Glück ist es auf den einschlägigen Gebraucht-Plattformen für etwa 170 Euro erhältlich. Angesichts eines Neupreises von 400 Euro ist das ein gutes Angebot.

Auch das auf Seite 167 vorgestellte EF 50 mm f/2,5 Compact Macro gehört zu den preiswerten und interessanten Fundstücken auf Auktionsseiten und wird von Zeit zu Zeit für etwa 150 Euro gehandelt. Wie immer kaufen Sie dort vielfach die Katze im Sack und müssen mit den bekannten Risiken bei Online-Verkäufen leben. Anhand von mit dem Objektiv gemachten Beispielbildern und durch gezieltes Nachfragen können Sie sich jedoch in vielen Fällen vorab ein gutes Bild vom Zustand der offerierten Ware machen.

Stark verkratzte Linsen mit Staubkörnchen im Objektiv sind oft viel preiswerter zu erhalten, da dies viele Bieter abschreckt. In der Praxis macht sich jedoch weder das eine noch das andere auf den Bildern deutlich bemerkbar. Hüten sollten Sie sich allerdings vor Objektiven, in denen bereits ein Pilz wächst. Ein solcher Fungus entsteht in feuchtwarmen Umgebungen und lässt sich kaum aus dem Inneren des Objektivs entfernen.

Bokeh und Blendenflecken

Gerade in Internetforen wird oft über die Frage diskutiert, ob ein Objektiv ein schönes oder hässliches Bokeh aufweist. Bokeh ist japanisch und bedeutet *unscharf* und *verschwommen*. Gemeint ist mit dem Begriff die Ästhetik der unscharfen Bildbereiche. Wie diese aussieht, hängt von den verschiedenen optischen Komponenten des Objektivs ab. Je mehr Lamellen zum Beispiel die Blende hat, desto eher nähert sich die Form der Bildelemente einem Kreis an. Teuren Objektiven wird – zumindest von ihren Besitzern – gerne ein schönes Bokeh nachgesagt.

Eng damit zusammen hängen die Blendenflecken, die oft als *Lens Flares* bezeichnet werden. Gemeint sind damit die in der Regel kreisförmigen Muster, die sich bei frontal einstreuendem Licht zeigen. Oft versucht man, diese Reflexionen durch den Einsatz einer Streulichtblende zu vermeiden. Andererseits üben diese vermeintlichen Makel ihren ganz eigenen Reiz aus und verleihen vielen Fotos mit niedriger Schärfentiefe den nötigen Pepp. In vielen Computerspielen und animierten Filmen werden Lens Flares sogar bewusst eingebaut, um Realismus vorzutäuschen.

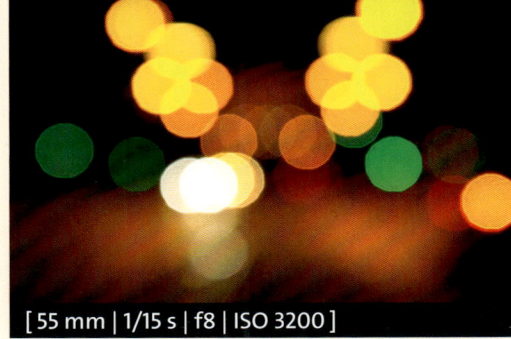

Abbildung 8.21 >
Auch in der Unschärfe liegt viel Schönheit. In diesem Bild von unscharf gestellten Lichtern ist das Bokeh direkt sichtbar.

[55 mm | 1/15 s | f8 | ISO 3200]

Unverzichtbar: die Streulichtblende

Wer in neue Objektive investiert, sollte sich dazu auch eine passende Streulichtblende – oft auch Gegenlichtblende genannt – kaufen. Dieses unterschätzte Zubehörteil verhindert, dass seitlich einfallendes Licht die Optik erreicht. Kontrastreichere und damit schärfer wirkende Fotos sind der Lohn. Leider liefert Canon – im Gegensatz zu fast allen anderen Herstellern – nur zu seinen L-Objektiven die passende Streulichtblende mit und verlangt für die kleinen Plastikringe recht saftige Beträge. Von Fremdherstellern gibt es Nachbauten dieser Modelle zu einem Bruchteil des Preises.

⌃ Abbildung 8.22
In eine Streulichtblende sollten Sie auf jeden Fall investieren (Bild: Canon).

Bessere Bilder: Filter für Ihre Objektive

In der analogen Fotografie werden häufig Filter vor das Objektiv geschraubt. Damit lassen sich Effekte erzielen und Farben so beeinflussen, wie dies in der Dunkelkammer nur schwer möglich wäre. Beim Fotografieren mit der Digitalkamera ermöglicht die elektronische Bildbearbeitung viele weiterreichende Eingriffsmöglichkeiten auf die Bildwirkung. Noch immer gibt es jedoch ein paar Filter, die auch die beste Software nicht nachbilden kann.

Intensivere Farben mit dem Polfilter

Mit dem Polarisations- oder kurz Polfilter lassen sich Reflexionen auf Wasser, Glas und anderen nichtmetallischen Oberflächen beseitigen. Zudem kann damit die Darstellung des Blaus des Himmels und des Grüns von Laub und Gräsern ein wenig intensiviert werden. Die Erklärung für dieses Phänomen: Licht bewegt sich – in der Vorstellung als Welle – in die unterschiedlichsten Richtungen. Der Polfilter sorgt nun dafür, dass nur noch das Licht durchgelassen wird, das in die eingestellte Richtung schwingt. Polfilter sind in verschiedenen, zum Objektivdurchmesser passenden Größen erhältlich. Die zu Ihrem Objektiv passende Größenangabe finden Sie zum Beispiel auf der Rückseite des Objektivdeckels. Es empfiehlt sich der Kauf für das größte vorhandene Objektiv und die Adaption an kleinere Exemplare über sogenannte Filter-Adapterringe. Gute Polfilter verkauft der japanische Hersteller Marumi ab etwa 80 Euro.

∧ Abbildung 8.23
Für Ihre EOS 1200D benötigen Sie einen zirkularen Polfilter (Bild: Marumi).

Abbildung 8.24 ▶
Mit Hilfe des Polfilters erzielen Sie einen satt-blauen Himmel.

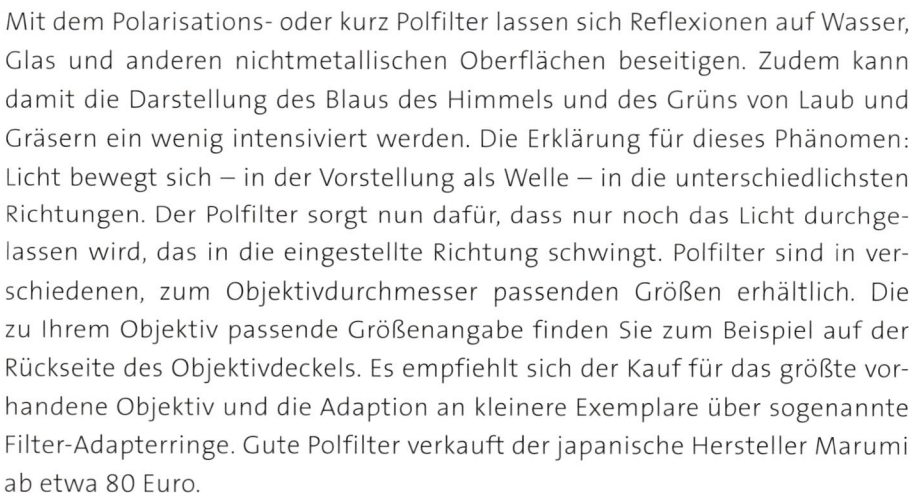

[34 mm | 1/400 s | f8 | ISO 200]

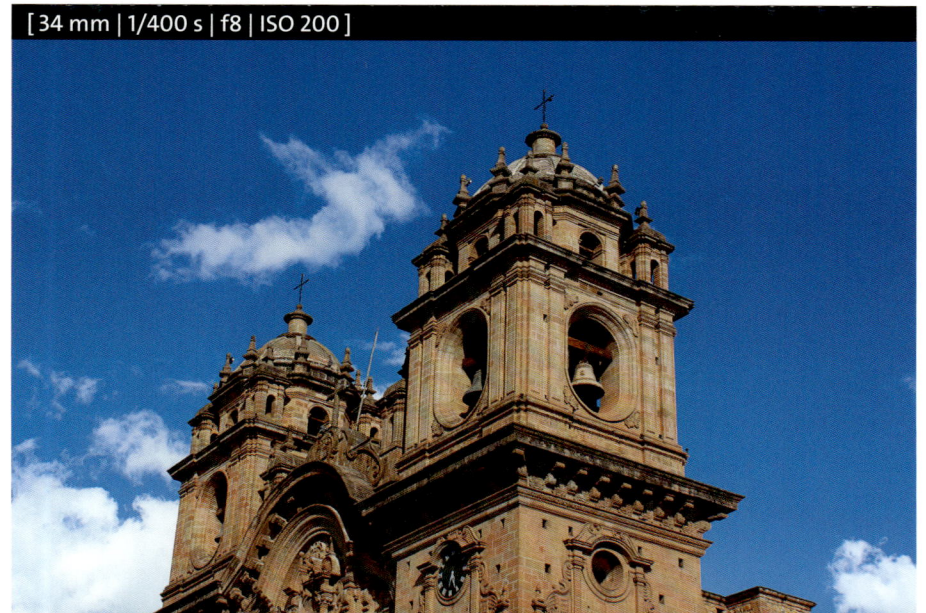

Schöne Effekte mit dem Graufilter

Ein weiterer Filter, der im Digitalzeitalter seine Daseinsberechtigung nicht verloren hat, ist der Graufilter. Er wird auch als Neutraldichte- oder ND-Filter bezeichnet und verdunkelt das Bild um eine oder mehrere Blendenstufen. Dabei verfälscht er die Farben nicht. Zum Einsatz kommt er immer dann, wenn zu viel Licht der Kreativität enge Grenzen setzt. Um bei strahlendem Sonnenschein mit weit geöffneter Blende zu fotografieren, muss die Belichtungszeit schließlich sehr kurz sein. Bei einer Belichtungszeit von 1/4000 s ist im Fall der EOS 1200D allerdings Schluss.

∧ **Abbildung 8.25**
Graufilter (Bild: Schneider)

In Situationen wie diesen sorgt der Graufilter für künstliche Dunkelheit und gibt damit Spielraum bei der Belichtung. Umgekehrt hilft er auch, wenn die Belichtungszeit besonders lang sein soll. Das ist zum Beispiel dann der Fall, wenn es darum geht, fließendem Wasser einen seidigen Glanz zu verpassen. Bei Belichtungszeiten von mehreren Sekunden erreicht so viel Licht den Sensor, dass die Blende um sehr viele Stufen geschlossen werden muss. Auch hier setzt die Mechanik Grenzen. Bei Blendenwerten wie 22 oder 32 ist bei den meisten Objektiven die kleinstmögliche Öffnung erreicht.

Der Graufilter lässt weniger Licht durch und ermöglicht so, die Blende weiter zu öffnen. Das ist auch deshalb sinnvoll, da bei weit geschlossener Blende die sogenannte *Beugungsunschärfe* auftritt: Die Bildschärfe eines Objektivs steigt von der geöffneten Blende bis zur sogenannten optimalen Blende an und sinkt von diesem Punkt an wieder ab.

[18 mm | 5 s | f8 | ISO 100 | Stativ]

∧ **Abbildung 8.26**
Der Graufilter erlaubt es, länger zu belichten. Das kann für kreative Effekte genutzt werden.

Graufilter werden mit unterschiedlichen Stärkebezeichnungen verkauft: Ein 2-fach-Filter halbiert die Lichtmenge, ein 4-fach-Filter viertelt sie. Eine weitere Darstellungsweise sind Angaben wie ND 0,3 oder ND 0,6. Auch diese geben einen Blendenfaktor an, wobei 0,3 für jeweils eine Blendenstufe steht. Ein ND 1,2-Filter verdunkelt das Bild also um vier Blendenstufen.

Kontraste im Griff mit dem Grauverlaufsfilter

Vor allem für die Landschaftsfotografie interessant ist der Grauverlaufsfilter. Bei diesem ist nicht die komplette Fläche verdunkelt, sondern meist nur die

Hälfte. Wird der dunkle Bereich vor dem Himmel platziert, lassen sich überbelichtete Stellen dort sehr gut vermeiden. Bei runden Grauverlaufsfiltern zum Aufschrauben auf das Objektiv ist die Grenze zwischen hell und dunkel stets in der Mitte des Bildes. Gestalterisch ist das keine gute Wahl.

Abbildung 8.27 >
Zu hohe Kontraste zwischen Himmel und Landschaft können Sie mit dem Grauverlaufsfilter ausgleichen.

[18 mm | 1/250 s | f9 | ISO 100]

^ Abbildung 8.28
*Grauverlaufsfilter
(Bild: Phottix)*

Empfehlenswerte Grauverlaufsfilter dagegen sind viereckig und werden mit der Hand vor der Linse in Position gebracht. Alternativ gibt es spezielle Objektivhalterungen, über die sich die Filter flexibel verschieben lassen. Ein sehr gutes Preis-Leistungs-Verhältnis bietet der Hersteller Hitech. Ein Dreifachset mit je einem ND 0,3-, 0,6- und 0,9-Filter kostet rund 40 Euro. Wählen Sie beim Kauf eine ausreichende Größe von mindestens 85 Millimetern. Zum einen muss der Filter Ihr größtes Objektiv bedecken, zum anderen wollen Sie schließlich die empfindliche Plastikscheibe bequem halten können.

UV- und Schutzfilter

Ein Utensil, das Verkäufer gerne mit neuen Objektiven anbieten, ist der Schutzfilter. Er wird vorn auf das Objektiv geschraubt und soll dessen Frontlinse vor Kratzern schützen. Beliebt für diese Zwecke ist der UV-Filter. Zwar ist bereits auf dem Sensor der Kamera ein Schutzfilm, der ultraviolettes Licht absorbiert. Ein weiterer Filter vor der Linse richtet in dieser Hinsicht jedoch keinen Schaden an und erfüllt seinen mechanischen Zweck.

Trotzdem kann über Sinn und Unsinn dieses Zubehörteils diskutiert werden. Denn jede weitere Schicht vor der Optik hat natürlich auch Auswirkungen auf die Abbildungsqualität des Objektivs. Um diese Effekte denkbar gering zu halten, bedarf es hochwertiger Filter, die für etwa 70 Euro erhältlich sind. Der genaue Preis richtet sich wie beim Polfilter nach dem Objektivdurchmesser. Empfehlenswert ist das Modell Hoya Pro 1 Digital, das es in einer UV- und in einer reinen Schutzvariante gibt.

∧ **Abbildung 8.29**
UV-Filter (Bild: Hoya)

Es geht jedoch auch gut ohne. Die Folgen kleiner und mittlerer Kratzer sind schließlich fast nicht zu bemerken oder zumindest nur ausgesprochen gering. Selbst bei tiefen Schrammen kann die Frontlinse vom Service ausgetauscht werden. Weitaus mehr Schutz zum Beispiel bei Stürzen bieten Streulichtblenden, wie sie auf Seite 171 präsentiert werden.

Licht und Schatten im Bild festhalten

Sind die Grenzen des internen Blitzes der EOS 1200D erst einmal ausgelotet und als unbefriedigend erkannt, entsteht vielleicht der Wunsch nach einem externen Blitz. Ein solcher kann idealerweise in mehrere Richtungen gedreht werden und damit auch über Eck arbeiten.

∨ **Abbildung 8.30**
Das Speedlite 320EX (links) und das aktuelle Topmodell unter den externen Blitzgeräten, das Speedlite 600 EX-RT (rechts, Bilder: Canon)

Mit externen Blitzgeräten ausleuchten

Von Canon selbst gibt es mittlerweile vier unterschiedliche Modelle zur Auswahl. Das Speedlite 270EX ist ziemlich klein, findet Platz in jeder Fototasche, lässt sich jedoch nur in eine Richtung drehen. Mit 120 Euro ist der Preis für ein derart eingeschränktes Gerät relativ hoch. Interessanter ist das Speedlite 320EX für 180 Euro. Dieser Blitz bietet als Einziger eine integrierte LED-Videoleuchte und kann in mehreren Achsen bewegt werden. Mit einem Preis von rund 230 Euro ebenfalls sehr empfehlenswert ist das Modell Speedlite 430EX II. Bei diesem lassen sich fast alle Einstellungen mit Hilfe eines zusätzlichen Displays am Blitz selbst unkompliziert vornehmen. Mit diesem Mittelklassemodell sind Sie für fast alle kritischen Belichtungssituationen gut gerüstet.

Das Topmodell aus Canons Blitz-Programm ist das Speedlite 600EX-RT. Sie können dieses Gerät sogar dafür einsetzen, andere 600EX-RT-Blitze per Funk fernzusteuern. Diese Übertragungsart ist wesentlich weniger störempfindlich als die Blitzsteuerung über Lichtimpulse, wie sie einige Kameras der EOS-Reihe bieten. Für rund 570 Euro eröffnen sich damit zahlreiche neue Möglichkeiten der Lichtgestaltung.

Ausgesprochen interessant sind die Blitze des chinesischen Herstellers Yongnuo. Sie ähneln den Canon-Originalen sehr stark und ermöglichen mit Preisen ab 60 Euro einen preiswerten Einstieg in die Blitzfotografie.

Fremdhersteller

Auch Fremdhersteller wie Sigma, Metz und Nissin bieten auf das Canon-System abgestimmte Blitze an. Der Preisunterschied zum Original ist jedoch relativ gering.

Das Licht mit Reflektoren lenken

Abbildung 8.31
Bei Gegenlichtaufnahmen passiert es schnell, dass das Gesicht des Modells im Schatten liegt. Mit einem Reflektor sorgen Sie dennoch für ausreichend Licht.

Wer für das Fotografieren gerne auf natürliches Licht zurückgreift, statt den Blitz zu benutzen, kommt in vielen Fällen nicht um den Einsatz eines Reflektors herum. Wie der Name schon sagt, lässt sich damit das Licht auf gewünschte Motivbereiche umlenken. Es gibt Reflektoren in den unterschiedlichsten Größen und mit verschiedenen Bespannungen ab etwa 20 Euro. Silberne und goldene Reflektoren werfen viel Licht zurück, das jedoch gerade im Fall von Gold leicht einen Rotstich bei Hauttönen hervorruft. Ein guter Kompromiss ist eine Zebra-Beschichtung, bei der jeweils Silber und Gold im Wechsel verwendet werden. Weiß wiederum erzeugt einen recht neutralen Effekt, dafür ist jedoch der Aufhelleffekt eher gering. Auch für den gegenteiligen Fall – ein Zuviel an hartem Licht – gibt es eine Lösung. Ein Diffusor wird zwischen Modell und Sonne gehalten, streut das Licht und macht es weicher und damit hautschmeichelnder. Die verschiedenen Diffusor- und Reflektorprodukte unterscheiden sich durch ihre Stoffqualität und die Robustheit der Griffe. Bekannte Hersteller sind Lastolite und das deutsche Unternehmen California Sunbounce.

Die meisten Diffusoren und Reflektoren lassen sich durch geschicktes Zusammenfalten in eine recht kleine Größe bringen. Dazu umfassen Sie den Reflektor einfach wie ein Lenkrad, greifen mit einer Hand um und verdrehen die beiden Seiten des Reflektors gegeneinander. Anschließend schieben Sie sie dann übereinander. So erhalten Sie ein klein zusammengefaltetes Päckchen, das problemlos in einer kleinen Transporttasche Platz findet.

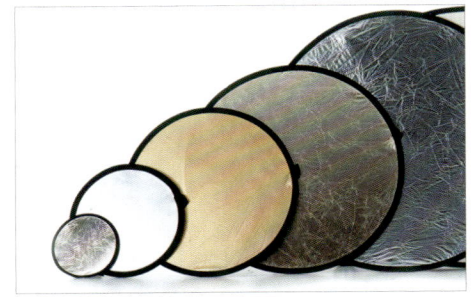

∧ Abbildung 8.32
Reflektoren gibt es für jeden Einsatzzweck und in fast jeder Größe (Bild: Lastolite).

 Reflektor – selbst gemacht

Ein Stück Styropor aus dem Baumarkt leistet für erste Experimente als Reflektor ebenfalls gute Dienste, kostet allerdings erheblich weniger als die professionelle Variante.

Fester Halt für Ihre Kamera: Stative

Die Entscheidung für das richtige Stativ ist nicht einfach: Die vier Variablen Gewicht, Stabilität, Packmaß und Preis müssen nach den eigenen Präferenzen gewichtet werden. Dabei schließen sich Punkte wie beispielsweise ein bombensicherer Stand und ein geringes Gewicht weitgehend aus. Im Fall der 1200D haben Sie immerhin den Vorteil, dass das Stativ für das Tragen von Kamera und Objektiv nicht allzu massiv ausgelegt sein muss. Mit den Einsteiger-Stativ-Kits von Herstellern wie Calumet, Benro, Sirui, Velbon und Vanguard sind Sie deshalb gut ausgestattet. Diese preiswerten Modelle sind bereits ab 150 Euro erhältlich und beinhalten die drei Komponenten eines Stativsystems: das eigentliche Stativ, den Stativkopf und das Schnellwechselsystem.

∧ Abbildung 8.33
Kugelkopf (Bild: Manfrotto)

Beim Kauf einer Komplettlösung entscheiden Sie sich zugleich für ein bestimmtes Stativkopfsystem, das in einigen Fällen nicht ausgewechselt werden kann: Beim Kugelkopf hält eine starke Schraube die Kugel unter Spannung. Der Zwei- und Dreiwege- sowie der Getriebeneiger dagegen erlauben die genaue Verstellung der einzelnen Achsen. Besonders bei der Panoramafotografie ist dies von Vorteil. Dafür dauert das Ausrichten der Kamera auch etwas länger, und das Gewicht der Komponente ist erheblich höher. Mit der Platte des Schnellwechselsystems lässt sich bei beiden Varianten die Kamera mit dem Stativ verbinden und lösen.

∧ Abbildung 8.34
Stativkopf mit Dreiwegeneiger (Bild: Manfrotto)

177

Hochwertigere Stativkomponenten sind aus Materialien wie Carbon gefertigt und zeichnen sich — etwa bei Kugelköpfen in der 300-Euro-Klasse — durch eine hohe Belastbarkeit und Präzision aus. Viele ambitionierte und professionelle Fotografen stellen sich dabei ein System aus Komponenten unterschiedlicher Hersteller zusammen. Solche Lösungen sind jedoch eher für schwere Kameras und Objektive gedacht und kosten komplett etwa 1000 Euro.

Finger weg vom Billigstativ

Ausgesprochen billige Stative sind für die EOS 1200D ungeeignet. Spätestens wenn Kamera und Objektiv nach einem Windstoß auf dem Asphalt landen, zeigen sich die wahren Kosten einer solchen Lösung.

˄ Abbildung 8.35
Stative gibt es in sehr verschiedenen Ausstattungs- und Preisklassen.

Abbildung 8.36 >
Besser eins als keins: Das Einbeinstativ bietet stabilen Halt und Flexibilität (Bild: Manfrotto).

Flexibel mit Einbeinstativ und Bohnensack

Nicht immer muss es ein Dreibeinstativ sein. Gerade wenn Sie den Aufnahmeort häufig wechseln, leistet ein Einbeinstativ gute Dienste. Es entlastet beim Tragen schwerer Objektive und ermöglicht wesentlich längere Belichtungszeiten bei wenig Licht. Gerade Stativ-Muffel schätzen am Einbein die erhöhte Stabilität bei gleichzeitig maximal möglicher Flexibilität. Einbeinstative, etwa von Manfrotto, gibt es ab etwa 60 Euro. Hier ist der Einstieg in die Carbon-Liga wesentlich preiswerter als bei den Pendants auf drei Beinen: Ab etwa 90 Euro sind Modelle zu bekommen, die nur etwa 400 Gramm wiegen. Auch hier empfiehlt sich der Einsatz eines Stativkopfs mit Schnellwechselplatte für etwa 20 Euro.

Hilfreich zum geraden Ausrichten und Stabilisieren der Kamera ist auch ein sogenannter Bohnensack. Dieser kann auf Reisen leer mitgenommen und vor Ort mit Materialien wie Bohnen oder Reis gefüllt werden. Eine Fläche zum Ablegen findet sich fast immer, sei es ein Weidezaun, eine Astgabel oder eine Mauer, das heruntergekurbelte Autofenster oder ganz einfach der Boden im Falle von Makroaufnahmen.

Abbildung 8.37 >
Ein selbstgebastelter Bohnensack

Den Sensor und die Objektive reinigen

Bei jedem Objektivwechsel sammelt sich Staub aus der Luft im Gehäuseinneren. Zwar ist der Sensor durch den Verschluss gut geschützt, aber letztendlich bahnen sich die kleinen Partikel doch den Weg zu ihm. Um diese Verschmutzungen zu minimieren, wechseln Sie das Objektiv deshalb besser nicht in staubigen Umgebungen. Gehen Sie bei jedem Objektivwechsel außerdem einigermaßen zügig vor. Übermäßige Angst allerdings ist nicht angebracht. Letztlich ist es nämlich ohnehin unmöglich, dem Staub zu entkommen.

Den Sensor manuell reinigen

Je nachdem, wie häufig Sie Ihre 1200D benutzen, wird früher oder später das Ausmaß der Staubablagerungen recht groß sein. Bemerkbar ist ein verstaubter Sensor an kleinen schwarzen Punkten auf dem Bild. Um gezielt nach ihnen zu suchen, empfiehlt es sich, mit einer relativ weit geschlossenen Blende wie etwa f22 gegen den blauen Himmel zu fotografieren. Wenn Sie Staubflecken entdecken und dagegen etwas unternehmen wollen, lassen Sie lieber einen Reinigungsprofi ans Werk. Bei »Check & Clean«-Aktionen von Canon können Sie den Sensor professionell reinigen lassen. Dies ist meist kostenlos.

Genauso ärgerlich wie Staub auf dem Sensor sind kleine Fussel auf einem der Spiegel. Diese zeigen sich zwar nicht im Bild, können aber beim Blick durch den Sucher trotzdem nerven. Um sie loszuwerden, sollten Sie auf keinen Fall in das Gehäuse pusten. Ein kleiner Blasebalg erledigt die Aufgabe wesentlich sauberer.

⌄ Abbildung 8.38
Staub auf dem Sensor

[68 mm | 1/100 s | f22 | ISO 800]

⌃ Abbildung 8.39
Ein Blasebalg befördert Staub von der Linse und aus der Kamera (Bild: Hama).

Das Objektiv reinigen

Staub auf und sogar im Objektiv ist für das Bildergebnis weit weniger schlimm als vielfach angenommen. Trotzdem sollten natürlich auch die Linsen pfleglich behandelt werden. Auch hier empfiehlt sich zunächst das Wegblasen von Staub mit dem Blasebalg. Für hartnäckigere Fälle ist der sogenannte *Lenspen* gut geeignet, eine Art Stift mit ausfahrbarem Pinsel. Bei der Reinigung mit Mikrofasertüchern ist darauf zu achten, dass diese weitgehend unbenutzt sind. Kleine Staubpartikel, die sich im Stoff angesammelt haben, verkratzen nämlich ansonsten die Linsenoberfläche.

Typische Abbildungsfehler von Objektiven
EXKURS

Hochwertige Objektive unterscheiden sich von ihren günstigen Alternativen hauptsächlich durch die Qualität der Optik. Abbildungsfehler des optischen Systems sind zwar nicht vermeidbar, aber unterscheiden sich von Objektiv zu Objektiv. Typische Fehler sind dabei die chromatische Aberration, eine Vignettierung oder eine Verzeichnung. Lesen Sie im Folgenden, wie Sie diese Abbildungsfehler vermeiden oder auch kreativ nutzen können.

Chromatische Aberrationen

Bei chromatischen Aberrationen handelt es sich um Abbildungsfehler, die durch eine unterschiedliche Brechung des Lichts je nach Wellenlänge entstehen. Da der kurzwellige blaue Lichtanteil von einer Linse stärker als der lang-

wellige rote gebrochen wird, treffen die unterschiedlichen Strahlen auf verschiedenen Fokusebenen auf. Farbränder, die besonders bei großen Kontrasten im Bild störend wirken, sind die Folge. Bei guten Objektiven wird dieses Phänomen durch die Verwendung spezieller Linsen weitgehend vermieden. Wie die Vignettierung können Sie dieses Problem allerdings auch in der Kamera selbst bekämpfen.

< Abbildung 8.40
Chromatische Aberrationen zeigen sich vor allem an Hell-dunkel-Übergängen.

Vignettierung

Mit einer Vignettierung wird eine Abschattung des Bildes zum Rand hin bezeichnet. Eine Vignettierung kann meist durch Abblenden, also das Einstellen einer kleineren Blendenöffnung, vermieden werden. Viele Bildbearbeitungsprogramme bieten Funktionen, mit denen sich die dunkleren Randbereiche eines Bildes wieder aufhellen lassen. Umgekehrt ist es damit auch möglich, absichtlich eine Vignettierung zu erzeugen und diese gezielt als Stilmittel einzusetzen. Der Blick des Betrachters wird dadurch auf das Zentrum des Bildes gelenkt.

Vignettierungen können bis zu einem gewissen Grad von der Elektronik der Kamera kompensiert werden. Die abgedunkelten Ecken werden dazu einfach künstlich aufgehellt. Sie finden diese Funktion im ersten Aufnahmemenü ❶ un-

[300 mm | 1/500 s | f5,6 | ISO 200 | Stativ]

∧ **Abbildung 8.41**
Beispiel für eine Vignettierung, hier allerdings als Stilmittel in der Bildbearbeitung eingesetzt

ter **Vignettierungs-Korrektur** (siehe Abbildung 8.42). Diese Operation wird jedoch nicht an den RAW-Dateien, sondern nur an den JPEG-Bildern vorgenommen. Die dafür nötigen Informationen sind für die meisten Canon-Objektive in der Kamera hinterlegt. Sofern Ihr Modell unterstützt wird, erscheint ein entsprechender Hinweis, und Sie können diese Funktion aktivieren.

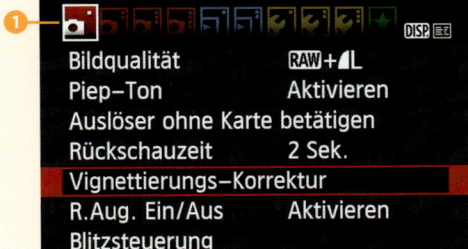

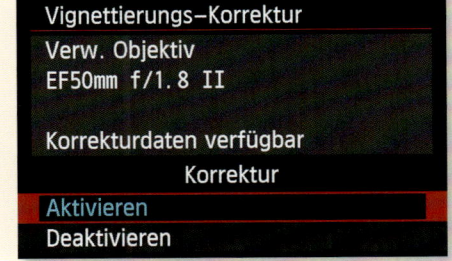

< **Abbildung 8.42**
Eine Vignettierung lässt sich bereits in der Kamera beheben.

Verzeichnungen

Bei Verzeichnungen werden gerade Linien in eine bestimmte Richtung verzogen dargestellt. Übliche Verzeichnungsmuster dabei zeigen kissenförmige und tonnenförmige Charakteristika. Auch Verzeichnungen lassen sich ziemlich gut nachträglich in der Bildbearbeitung am Computer korrigieren.

 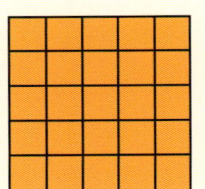 

∧ **Abbildung 8.43**
*Typische Verzeichnungen (v.l.n.r.):
kissenförmig, nicht verzeichnet, tonnenförmig*

Kapitel 9
Menschen fotografieren mit der EOS 1200D

Gute Porträts: die richtige Technik nutzen

Menschen gehören zu den beliebtesten Motiven überhaupt. Mit Porträts lassen sich schließlich intensive Momente festhalten, aber auch Geschichten erzählen. Damit Ihr Gegenüber auf Bildern gut zur Geltung kommt, müssen neben der Kameratechnik auch Licht, Perspektive und Umfeld stimmen. Schärfe und Unschärfe an den richtigen Stellen, schöne Farbstimmungen: Spiegelreflexkameras wie die EOS 1200D sind für die Porträtfotografie bestens geeignet. Mit etwas technischem Know-how und einem wachsamen Blick für das Gegenüber lassen sich schnell Erfolge erzielen.

Für ansprechende Porträts ist keine anspruchsvolle Technik nötig. Mit den Tipps und Methoden aus den ersten sieben Kapiteln dieses Buchs sind Sie für schöne Aufnahmen von Menschen schon bestens gerüstet.

Brennweitenbereiche für Porträts

Ein Blick auf die verwendete Brennweite lohnt sich dennoch. Ultraweitwinkelobjektive mit Brennweiten von 8 bis 20 mm verzerren bei ungünstiger Platzierung die Proportionen des Modells. Die Nase erscheint dann überdimensional groß, das Gesicht kreisrund. Geht es allerdings darum, die Beine extrem verlängert darzustellen oder einen Menschen in weiter Landschaft zu zeigen, so können auch Ganzkörperaufnahmen mit 10 bis 20 mm Brennweite die gewünschte Wirkung erzielen.

Das andere Ende der Brennweitenskala ist ebenfalls problematisch. Zwar können Sie zum Teleobjektiv mit 400 mm Brennweite greifen und Ihre Anweisungen per Megafon übermitteln – die ideale Lösung liegt jedoch zwischen diesen beiden Extremen. Die meisten Porträtfotografen greifen zu Objektiven zwischen Brennweiten von 50 und 100 mm, da hier keine Verzerrungen der Proportionen auftreten und sich bei einem bequemen Aufnahmeabstand wahlweise der ganze Körper oder das Gesicht formatfüllend abbilden lässt.

⌃ Abbildung 9.1
50 mm Brennweite sind ideal für schöne Porträts, ob mit Offenblende f1,4 oder f1,8, bleibt Ihren Wünschen überlassen. Canon bietet beide Objektiv-Varianten an (Bilder: Canon).

 Schöne Porträts mit Bordmitteln

Schon mit dem Kit-Objektiv EF-S 18–55 mm f/3,5–5,6 IS II lassen sich gute Porträts schießen. Nahe ran ans Motiv, die Brennweite auf 55 mm stellen und die Blende auf f5,6 öffnen sind die Erfolgsfaktoren, die zu einem unscharfen Hintergrund führen.

Das optimale Porträtobjektiv

Es gibt einige Objektive, die für die Porträtfotografie geradezu prädestiniert sind. Was sie eint, ist die große Offenblende, also eine sehr kleine einstellbare Blendenzahl. Somit sind sie ausgesprochen lichtstark und ermöglichen das Fotografieren mit niedriger Schärfentiefe. Da es solche Objektive mit Anfangsblende von f1,4 oder gar f1,2 nicht als Zoomobjektive gibt, muss mit den Einschränkungen einer Festbrennweite gelebt werden: Durch Vor- und Zurückgehen statt eines Drehs am Zoomring bestimmen Sie hier den Ausschnitt. Dafür ermöglichen es diese Modelle bei niedriger Blendenzahl ausgesprochen gut, den Hintergrund in Unschärfe verschwinden zu lassen. Störende und ablenkende Elemente in der freien Natur können so elegant ausgeblendet werden. In Räumen darf das Hintergrundmaterial beim Fotografieren mit kleiner Blendenzahl ruhig Makel haben. Ein schlecht gebügeltes weißes Bettlaken oder eine Raufasertapete erscheinen bei genügend Abstand zum Modell auf dem Bild trotzdem als homogene weiße Fläche, wenn die Schärfentiefe gering ist.

[50 mm | 1/250 s | f2,8 | ISO 100]

^ **Abbildung 9.2**
Positionieren Sie Ihr Gegenüber am besten nicht in der Mitte des Bildes, sondern leicht außerhalb davon.

Ein sehr empfehlenswertes Porträtobjektiv ist das EF 50 mm f/1,8 II von Canon (siehe Seite 163). Eine gute Alternative mit noch mehr Lichtstärke, einem weitaus schnelleren und etwas treffsichereren Autofokus ist das EF 50 mm f/1,4 USM. Das EF 85 mm f/1,8 USM bietet eine hohe Lichtstärke bei einem etwas engeren Bildwinkel. Bei der Arbeit mit diesem Objektiv liegt zwischen Fotograf und Modell also in der Regel ein wenig mehr Distanz. Dabei sind auch Kopfporträts möglich, ohne der Person allzu sehr auf die Pelle rücken zu müssen.

Auch das Porträtieren mit längeren Brennweiten wie etwa 100 mm hat seine Berechtigung. Durch den größeren Abstand vom Modell und den engeren Bildwinkel wirkt der Bildhintergrund komprimierter. In manchen Situationen ist das der gewünschte Effekt.

Gleich zwei Fliegen mit einer Klappe schlagen Käufer eines Makroobjektivs. Mit diesem können Sie nicht nur die kleinen Dinge, sondern auch Menschen ganz vortrefflich ablichten. Alle ab Seite 167 vorgestellten Makroobjektive eignen sich auch für Porträtzwecke ganz hervorragend. Allerdings sind sie nicht ganz so lichtstark wie Festbrennweiten ohne Makrofähigkeiten.

Reflektor zum Aufhellen

Eine gute Investition für die Porträtfotografie ist ein Reflektor. Diese gibt es mit verschiedenen Bespannungen. Goldene und gold-silberfarbene Modelle (letztere werden auch *Zebra-Modelle* genannt) erzeugen besonders schöne Hauttöne. Für die Arbeit mit einem Reflektor benötigen Sie allerdings meist einen Assistenten.

So gelingen scharfe Porträts

Die hohe Lichtstärke der gerne als ideale Porträtobjektive gelobten Modelle hat allerdings auch ihre Tücken. Denn mit großen Blendenöffnungen, also kleinen Blendenzahlen, und einem Motiv in unmittelbarer Nähe der Kamera ist die Schärfeebene ausgesprochen gering. Bei einer Brennweite von 50 mm, einer Blende von f3,2 und einer Entfernung des Modells von der Sensorachse der 1200D von einem Meter erstreckt sich die Schärfe von 0,98 bis 1,02 Metern. Sie ist damit nur vier Zentimeter tief. Damit sind interessante kreative Effekte möglich: Die Augen sind scharf, die Ohren jedoch verschwinden bereits in der Unschärfe.

Dabei passiert es allerdings recht schnell, dass das Motiv die Schärfeebene ungewollt verlässt. Ein leichtes Pendeln von Fotograf oder Modell reicht, und statt der Augen sind nur die Nasenspitze oder die Ohrläppchen scharf. Bei der Arbeit mit sehr weit geöffneten Blenden wie f1,8, f1,4 oder gar f1,2 lässt sich dies kaum verhindern. Es empfiehlt sich deshalb, gleich mehrere Fotos hintereinander zu schießen. Die Serienbildeinstellung macht es möglich. Mit jedem Auslösen steigt die Wahrscheinlichkeit, dass Sie ein wirklich scharfes Bild

˅ Abbildung 9.3
Die geringe Schärfentiefe hat auch ihre Tücken. Hier liegt ein Auge des Modells schon außerhalb der Schärfeebene.

[55 mm | 1/100 s | f2,2 | ISO 100]

bekommen. Möglicherweise gefällt Ihnen das Bild aber selbst dann noch, wenn Sie die Blende einfach ein wenig weiter schließen. Mit diesem Schritt erhöht sich schließlich die Schärfentiefe und damit die Chance, die wichtigen Motivelemente im richtigen Bereich zu haben. Alternativ können Sie das Modell etwas weiter vom Hintergrund entfernt positionieren. Auch dadurch wirkt dieser unschärfer.

Tricks für mehr Hintergrundunschärfe

Mehr Hintergrundunschärfe erreichen Sie mit Hilfe dieser vier Methoden:

- Öffnen Sie die Blende weiter. Je kleiner die Blendenzahl, desto besser.
- Benutzen Sie eine höhere Brennweite. Bei 70 mm Brennweite, Blende f5,6 und einem Aufnahmeabstand von acht Metern erstreckt sich die Schärfentiefe über etwa 2,9 Meter. Bei einer Brennweite von 100 mm sind es 1,4 Meter, bei 200 mm nur noch rund 35 Zentimeter.
- Verringern Sie die Entfernung zwischen der Kamera und dem Modell.
- Erhöhen Sie die Distanz zwischen dem Modell und dem Hintergrund.

Durch eine Kombination dieser Techniken verstärkt sich der Effekt jeweils.

Egal, ob Sie mit offener oder eher weit geschlossener Blende fotografieren: Der Fokus beim Porträt muss sitzen. In Kapitel 6 auf Seite 123 haben Sie erfahren, wie Sie das entsprechende Messfeld über die **AF-Messfeldwahl**-Taste ⊞ gezielt auswählen. Bei der Porträtfotografie mit niedrigen Blendenzahlen können Sie davon sinnvoll Gebrauch machen.

Bei der Wahl eines Autofokusmessfeldes entscheiden Sie sich idealerweise für das Feld, unter dem sich die Augen befinden. Gerade wenn Sie das Bild gezielt gestalten, ist das jedoch oft nicht möglich. In diesen Fällen müssen Sie die EOS 1200D nach dem Fokussieren mit dem richtigen Messfeld schwenken. Dazu drücken Sie den **Auslöser** halb herunter und warten den Fokussiervorgang bis zum Piepton ab. Anschließend bewegen Sie die Kamera auf den gewünschten Ausschnitt und drücken erst jetzt den **Auslöser** komplett durch. Diese Technik wird auch als *Focus then recompose* bezeichnet. Zu beachten ist jedoch, dass die Schärfeebene umso kleiner ist, je näher das fokussierte Motiv der Kamera ist. Ein Kameraschwenk reicht manchmal schon aus, und die Augen sind außerhalb des

∧ Abbildung 9.4
Bei der Porträtfotografie sind häufig die äußeren Autofokusfelder eine gute Wahl.

scharf abgebildeten Bereichs. Diese Technik sollte deshalb mit Bedacht eingesetzt werden. Im Zweifel blenden Sie lieber um eine oder zwei Blendenstufen ab. Damit erhöht sich die Schärfentiefe zwar ein wenig – zumindest bei Blenden wie etwa f2,8 oder f3,5 ist der Hintergrund allerdings noch immer wie gewünscht unscharf.

 Wohin mit der Schärfe?

Die Schärfe sollte bei der Porträtfotografie immer auf den Augen liegen. Dieser Punkt erweckt beim Betrachter die größte Aufmerksamkeit. Sind die Augen unscharf, ist die Bildwirkung in den meisten Fällen dahin.

Schöne Farben für Porträts

Großen Einfluss auf das Bild hat der Weißabgleich, der unterschiedliche Farbtemperaturen und damit die Farbgebung des Bildes bestimmt. Dabei sind Ihrer Kreativität insofern Grenzen gesetzt, als dass Hauttöne in der Regel noch eine halbwegs natürliche Wirkung haben sollten. Warme, pastellfarbene Hauttöne lassen Gesichter deutlich vorteilhafter erscheinen als zum Beispiel rötliche oder anders farbstichige Partien.

Abbildung 9.5 >
Die höhere Farbtemperatur beim Weißabgleich sorgt für wärmere Farben beim rechten Bild.

[50 mm | 1/80 s | f2,2 | ISO 100]

Wenn Sie die **WB**-Taste drücken, öffnet sich ein Menü, in dem Sie die 1200D entweder selbst über den Weißabgleich entscheiden lassen können oder ihr einen bestimmten Wert vorgeben. Experimentieren Sie zu Beginn einer Porträtreihe ruhig mit verschiedenen Einstellungen, die auf den ersten Blick falsch erscheinen. Wenn Sie den Weißabgleich bei hellem Sonnenlicht auf **Schatten** 🏠 stellen, bekommen die Bilder eine sehr warme, eher abendliche Note. Vielleicht sagt Ihnen aber auch eher der ins Bläuliche gehende Look zu, den Sie mit der Einstellung **Kunstlicht** 💡 erzeugen.

Die **Bildstile** erlauben weitere Veränderungen, die nicht nur die Farbtemperatur, sondern auch Parameter wie die Bildschärfe und die Sättigung betreffen. Der mit der EOS 1200D gelieferte Bildstil **Porträt** ⊱P eignet sich natürlich besonders gut für die Aufnahme von Menschen. Er ist auf eine natürliche Darstellung von Hauttönen ausgerichtet. Sofern Sie im RAW-Format arbeiten, können Sie Bildstil und Farbtemperatur auch noch nachträglich festlegen.

Wenn Sie die Bilder über das Motivprogramm **Porträt** 💃 schießen, haben Sie in puncto Bildstil leider keine Wahlmöglichkeit. Dafür können Sie über die **Beleuchtungseffekte** und die **Umgebungseinstellungen** jedoch auch hier mit verschiedenen Einstellungskombinationen experimentieren.

^ **Abbildung 9.6**
Den passenden Weißabgleich im Menü auswählen

^ **Abbildung 9.7**
Die Bildstimmung beeinflussen Sie am einfachsten mit dem richtigen Bildstil.

⊹ **Empfehlenswerte Einstellungen für klassische Porträtfotos**

- **Av**-Modus (oder wenn es schnell gehen muss: Motivprogramm **Porträt**)
- Brennweite: 50–70 mm
- Blende: kleine Blendenzahl für niedrige Schärfentiefe
- Autofokus: **One Shot**
- Bildstil: **Porträt** oder eigener, angepasster Bildstil
- Weißabgleich: nach Bedarf (zum Beispiel **Schatten** für eine warme Lichtstimmung)
- ISO: maximal 400 (sofern das Rauschen kein Problem ist, auch höher)

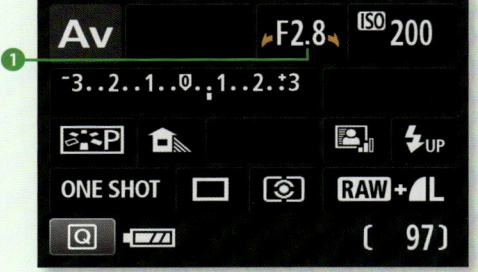

^ **Abbildung 9.8**
Typische Einstellungen für ein Porträt. Die kleine Blendenzahl ❶ funktioniert natürlich nur bei einem lichtstarken Objektiv.

So gestalten Sie Ihre Porträts

Bei der Gestaltung ansprechender Porträts haben Sie alle erdenklichen Freiheiten und damit die Qual der Wahl. Vor dem Loslegen lohnt es sich, genau zu überlegen, welche Aussage Sie mit dem Bild über die abgelichtete Person treffen möchten. Dazu ist es auf jeden Fall hilfreich, mehr über ihre Persönlichkeit zu erfahren. Das ist natürlich viel verlangt und nicht immer möglich. Auf jeden Fall sollten Sie wenigstens eine klare Vorstellung von der angestrebten Bildsprache haben: Geht es um eine ernste, heitere, verträumte oder sinnliche Darstellung? Soll das Bild für Kompetenz, Kreativität, Schönheit oder ein ereignisreiches Leben stehen? Mit den Antworten auf diese Fragen ergeben sich einige weitere Entscheidungen über Faktoren wie Licht, Hintergrund und Bildaufbau wie von selbst.

⌄ **Abbildung 9.9**

Im Schatten des Baumes herrschen ideale Lichtbedingungen. Das starke Gegenlicht stört hier keineswegs.

Mit Licht und Schatten spielen

Wie in allen Bereichen der Fotografie kommt es auch bei Porträts auf das richtige Licht an. Die von Wind und Wetter gezeichnete Haut eines alten Seemanns verträgt eine andere Beleuchtung als die einer jungen Frau oder eines Kindes. Bei einer Charakterstudie dürfen Partien im tiefsten Schatten liegen, während in anderen Fällen das Gesicht in seiner ganzen Schönheit gezeigt werden soll. Mit der Kenntnis von Licht in all seinen Varianten und dem Wissen über Einflussmöglichkeiten darauf können Sie Ihre gestalterische Vision wesentlich besser umsetzen.

Am schmeichelhaftesten ist in der Regel weiches Licht. Dieses kommt immer dann zustande, wenn Licht aus einer beliebigen Quelle diffus und flächig gestreut wird. Dabei entstehen gar keine oder nur sehr weiche Schatten. In der Natur herrscht ein solches Licht an bewölkten Tagen, die deshalb für Porträtaufnahmen gut geeignet sind. Auch an vielen leicht schattigen Plätzen dominiert weiches Licht, das über eine Vielzahl von Flächen reflektiert wird und deshalb diffus ist. Gute Bedingungen finden Sie zum Beispiel unter einem Baum oder Torbogen oder auch an einem Fenster zur Nordseite. Dort strahlt die Sonne nie mit voller Kraft auf Ihr Modell.

[50 mm | 1/50 s | f3,5 | ISO 400]

Das warme Abend- und Morgenlicht schmeichelt mit seiner Farbtemperatur den Hauttönen. Die Schatten sind um diese Tageszeiten zwar lang, sorgen aber auch für Konturen. Durch die weichen Schattenränder fallen diese jedoch nicht unangenehm auf. Selbst Gegenlichtaufnahmen funktionieren um diese Zeit ohne übermäßig ausgebrannte Partien am Himmel. Möglicherweise müssen Sie dabei allerdings mit einem Aufhellblitz oder einem Reflektor Licht auf das Gesicht bringen.

Es gibt jedoch auch Beispiele, in denen gerade die kontrastreichen Schatten des harten Lichts erwünscht sind, wie es um die Mittagszeit herrscht. Falten werden tiefer und damit sichtbarer, die Gesichtszüge markanter. Gerade bei Porträts von Männern kann dies genau die gewünschte Bildwirkung sein.

[50 mm | 1/200 s | f3,2 | ISO 200]

[80 mm | 1/250 s | f5,6 | ISO 100]

<< Abbildung 9.10
Für diese Gegenlichtaufnahme im Abendrot wurde ein Reflektor verwendet.

< Abbildung 9.11
Männergesichter vertragen härteres Licht als Frauengesichter (Bild: Dean Mitchell, www.istockphoto.com).

Neben der Art des Lichts spielt natürlich auch dessen Richtung eine Rolle. Direkt von oben kommendes Licht, etwa von der Mittagssonne, wirft harte Schatten und führt zu schwarzen Augenhöhlen. Vorteilhafter ist ein Aufbau, bei dem die Lichtquelle etwa im 45-Grad-Winkel auf das Motiv fällt. In dieser Konstellation geben die Schatten dem Bild die nötige Räumlichkeit. Zudem wirkt die dadurch schmalere, aber hellere Gesichtshälfte dominanter, wodurch der Eindruck von Schlankheit vermittelt wird. Kritisch sind jedoch die

Schlagschatten, die besonders von der Nase ausgehen und meist unschön über den Mund verlaufen. Dagegen hilft meist eine leichte Kopfdrehung in Richtung Beleuchtung, eine Aufhellung durch einen Reflektor oder eine weitere Lichtquelle von der anderen Seite.

Hell macht glatt

Experimentieren Sie mit mehreren Belichtungsvarianten. Eine leichte Überbelichtung ❶ lässt die Strukturen der Haut verschwinden und sie glatter erscheinen. Drehen Sie dafür das **Hauptwahlrad** 🖱 bei gedrückter **Av**-Taste nach rechts.

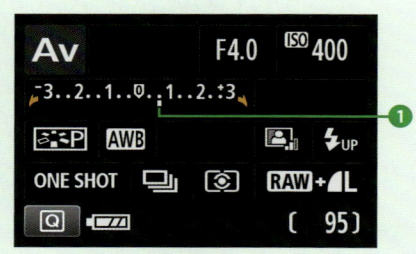

∨ **Abbildung 9.12**
Die diagonale Ausrichtung bringt zusätzliche Dynamik ins Spiel.

Den Bildausschnitt gestalten

Eine weitere entscheidende Frage ist die, wo genau im Bild sich die porträtierte Person befinden soll. Ausgesprochen langweilig wirken in der Regel Bilder, bei denen der Kopf einfach nur in der Bildmitte angeordnet ist, womöglich sogar zu klein oder mit viel freier Fläche über ihm. Der Hintergrund bekommt damit zwangsläufig eine Dominanz, die gegenüber dem Hauptmotiv meist nicht zu rechtfertigen ist. Eine Positionierung außerhalb der Mitte verändert die Bildwirkung enorm. Sie können beispielsweise die Drittelregel nutzen und ein Auge auf den Schnittpunkten mit der oberen Linie positionieren. Auch ein diagonal im Bild positioniertes Modell wirkt interessant und bietet eine optimale Raumausnutzung.

Beim gestellten Porträt stehen Sie vor der Wahl, ob Sie das Modell von Kopf bis Fuß oder nur als Ausschnitt ablichten wollen. Dabei empfiehlt sich bedachtes Vorgehen, denn abgeschnittene Hände oder Füße irritieren den Betrachter sehr. Wenn es Ihnen auf eine weitgehend formatfüllende Abbildung des Gesichts ankommt, ist ein klarer, harter

[50 mm | 1/400 s | f1,8 | ISO 400]

Schnitt oft die bessere Wahl. Markante Gesichtszüge, schöne Augen oder andere charakteristische Merkmale lassen sich so besonders betonen. Achten Sie dabei darauf, die Augen nicht zu nahe an den Bildrand zu legen oder genau durch den Haaransatz zu schneiden.

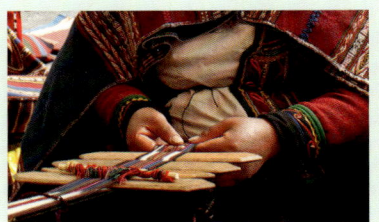

Kopflose Porträts?

Experimentieren Sie mit extremen Ausschnitten: Fotos, bei denen eine Tätigkeit eine besondere Rolle spielt, können den Menschen zum Beispiel auch auf seine Hände reduzieren.

Die Ganzkörperaufnahme wartet mit vielen Tücken auf: Hier kommt es stark auf Ihre Fähigkeit an, das Modell in einer natürlichen, unverkrampften Position abzulichten. Es hilft dabei, wenn sich die porträtierte Person in verschiedenen Posen in Szene setzt und Sie mit unterschiedlichen Perspektiven experimentieren. Neben der Haltung und der Körpersprache sind aber auch Kleidung und Hintergrund besonders im Auge zu behalten.

Falls Sie sich für eine Aufnahme mit Brust und Kopf entscheiden, sieht in der Regel eine etwas gedrehte Haltung vorteilhafter für den Porträtierten aus. Dabei sollte die hintere Schulter noch im Bild zu sehen sein.

 Schnittverbot

Ein einfacher Merksatz mit großer Bedeutung: »Unterm Knie schneide nie!«

Abbildung 9.13 >
Ein Garten oder Park bietet für Ganzkörperporträts die ideale Kulisse.

[50 mm | 1/100 s | f1,8 | ISO 100]

[55 mm | 1/50 s | f5,6 | ISO 800]

∧ **Abbildung 9.14**
Diese Art des Licht-
einfalls verstärkt die
Profillinie.

Auch die Perspektive spielt für die Bildaussage eine gewichtige Rolle. Ein von unten fotografiertes Modell wirkt selbstbewusst, man blickt zu ihm auf. Umgekehrt kann der Blick von oben das Bild einer zurückhaltenden Person erzeugen, auf die man herabschaut. Unterschiedliche Bildwirkungen ergeben sich auch, wenn das Modell im Profil oder frontal von vorn aufgenommen wird.

Gruppenbilder richtig aufnehmen

Soll nicht nur eine Person, sondern gleich eine ganze Gruppe abgelichtet werden, multiplizieren sich die genannten Herausforderungen mit der Zahl ihrer Mitglieder. Jetzt gilt es schließlich, gleich mehrere Menschen vorteilhaft abzubilden. Grundsätzlich ist es natürlich wichtig, dass jedes Gesicht auf dem Bild zu sehen ist und jeder die Augen geöffnet hält. Machen Sie deshalb gleich mehrere Aufnahmen hintereinander. So steigt die Chance, dass zumindest auf einem der Bilder alle in die Kamera blicken. Der wohl einfachste Weg, Gruppenaufnahmen mehr Pep zu verleihen, besteht in einer dynamischen Aufstellung der einzelnen Personen, so dass eine interessante Linienführung durch das Bild entsteht. Statt alle in Reih und Glied zu positionieren, weisen Sie den Porträtierten verteilte Plätze zu. Möglicherweise müssen Sie die Blende weiter schließen, damit die Schärfentiefe ausreichend ist.

Gerade bei großen Gruppen ist der Fotograf schnell versucht, einfach mit einer niedrigen Brennweite mehr Personen aufs Bild zu bekommen. Das führt jedoch besonders am Rand zu unvorteilhaft verzerrten Proportionen. Gehen Sie deshalb lieber ein paar Schritte zurück.

[53 mm | 1/100 s | f7,1 | ISO 200]

< **Abbildung 9.15**
Bei Gruppenbildern sollten Sie auch bei schwierigen Licht-
verhältnissen keine zu große Blendenöffnung wählen, damit
alle scharf abgebildet werden.

Letzte Rettung Bildbearbeitung

Mit einer Bildbearbeitungssoftware ist es durchaus möglich, Köpfe aus mehreren Bildern so auszutauschen, dass am Ende jeder in Richtung Kamera blickt. Einfacher machen Sie sich das Leben allerdings, wenn Sie schon während der Aufnahme dafür sorgen, dass niemand die Augen zukneift.

Natürliche Kinderbilder aufnehmen

Eine besondere Herausforderung ist das Fotografieren von Kindern. Statt zu versuchen, diese zum Posieren zu bewegen, sollten Sie sie eher beobachten, mit ihnen sprechen und im entscheidenden Moment auf den **Auslöser** drücken. Begeben Sie sich dabei auf Augenhöhe mit dem Kind und damit zu seiner Sichtweise auf die Welt.

Mehr als schmückendes Beiwerk: den Hintergrund einbeziehen

Es passiert im Eifer des Gefechts leicht, dass Sie nur Augen für das Gegenüber haben. Ein sehr wichtiges gestalterisches Element, das einen ebenso kritischen Blick verdient, ist der Hintergrund. Egal, ob er durch eine weit geöffnete Blende nur schemenhaft erkennbar ist oder auch völlig scharf abgebildet wird: Er sollte nicht von der abgebildeten Person ablenken und die Bildaussage stützen, ohne zu dominant zu sein und den Betrachter abzulenken. Deshalb wirken besonders diejenigen Bilder gut, in denen der Hintergrund nicht willkürlich gewählt wurde, sondern zur Bildaussage passt. Ein harter Rockmusiker etwa würde auf einer romantischen Blumenwiese reichlich deplatziert aussehen, es sei denn, Sie nutzen diese Wirkung – und hier beginnt das kunstvolle Brechen von Regeln – als humorvolle Anspielung.

[50 mm | 1/60 s | f2 | ISO 200]

∧ **Abbildung 9.16**
Beim Fotografieren von Kindern brauchen Sie Geduld, um den passenden Augenblick zu erwischen.

[50 mm | 1/200 s | f3,2 | ISO 200]

Abbildung 9.17 >
Die besten Aufnahmen entstehen häufig in vermeintlich unbeobachteten Momenten.

[50 mm | 1/320 s | f1,8 | ISO 400]

^ Abbildung 9.18
Hier sind Person und Hintergrund farblich aufeinander abgestimmt.

Eine gezielte Überprüfung des Umfelds schon während der Aufnahme verhindert böse Überraschungen, wenn Sie die Bilder später betrachten und aussortieren. Büsche, Äste oder Straßenlaternen, die scheinbar aus dem Kopf des Modells wachsen, schaden der Bildwirkung. Solche ablenkenden Elemente lassen sich ebenso wie zu dominante Farben und Formen meist durch einen Schritt zur Seite verhindern oder durch geringe Schärfentiefe ausblenden. Zu Hause am Computer jedoch ist es ausgesprochen mühselig, solche Störfaktoren mit der Bildbearbeitung zu entfernen. Falls es nicht möglich ist, Person und Hintergrund miteinander in Bezug zu setzen, ist Homogenität eine gute Wahl. In der extremsten Form bildet eine komplett weiße oder schwarze Fläche den Hintergrund. Weitaus interessanter ist jedoch der Einsatz von Strukturen, die sich bei der Fotografie im Freien finden. Hier bieten sich Mauern, Türen, Wiesen und Wälder sowie natürlich der Himmel als mögliche Hintergründe an. Im Idealfall sind diese auf die Kleidung oder gar die Augenfarbe abgestimmt, bilden also etwa die Komplementärfarbe oder greifen die Farben auf.

Eine hohe Kunst ist es, die Linien in der Umgebung als Hinführung zum abgebildeten Menschen zu nutzen. Dazu bieten sich Elemente wie ein Weg, ein Geländer oder Stufen an. Aber auch alle anderen grundsätzlichen Gestaltungsmöglichkeiten lassen sich auf die Porträtfotografie adaptieren. In der Regel einfach umsetzbar ist zum Beispiel ein Rahmen, der durch ein Fenster, einen Torbogen, Äste oder andere Strukturen gebildet wird.

Abbildung 9.19 >
Dieses Bild wirkt durch die diagonale Linienführung und die Platzierung der Kinder im Goldenen Schnitt.

[135 mm | 1/320 s | f10 | ISO 200]

Menschen in ihrem Umfeld aufnehmen

Sehr schön anzusehen sind Bilder von Menschen in ihrem Lebensumfeld, also zum Beispiel bei der Ausübung eines Handwerks, einer Sportart oder in einem angeregten Dialog mit ihren Freunden. Solche situativen Porträts erfordern ein großes Gespür für den richtigen Augenblick und haben das Genre der Straßenfotografie begründet. Die so entstandenen Bilder wirken meist natürlicher als jedes gestellte Posieren vor der Kamera.

Dabei müssen Sie nicht wie Paparazzi auf lange Brennweiten setzen. Der berühmte amerikanische Fotograf Robert Capa prägte den Satz: »Ist das Foto nicht gut, warst du nicht nahe genug dran.« Ob er damit emotionale oder physische Distanz meinte, ist umstritten. Tatsache ist jedoch, dass aus kurzer Entfernung geschossene Bilder ein Gefühl des direkten Dabeiseins ausstrahlen, das anders kaum zu erreichen ist. Die ausdrucksstarken Bilder zu Reportagen in Tageszeitungen und Magazinen sind aus diesem Grund oft mit niedrigen Brennweiten fotografiert. Vorsicht ist allerdings bei Weitwinkelaufnahmen geboten. Die Tücken hier sind extreme Verzeichnungen. Arme und Beine, die dem Objektiv näher sind als der Kopf, werden überproportional groß. Das kann sowohl zu absurd comichaften als auch sehr dynamisch wirkenden Fotos führen.

Bei aller Konzentration auf gestalterische Fragen sollten Sie das Modell immer sehr genau betrachten: Eine umherflatternde Haarsträhne oder ein schlecht sitzender Krawattenknoten lassen sich vor Ort mit wenigen Handgriffen in Form bringen. Bemerken Sie solche Fehler erst später am Computer, droht Ihnen dagegen eine mühselige Retusche.

▾ **Abbildung 9.20**
Die knöcherigen Bäume rahmen die Person ein, die im goldenen Schnitt positioniert ist.

[32 mm | 1/30 s | f4,5 | ISO 400 | Stativ]

[55 mm | 1/400 s | f5,6 | ISO 1600]

⌃ **Abbildung 9.21**
Beziehen Sie die Umgebung der porträtierten Person ein, um den Betrachter am Geschehen teilhaben zu lassen.

Besser fragen!

Ob buddhistischer Mönch in Nepal, Straßenkoch in Vietnam oder Indio in Südamerika – die Gesichter dieser Menschen erzählen oft von einem Leben, das mit dem eines Europäers denkbar wenig zu tun hat. Vielleicht ist es genau das, was sie als Porträtmotive so anziehend macht. Statt aber einfach auf den **Auslöser** zu drücken, fragen Sie lieber, ob Sie ein Foto machen dürfen. Oft ergeben sich so interessante Begegnungen, die sich in besseren Bildern niederschlagen.

Der Fotograf und das Modell
EXKURS

Einen Menschen zu porträtieren, den man gut kennt, ist oft leichter, als eine fremde Person abzulichten. Die Qualität eines Fotos hängt schließlich ganz entscheidend von der Chemie zwischen Modell und Fotografen ab. Sich vor den Aufnahmen gegenseitig näher kennenzulernen, ist darum ein wichtiger Schritt auf dem Weg zum perfekten Bild. Während des Fotografierens selbst ist es dann gar nicht so leicht, die Stimmung zu verbessern.

Abbildung 9.22 >
Je entspannter die Stimmung, desto natürlichere Bilder sind möglich.

[32 mm | 1/50 s | f4,5 | ISO 200 | +1 LW | Stativ]

Wer kennt sie nicht, die Anweisung: »Jetzt guck mal ganz locker!« Mit dieser Aufforderung aber ist ein unnatürlicher Gesichtsausdruck geradezu vorprogrammiert. Zielführender ist es, das Gegenüber aufzulockern und im entscheidenden Moment auf den **Auslöser** zu drücken. Natürlich ist dies leichter gesagt als getan, und es handelt sich dabei um eine wahrlich anspruchsvolle Kunst. Leicht zu erlernen ist allerdings die Fähigkeit, seine eigenen Gedanken beim Fotografieren nicht nach außen dringen zu lassen: Nichts ist für die porträtierte Person irritierender als ein skeptischer Blick auf das Kameradisplay. Ein ärgerlich dahingesagtes »Oh, das sieht nicht gut aus« verunsichert das Modell nur unnötig.

Wenn Sie also nach einer Serie von Bildern feststellen, dass der ISO-Wert auf 6 400 stand oder sämtliche Bilder komplett überbelichtet sind, lassen Sie sich am besten gar nichts anmerken und starten einfach eine neue Reihe an Aufnahmen.

[50 mm | 1/80 s | f3,5 | ISO 400]

∧ **Abbildung 9.23**
Lassen Sie Ihren Ideen freien Lauf!

Kapitel 10
Naturmotive in Szene setzen

Die richtige Technik für die Naturfotografie

Eine umwerfende Landschaft abzulichten, gehört zu den anspruchsvollsten Aufgaben der Fotografie. Denn Berge, Täler, Flüsse und Ebenen, die sich dem Auge als wunderbare Gesamtkomposition präsentieren, wirken im Bildformat der Kamera schnell banal und langweilig.

Die Naturfotografie bietet eine Fülle von Motiven, die sehr unterschiedliche Brennweiten und damit Objektive verlangen. Für erste Ausflüge ins Grüne ist das Kit-Objektiv eine gute Wahl. Es eignet sich sowohl für Weitwinkel- als auch für leichte Teleaufnahmen und passt problemlos in jeden Wanderrucksack.

 Brennweiten

Die Wirkung unterschiedlicher Brennweiten und Motiventfernungen wird im Exkurs ab Seite 52 beschrieben.

Für viele gehört zur Landschaftsfotografie auch die kleine Brennweite eines Ultraweitwinkelobjektivs zwischen 10 und 20 mm. Mit ihm lassen sich eindrucksvoll weite Szenerien abbilden. Allerdings sind die Tücken einer solch niedrigen Brennweite nicht zu unterschätzen. Ohne eine gut durchdachte Bildgestaltung kommen besonders bei dieser Objektivart schnell ausgesprochen leere und uninteressante Bilder heraus.

Abbildung 10.1 >
Bei der Aufnahme mit einem Ultraweitwinkelobjektiv werden Motivbestandteile im Vordergrund sehr dominant dargestellt.

[15 mm | 1/40 s | f10 | ISO 125 | Stativ]

Wer in der Naturfotografie sein fotografisches Betätigungsfeld gefunden hat, zieht früher oder später eine Erweiterung seines Brennweitenbereichs nach oben in Betracht. Mit Teleobjektiven ist es sowohl möglich, Landschaften optisch zu »verdichten«, als auch Tiere aus großen Entfernungen formatfüllend abzulichten. Das Canon EF-S 55–250 mm f/4–5,6 IS STM oder das Tamron SP 70–300 F/4–5.6 Di VC USD sind für den Einstieg gute Objektive, die die Möglichkeiten erheblich erweitern.

In vielen Situationen ist natürlich auch ein Makroobjektiv sinnvoll, mit dem Motive im Nahbereich, also Blumen und Insekten, besonders gut abgebildet werden können.

[400 mm | 1/2000 s | f5,6 | ISO 400]

∧ **Abbildung 10.2**
Durch die lange Brennweite konnte das Zebra formatfüllend porträtiert werden.

Welches Kreativprogramm?

Das **Av**-Programm der EOS 1200D ist für die Landschaftsfotografie ideal geeignet. Über die Einstellung der Blende haben Sie die volle Kontrolle über die Schärfentiefe. Kommt Bewegung ins Spiel, ist es sinnvoll, das **Tv**-Programm auszuwählen. Um einen Vogel im Flug oder ein Pferd im Galopp scharf zu fotografieren, bedarf es recht kurzer Belichtungszeiten, die in diesem Modus bequem eingestellt werden können.

Das A & O: scharfe Bilder erzielen

Ein für Naturfotografen besonders wichtiges Hilfsmittel ist das Stativ. Sein Einsatz ist selbst dann sinnvoll, wenn Sie bei guten Lichtverhältnissen unterwegs sind und damit keine Verwacklungsgefahr besteht. Der Vorteil des stabilen Kamerastands ist, dass er Ruhe in die Fotografie bringt: Durch den Sucher oder im **Livebild**-Modus können Sie in aller Ruhe das Motiv analysieren und den Ausschnitt sehr genau und überlegt justieren.

Viele empfinden den Auf- und Abbau sowie das Tragen eines Stativs allerdings als umständlich und kompliziert. Das Einbeinstativ und auch der Bohnensack sind in dieser Hinsicht gute Kompromisse zwischen der Stabilität des Stativs und der Flexibilität des Freihandfotografierens. Nähere Informationen zu diesen Stabilisierungsmöglichkeiten finden Sie ab Seite 177.

In der Landschaftsfotografie ist oft eine hohe Schärfentiefe gefragt. Schließlich soll das Bild in der Regel durchgängig scharf sein. In konkreten Zahlen ausgedrückt, sind mittlere Werte, wie etwa Blende 8, dafür gut geeignet.

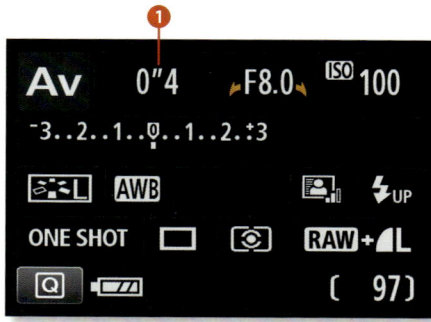

Abbildung 10.3 >
Bei dieser langen Belichtungszeit ❶ ist ein verwackeltes Bild nahezu unvermeidlich. Öffnen Sie die Blende und/oder erhöhen Sie den ISO-Wert.

Experimentieren Sie mit verschiedenen Blendeneinstellungen, indem Sie das **Moduswahlrad** auf **Av** stellen und mit dem **Hauptwahlrad** den gewünschten Blendenwert einstellen. Achten Sie jedoch auf die Belichtungszeit, die Ihnen die EOS 1200D zu der jeweils eingestellten Blende empfiehlt. Sie können dabei die Kehrwertregel nutzen: Die Belichtungszeit sollte nicht länger sein als 1/(Brennweite×1,6). Das Ergebnis dieser Rechnung unterstützt Sie bei der Entscheidung, ob Sie das Foto noch aus der Hand schießen können oder ob ein Stativ nötig ist. Das Fotografieren in der Natur ist eine gute Gelegenheit, diese Faustformel praktisch auszutesten.

Je weiter der Punkt entfernt ist, den Sie anfokussieren, desto weniger sorgt eine weit geöffnete Blende für Probleme mit einer zu geringen Schärfentiefe. Bei der Naturfotografie mit ihren oft großen Distanzen zwischen Motiv und Kamera können Sie sich diesen Effekt zunutze machen. Das gilt insbesondere dann, wenn im Vordergrund keine weiteren Elemente sind, etwa bei der Abbildung eines Bergmassivs in weiter Ferne. Ähnlich hilfreich ist auch das optische Prinzip der *hyperfokalen Distanz*.

[32 mm | 1/200 s | f8 | ISO 100]

^ Abbildung 10.4
Dank Blende 8 ist das Foto von vorn bis hinten scharf.

Beste Schärfeleistung

Bei offener Blende erreichen die meisten Objektive nicht ihre volle Schärfeleistung. Das Maximum ist erst nach dem Abblenden um einige Stufen erreicht, um danach von Blendenschritt zu Blendenschritt wieder abzufallen. Die höchste Schärfeleistung erreicht die Mehrzahl der aktuellen Objektive bei Blende f5,6 bis f8. Genau genommen müssten Sie dies in die Blendenwahl mit einbeziehen. Allerdings ist der Schärfeabfall nur bei weit geschlossener Blende und stark vergrößerten Bildern sichtbar.

Die richtige Blendenöffnung finden

SCHRITT FÜR SCHRITT

1 Eine Blende einstellen

Ein vom Vordergrund bis zum Hintergrund scharfes Bild: In der Landschaftsfotografie ist dies häufig das angestrebte technische Ziel. Stellen Sie im **Av**-Modus eine recht hohe Blendenzahl ein. Die Werte 8, 11 oder 16 eignen sich für den Anfang recht gut.

2 Die Belichtung messen

Fokussieren Sie das vorderste Objekt an, das scharf abgebildet werden soll. Die 1200D zeigt die zugehörige Belichtungszeit im Sucher an. Vergleichen Sie diesen Wert mit Ihrer Brennweite, und wenden Sie die Kehrwertregel an. Denken Sie daran, dass Sie auch mit längeren Belichtungszeiten fotografieren können, wenn Ihr Objektiv einen Bildstabilisator hat. Mit dem Kit-Objektiv sind Sie bei einer eingestellten Brennweite von 55 mm mit einer Belichtungszeit von 1/60 s auf der sicheren Seite.

3 Die Blende verändern

Für mehr Schärfentiefe stellen Sie einen höheren Blendenwert ein. Ab Blende 22 tritt allerdings bei jedem Objektiv eine mehr oder weniger starke Beugungsunschärfe auf. Eine solche macht besonders bei sehr hohen Blendenwerten den Schärfegewinn zunichte. Sofern jetzt der zuvor ermittelte kritische Wert für die Belichtungszeit unterschritten wird und Sie ohne Stativ arbeiten, müssen Sie die Blendenzahl wieder verringern und wohl oder übel auf Schärfentiefe verzichten, damit das Bild nicht verwackelt. Gibt es in Sachen Belichtungszeit dagegen noch weiteren Spielraum für das Schließen der Blende, können Sie sich langsam an einen optimalen Wert für diesen Parameter herantasten. Vergessen Sie nicht, dass auch über den ISO-Wert die Belichtung gesteuert werden kann. Mit dem Wechsel von ISO 200 auf ISO 400 etwa gewinnen Sie eine ganze Blendenstufe an Helligkeit. Es ist also bei gleichem Ergebnis möglich, die Blende um eine Stufe zu schließen oder die Belichtungszeit zu halbieren. Nach diesen Schritten und dem Auslösen wird ein unverwackeltes und scharfes Foto das Ergebnis sein.

< **Abbildung 10.5**
Hier lag die Kamera mit den vorgeschlagenen Werten richtig.

Was ist die hyperfokale Distanz?

Wie Sie bereits wissen, wird über die Blende die Schärfentiefe gesteuert. In der Naturfotografie soll sich die Schärfe meistens über sämtliche Ebenen des Bildes erstrecken. Dies funktioniert oft allerdings gerade nicht, wenn Sie auf das eigentliche Hauptmotiv fokussieren.

Ein Beispiel: Sie möchten eine Person in 12 Metern Entfernung sowie den dahinterliegenden Wald scharf abbilden. Das Bild soll mit Blende 8 bei einer Brennweite von 50 mm gemacht werden. Fokussieren Sie auf die Person, erstreckt sich die Schärfeebene von 7 bis 44 Meter. Jenseits dieses Bereichs erscheint alles unscharf. Fokussieren Sie jedoch einen Punkt in 17 Metern Entfernung an, in Abbildung 10.6 also den Hund, erstreckt sich die Schärfeebene von etwa 8,5 Metern Entfernung bis in die Unendlichkeit. Sämtliche Teile des Bildes sind scharf. Man spricht von der *hyperfokalen Distanz*. Um den Wert für verschiedene Einstellungen von Entfernung, Brennweite und Blende zu ermitteln, können Sie den auf Seite 228 vorgestellten Schärfentieferechner nutzen. Dieses Programm gibt es auch für Smartphones, damit Sie selbst unterwegs schnell im Bilde sind. Mit einigen Probeschüssen können Sie aber auch ohne diese Rechnerei zu einem guten Ergebnis kommen.

Abbildung 10.6 >

Mit einer Fokussierung auf die hyperfokale Distanz lässt sich die bei einer bestimmten Blendenöffnung maximal mögliche Schärfentiefe erreichen.

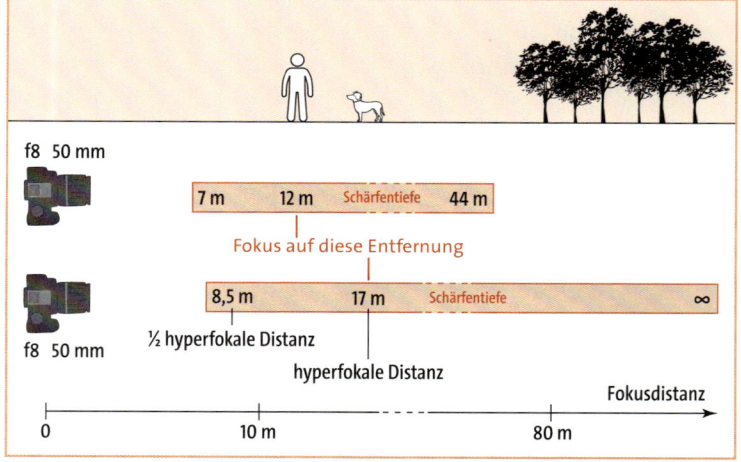

So belichten Sie Landschaftsbilder richtig

Gerade bei hellem Sonnenlicht lässt sich das Display nur schwer ablesen. Dadurch ist es kaum abzuschätzen, ob die Belichtung eines Bildes richtig oder falsch war. Das Histogramm (siehe Seite 100) ist in solchen Situationen ein weitaus besserer Indikator für die richtige Wahl von Blende und Belichtungszeit. Experimentieren Sie im Zweifelsfall mit verschiedenen Über- oder Unterbelichtungen, und kontrollieren Sie die Wirkung auf das Histogramm. Da es aber manchmal selbst mit dem Histogramm recht schwer ist, eine Entscheidung für eine eher helle oder dunkle Bildwirkung zu fällen, empfiehlt es sich, sicherheitshalber eine Belichtungsreihe aufzunehmen. Die Auswahl des besten Bildes kann dann an den heimischen Computer verlagert werden.

[25 mm | 1/400 s | f7,1 | ISO 200]

∧ **Abbildung 10.7**
Die Schattenpartien und der helle Vordergrund erschwerten die die Belichtung. Das Histogramm half bei der Entscheidung.

Falsche Logik

Wenn das Bild zu hell ist, sind viele Einsteiger geneigt, die Blende weiter zu schließen, um weniger Licht durch das Objektiv zu lassen. Sie hoffen auf ein insgesamt dunkleres Bild. Im **Av**-Modus hilft dies jedoch nicht. Die EOS 1200D wird bei identischer Belichtungsmessung zugleich einfach die Belichtungszeit erhöhen. Im Ergebnis ist auch das neue Bild überbelichtet. Nur eine gezielte Unterbelichtung bringt das gewünschte Resultat.

Gute Begleiter für draußen: Filter

Zu den klassischen Problemen der Landschaftsfotografie gehört ein überbelichteter Himmel: Wird der Boden ausreichend hell abgebildet, sind in der oberen Bildhälfte oft keine Details mehr zu erkennen. Selbstverständlich kann in einer solchen Situation eine kürzere Belichtungszeit oder eine weiter geschlossene Blende gewählt werden. Möglicherweise versinken dann jedoch einzelne andere Bereiche des Bildes in einem tiefen Schwarz ohne Strukturen. Man spricht in diesem Fall davon, dass sie Zeichnung verlieren. Ohne weitere Hilfsmittel müssen Sie sich als Fotograf also für eine Belichtung »auf die Schatten« oder »auf die Lichter« entscheiden. Dunkle und helle Bereiche des Motivs zugleich aufs Bild zu bekommen, ist wegen der Beschränkungen des Kamerasensors nicht möglich.

In Sachen Kontrastumfang ist der Sensor der Kamera dem menschlichen Auge klar unterlegen. Ohne Probleme sehen wir an einem hellen Sommertag den blauen Himmel genauso gut wie die Strukturen im dunklen Geäst eines Baumes. Das Auge – besser gesagt das Gehirn – kommt erst bei einem Kontrastumfang von rund 14 Blendenstufen an seine Grenzen. Der Sensor der Kamera dagegen hat schon mit etwa neun Stufen seine Schwierigkeiten.

Landschaftsbilder verbessern mit dem Grauverlaufsfilter

Ein lohnenswertes Utensil für die Fototasche ist deshalb ein Satz Grauverlaufsfilter in verschiedenen Stärken (siehe auch Seite 173). Damit dunkeln Sie den Himmel einfach um einige Blendenstufen ab und schaffen es so, das Bild innerhalb des Dynamikumfangs der 1200D zu belichten.

Eine Nachbearbeitung des Bildes ist zwar prinzipiell möglich, der Umfang der Helligkeitsanpassung am Computer ist aber begrenzt. Mehr als 1,5 Blendenstufen lassen sich kaum nach oben oder unten verändern. Wenn Sie einen Grauverlaufsfilter bereits bei der Aufnahme einsetzen, sparen Sie sich wertvolle Zeit vor dem Rechner.

 RAW rettet

Mit Hilfe der Bildbearbeitung am Computer lassen sich bei Über- oder Unterbelichtung manchmal einzelne Bildteile retten. Das funktioniert am leichtesten, wenn Sie direkt im RAW-Format fotografieren.

Abbildung 10.8 >

Links: Aufgrund des hohen Kontrastumfangs war der Sensor überfordert. Am Himmel sind kaum noch Details erkennbar. Rechts: Dank des Grauverlaufsfilters blieb die Zeichnung des Himmels erhalten.

[70 mm | 1/800 s | f5 | ISO 200]

[mit Grauverlaufsfilter]

Den Grauverlaufsfilter verwenden

SCHRITT FÜR SCHRITT

1 Grauverlaufsfilter vor das Objektiv setzen

Halten Sie den Grauverlaufsfilter vor das Objektiv, und legen Sie dabei den abgedunkelten Bereich sauber über den Horizont. Wenn dieser zu weit in das Bild hineinragt, sehen Sie am Übergang zwischen Landschaft und Himmel unschöne dunkle Stellen.

Ein absolut gerade auf dem Objektiv aufliegender Filter verhindert hässliche Reflexionen durch seitlich eintretendes Licht. Wahrscheinlich müssen Sie dafür die Streulichtblende abschrauben. Halterungen, in die der Filter gesteckt wird, sorgen zwar automatisch für den richtigen Sitz, sind aber wesentlich unflexibler als die Arbeit von Hand.

Sofern Sie einen Satz mit Filtern verschiedener Stärke besitzen, empfiehlt es sich, mit den verschiedenen Varianten Probeaufnahmen zu machen. Gerade in hellen Situationen ist es recht schwer, die richtige Verdunklung zu finden. Was am Display der Kamera noch gut aussieht, entpuppt sich am heimischen Bildschirm oft als völlig übertrieben.

2 Die Belichtung messen

Im Prinzip sollte die Belichtungsmessung der Kamera zu einer ausgewogenen Belichtung führen. Falls das Motiv durch den Einsatz des Grauverlaufsfilters insgesamt recht dunkel geworden ist und die Automatik anders als gewünscht reagiert, hilft möglicherweise eine gezielte Überbelichtung.

3 Auslösen

Nach dem Auslösen sollte ein Foto entstehen, das in puncto Belichtung ausgewogen ist und keinerlei ausgebrannte Stellen aufweist. Möglicherweise ist der Kontrastumfang jedoch auch derartig groß, dass Sie einen stärkeren Grauverlaufsfilter verwenden müssen. Mit Hilfe des Histogramms können Sie auch in hellen Umgebungen gut kontrollieren, ob Sie bei Filterauswahl und Belichtungseinstellungen richtiglagen.

˅ **Abbildung 10.9**
Durch das sehr helle Licht an diesem Tag hat der Himmel kaum Zeichnung.

˅ **Abbildung 10.10**
Dieser Filter war mit zwei Blendenstufen Abdunklung zu stark.

˅ **Abbildung 10.11**
Die Filterstärke von einer Blendenstufe war ausreichend: Der Himmel erhält ein schönes Blau.

Reflexionen im Griff mit dem Polfilter

Abbildung 10.12
Der Polfilter (rechts) ermöglicht den Blick durch das Wasser.

Ein weiterer Filter, der in der Natur gute Dienste leistet, ist ein Polfilter. Dieser beseitigt störende Lichtreflexionen, erhöht die Farbsättigung und verstärkt den Kontrast. Besonders eindrucksvoll lässt sich dies am Blau des Himmels und an spiegelnden Wasserflächen beobachten. Schrauben Sie den Polfilter auf das Objektiv, und drehen Sie ihn so lange, bis Ihnen das Ergebnis gefällt.

[27 mm | 1/80 s | f11 | ISO 100 | Stativ]

[27 mm | 1/80 s | f7,6 | ISO 100 | Stativ | Polfilter]

Weiches Wasser & Co. mit dem Graufilter

Der dritte nützliche Filter im Bunde ist der Graufilter. Mit diesem können Sie trotz Sonnenlicht Belichtungszeiten von mehreren Sekunden einstellen. Das Bild wird trotzdem nicht überbelichtet, da der Filter die durchs Objektiv einfallende Helligkeit erheblich reduziert. In der Praxis lässt sich damit zum Beispiel einer Wasserfläche ein mystisch verwischtes Aussehen geben.

Abbildung 10.13
Um am helllichten Tag mit 1/5 s Belichtungszeit arbeiten zu können, war ein Graufilter nötig.

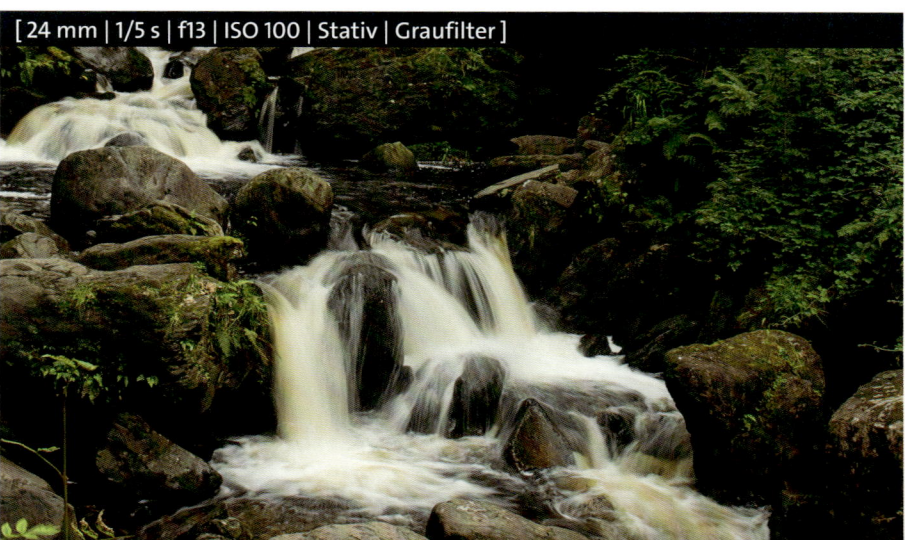

[24 mm | 1/5 s | f13 | ISO 100 | Stativ | Graufilter]

Naturbilder wirkungsvoll gestalten

Wer kennt sie nicht, die euphorischen Berichte von Freunden und Bekannten, die aus exotischen Ländern von aufregenden Landschaften berichten? »Auf den Bildern kann man das gar nicht so sehen«, heißt es dann oft. Wie schaffen es einige Fotografen, selbst die doch angeblich so langweiligen Mittelgebirge anregend aufs Foto zu bannen? Was ist der Trick?

Am Anfang der Gestaltung eines Landschaftsbildes steht die Frage, was genau eigentlich an der gerade gesehenen Szenerie so faszinierend ist: die Weite, die Höhe, das Farbenspiel, die Gleichförmigkeit? Gibt es eine klare Antwort auf diese Frage, fallen viele Entscheidungen leichter. Etwa die für den passenden Ausschnitt, die richtige Perspektive, einen besonderen Bildstil sowie für die ideale Brennweite und Blende.

Bildstil Landschaft

Im Bildstil **Landschaft** werden die Grün- und Blautöne optimiert dargestellt. Je nach Motiv kann es sich lohnen, diese Einstellung zu aktivieren.

Den Blick des Betrachters führen

Noch viel mehr als etwa in der Porträtfotografie kommt es bei Landschaftsaufnahmen auf eine gezielte Blickführung des Betrachters an. Dieser sucht ganz automatisch das Bild nach Strukturen, Linien und dominierenden Elementen ab. Sowohl ein Übermaß als auch ein Mangel daran sorgen für Verwirrung und lassen den Blick ziellos umherirren. Um dies zu vermeiden, bedarf es eines gezielten Einsatzes von grafischen Elementen im Bild. Einzelne dominante Punkte, daraus entstehende Verbindungen, Ordnungen und Formen fesseln die Aufmerksamkeit der Betrachter und erzeugen einen harmonischen Bildeindruck. Möglichkeiten, diesen entstehen zu lassen, gibt es zum Glück in Hülle und Fülle. Gerade in der Natur lassen sich zahlreiche Führungslinien nutzen, die nicht erst im Kopf des Betrachters entstehen: Wege, Zäune oder Baumreihen bilden Linien, die entweder selbst Hingucker sind oder zumindest den Blick gezielt auf einen solchen lenken.

Abbildung 10.14 ⋀ >
Durch gezielte Linienführung wird das Bild strukturiert und der Betrachter durch das Bild geführt.

[70 mm | 1/640 s | f8 | ISO 200]

Dem Betrachter Orientierung bieten

Für eine ansprechende Gestaltung leistet auch in diesem Genre die Drittelregel gute Dienste. Indem Sie bildwichtige Teile auf die wichtigen Schnittpunkte legen, lenken Sie die Aufmerksamkeit dorthin. Da uns die Natur selten den Gefallen tut, Tiere, Berge, Bäume oder andere Elemente im Sinne der Regel anzuordnen, muss diese in der Praxis etwas freier interpretiert werden. Trotzdem ist die Drittelregel natürlich kein Allheilmittel. In einigen Fällen wird das Foto dadurch interessanter, dass die Regel bewusst gebrochen wird.

Ein weiteres Gestaltungselement, das in vielen Fällen gut funktioniert, ist das Einrahmen des eigentlichen Motivs. Neben dem Rahmen, den Sie bereits durch die Wahl des Ausschnitts setzen, fügen Sie also noch einen weiteren im Bild selbst hinzu: einen Rahmen im Rahmen. Bäume und Äste stehen für diese Gestaltungsmöglichkeit fast überall zur Verfügung. Aber auch in der von Menschenhand gemachten Natur finden sich immer wieder Elemente, die einen solchen Durchblick ermöglichen.

Ein anderer wichtiger Punkt sind erkennbare Proportionen. Gerade dieser Aspekt ist wichtig, wenn zum Beispiel imposante Felswände nicht wie kleine Geröllhaufen wirken sollen. Hier kommt es auf Referenzgrößen an, die dem Betrachter das Abschätzen der Größenverhältnisse ermöglichen. Bäume, aber auch Menschen sind dazu ideal geeignet.

Solch einordnende Bildelemente schaffen nicht nur die Möglichkeit eines Größenvergleichs, sondern sorgen auch für Dynamik. Oft sind es Gegensätze wie groß und klein, eckig und rund oder still und bewegt, die einem Bild den entscheidenden Schliff geben. Gerade in einer ansonsten recht gleichförmigen und symmetrischen Umgebung sorgen solche Unregelmäßigkeiten für eine interessante Bildwirkung.

Nicht immer alles drauf: Mut zum Detail

Viele Fotografen möchten gerne die ganze Szenerie einfangen. Oft empfiehlt es sich jedoch, diesen Anspruch über Bord zu werfen. Gerade formatfüllende Details sagen oft mehr als ein Sammelsurium aus visuellen Eindrücken, Formen und Farben. Durch das Ausblenden von Bildelementen lassen sich Eindrücke in einer Umgebung sehr gut auf den Punkt bringen.

[55 mm | 1/800 s | f9 | ISO 400]

⌃ Abbildung 10.15
Nicht immer klappt es mit der Drittelregel so gut wie hier. Die drei Schichten bringen Ordnung in das Bild und bilden einen jeweils harmonischen Vorder-, Mittel- und Hintergrund.

[140 mm | 1/500 s | f5 | ISO 100]

Abbildung 10.16 >
Es muss nicht immer alles aufs Bild.

Quer- oder Hochformat?

Eine der zentralsten Fragen vor dem Klick auf den **Auslöser** ist die nach dem richtigen Format. Das natürliche Sichtfeld lässt viele Fotografen instinktiv zum Querformat greifen. Interessante Bilder ergeben sich jedoch oft auch im Hochformat. Bei vielen Motiven lohnt es sich deshalb häufig, auch diese Variante auszuprobieren.

[70 mm | 1/200 s | f7,1 | ISO 200]

[18 mm | 1/4000 s | f8 | ISO 100]

∧ **Abbildung 10.17**
Unterschiedliche Schichten gliedern das Bild horizontal. Das Querformat unterstreicht diese Wirkung.

Abbildung 10.18 >
Hier bot sich das Hochformat geradezu an: Die Reflexionen auf dem Wasser lenken den Blick zum Boot, das im Schnittpunkt der Drittelung des Bildes liegt.

Das Bild von vorn bis hinten bewusst gestalten

Der Einsatz eines Weitwinkels – damit sind Brennweiten von 20 mm und niedriger gemeint – ermöglicht das Festhalten von Weite im Bild. Das Kit-Objektiv mit seiner Anfangsbrennweite von 18 Millimetern dringt bereits in diesen Bereich vor. Die Bildgestaltung bei dieser Brennweite ist jedoch eine echte Herausforderung. Sämtliche Landschaftselemente, die sich nur wenige Meter von der Position des Fotografen entfernt befinden, landen im Bild. Damit steigt die Gefahr, den Betrachter durch zu viele einzelne Details abzulenken.

Der Blick schweift ziellos durch das Bild, ein Hauptmotiv ist schwer zu finden. Was für den Betrachter imposant erscheint, wirkt auf dem Foto klein und flach.

Führen keine sehr dominanten Linien in die Tiefe des Raums, hilft es, einen markanten Vordergrund als Blickfang einzusetzen. Dieser wird durch die typischen Verzerrungen eines Weitwinkels allerdings gehörig »aufgepumpt« und erhält dadurch eine Dominanz, die ihm vielleicht gar nicht zukommen soll. Es ist darum wichtig, den Vordergrund mit Bedacht zu gestalten und auch dabei wieder auf gestalterische Mittel zurückzugreifen. Ein Baumstumpf oder Stein im Vordergrund kann zum Beispiel mit Elementen im Hintergrund über imaginäre Linien ein Dreieck bilden oder über die Drittelregel besondere Aufmerksamkeit auf sich ziehen.

< ⌄ Abbildung 10.19
Unten: Hier ist das Weitwinkelbild nicht gelungen. Die Berge im Hintergrund und der Mensch sind zu klein geraten, der Vordergrund ist nicht gestaltet. Das einzig Interessante ist die imposante Wolkenformation am Himmel. Links: Der Stein im Vordergrund erhält durch die Wirkung der geringen Brennweite eine große Bedeutung.

[10 mm | 1/800 s | f10 | ISO 100]

[18 mm | 1/2000 s | f8 | ISO 200]

Natur im richtigen Licht

⌄ **Abbildung 10.20**
Das Licht kurz nach Sonnenaufgang bietet schöne Farben.

Eine nicht zu unterschätzende Rolle in der Bildgestaltung spielt auch das Wetter und damit das Licht. Hier gilt es, die Bildaussage und Lichtstimmung in Einklang zu bringen. Die zur Mittagszeit hoch am Himmel stehende Sonne wirft unschöne kurze und vor allem sehr harte Schatten. Diese sind weder für Menschen noch Bäume oder Blätter schmeichelhaft. In aller Regel liefern Morgengrauen und Abenddämmerung die interessantesten Lichtstimmungen für abwechslungsreiche Landschaftsaufnahmen.

[150 mm | 1/4000 s | f7,1 | ISO 400]

Durch den Einsatz von Technik ist es in Maßen möglich, das harte Licht der Mittagssonne im Zaum zu halten. Nicht ohne Grund heißt es jedoch: »Von zwölf bis drei hat der Fotograf frei.« Viel schönere Bilder entstehen nämlich, wenn Sie einfach zu den lichttechnisch besseren Tageszeiten auf Motivsuche gehen. Am Morgen und Abend ist der Eintrittswinkel des Sonnenlichts flacher und der Weg durch die Atmosphäre länger. Das energiearme Spektrum des Lichts hat eindeutig die Oberhand und taucht die Landschaft in gefällige Morgen- beziehungsweise Abendröte. Das Licht ist zudem insgesamt weicher, was nicht nur der menschlichen Haut, sondern auch Strukturen in der Landschaft schmeichelt. Die Morgenstunde bietet dabei zusätzlich den Vorteil, dass sich der Boden noch nicht so stark erhitzt hat. Schönere Farben sind die Folge und manchmal auch Nebel. Ist die Sonne schließlich untergegangen, beginnt die sogenannte *Blaue Stunde*, und der Himmel zeigt sich noch einmal für kurze Zeit in einem kräftigen Blauton.

⌄ **Abbildung 10.21**
Kurz vor Sonnenaufgang ist schon genügend Licht da, das die Landschaft in ein tiefes Blau taucht.

[260 mm | 0,3 s | f8 | ISO 1600 | Stativ]

[67 mm | 1/125 s | f7,1 | ISO 800 | Stativ]

< Abbildung 10.22
Alpenglühen pur:
Das Bergmassiv ist am
Abend in ein warmes
rötliches Licht gehüllt.

Landschaft und Himmel: Wetterkapriolen

Um besonders wirkungsvolle Naturbilder zu schießen, lohnt es sich, früh aufzustehen und am Abend länger aktiv zu bleiben. Während Letzteres wohl niemandem wirklich schwerfällt, stellt Ersteres Langschläfer vor schier übermenschliche Herausforderungen. Trotzdem haben auch Morgenmuffel ihre Chance, das Spiel zwischen Licht und Schatten für fotografische Zwecke zu nutzen. Immer dann, wenn Wolken ins Spiel kommen, steigen dafür die Chancen. Länder wie Irland und Schottland mit ihren wilden Wetterkapriolen machen es dem Fotografen sogar relativ leicht. Aber auch hierzulande gibt es immer wieder interessante Lichtstimmungen, etwa nach sommerlichen Regenschauern mit anschließendem Regenbogen.

∨ Abbildung 10.23
Wenn sich ein wenig
Sonne den Weg durch
die Wolken bahnt, ist
die Lichtstimmung
auch tagsüber span-
nend.

Überhaupt ist auch ein verhangener Himmel nicht unbedingt ein Grund, die Fotoausrüstung eingepackt zu lassen. Durch die Wahl einer anderen Perspektive lässt sich der Himmel als störendes Bildelement ausblenden. So können Sie sich an solchen Tagen zum Beispiel Detailaufnahmen wie Strukturen von Wurzeln und Baumstämmen widmen.

[235 mm | 1/500 s | f9 | ISO 200 | Stativ]

Bleiben Sie flexibel

Die Landschaftsfotografie gehört zu den am schwierigsten zu meisternden fotografischen Disziplinen. Sowohl das Licht als auch das Motiv selbst entziehen sich in der freien Natur der Kontrolle des Fotografen. So gibt es immer wieder Situationen, in denen sich selbst fantastische Landschaften partout nicht recht in ein aussagekräftiges Bild übersetzen lassen. Perspektivwechsel sind nur durch beschwerliche Wanderungen möglich, dann aber ist unter Umständen das Licht nicht mehr passend. Manchmal soll es halt einfach nicht sein. Dies gilt es wohl oder übel zu akzeptieren.

Andererseits hat der Fotograf mit der Natur ein geduldiges Übungsobjekt. Mit dem Lauf der Jahreszeiten bietet sie stets neue Motive, Formen und Farben und lädt zum Erkunden und Ausprobieren der unterschiedlichen fotografischen Möglichkeiten ein. Außerdem ist jeder schöne Tag in einer ansprechenden Umgebung ein Erlebnis – Speicherkarten-Output hin oder her.

 Natur gar nicht pur

Menschen leben in, mit und von der Natur und greifen dabei allzu oft stark in sie ein. All diese Aspekte können Sie auch in Ihren Bildern thematisieren.

Abbildung 10.24 >
So kann ein Naturbild auch aussehen.

[100 mm | 1/500 s | f10 | ISO 200]

Tiere vor der Kamera

Für gute Tierbilder müssen Sie nicht erst auf Safari in Afrika gehen. Schon Nachbars Katze, Vögel im Stadtpark und die Tiere eines Bauernhofs oder Wildparks geben interessante Motive ab, mit denen Sie wertvolle Erfahrungen für größere Expeditionen sammeln können.

Ein Objektiv mit einer Brennweite ab 200 mm, mit der Sie aus großer Distanz arbeiten können, ist dabei von Vorteil. Durch langsames Anpirschen und mit viel Geduld kommen Sie jedoch auch mit weniger umfangreichem Equipment recht nahe an viele heimische Tiere heran, ohne sie zu verscheuchen. Sind diese allerdings erst einmal in Bewegung, ist ein schneller Autofokus gefragt. Stellen Sie die EOS 1200D am besten auf den AF-Modus **AI Servo** oder **AI Focus**, und fotografieren Sie im **Tv**-Modus mit einer kurzen Belichtungszeit.

[240 mm | 1/400 s | f8 | ISO 400]

Abbildung 10.25 >
Auch bei Tierfotos macht das richtige Licht den Unterschied.

[55 mm | 1/320 s | f10 | ISO 200]

< Abbildung 10.26
*Um den Kondor im Flug abzubilden, wurde an der EOS 1200D der AF-Modus **AI Servo** gewählt. Die Autofokuseinstellung **AI Servo** eignet sich gut für bewegte Motive.*

[400 mm | 1/500 s | f6,3 | ISO 400]

Auf die Gestaltung von Tierbildern können Sie viele allgemeine Prinzipien der Fotografie übertragen. Vermeiden Sie zum Beispiel einen ablenkenden Hintergrund, und experimentieren Sie mit Stilmitteln wie der Drittelregel. Bei Gruppen von Tieren lohnt es sich meist, die Aufmerksamkeit auf ein einzelnes Exemplar zu richten, das sich von den übrigen durch den Blick oder ein anderes Merkmal unterscheidet.

∧ **Abbildung 10.27**
Ein Luchs auf der Suche. Die Schneekulisse sorgt für ein kontrastreiches Bild.

⌐⌐ Wohin mit dem Fokus?

Wenn die Schärfentiefe nicht für eine komplett scharfe Darstellung des ganzen Tieres ausreicht, fokussieren Sie auf seine Augen.

Bedenken Sie bei der Wahl des Ausschnitts, dass Sie das Tier nicht wie in einem Bestimmungsbuch komplett ablichten müssen, sondern sich auch kreativ auf Details konzentrieren können. Dafür geht dann allerdings die Darstellung der Umgebung verloren. Besonders interessant sind Tierfotos, auf denen ein natürliches Verhalten abgebildet wird, also etwa die Jagd oder die Nahrungsaufnahme. Je besser Sie die Tiere kennen, desto eher gelingen solche Bilder. Der Blick ins Biologiebuch oder Internet lohnt sich deshalb ebenso wie das ausführliche Beobachten.

Abbildung 10.28 >
Ein Kaninchen beim Putzen. Mit der Serienbildfunktion der EOS 1200D erwischen Sie hier einen fotogenen Moment.

[300 mm | 1/125 s | f8 | ISO 3200 | Stativ]

Sonnenuntergänge richtig fotografieren

EXKURS

Fotos von Sonnenuntergängen gehören für viele zu den Pflichtmitbringseln eines jeden Urlaubs. Sowohl die Stimmung eines solchen Abends als auch die Faszination des Farbenspiels auf ein Bild zu bringen, ist nicht unbedingt leicht. Schließlich ist es nicht nur die Sonne selbst, sondern auch die Umgebung, die zur erlebten Stimmung beiträgt. Ist diese wenigstens noch als Silhouette erkennbar, trägt dies wesentlich zur Wirkung des Bildes bei.

Das Bild gestalten

Weniger gut wirken Fotos, bei denen Sonne und Horizont in der Mitte des Bildes liegen. Ein im unteren Drittel platzierter Horizont verbessert die Bildwirkung enorm und legt den Bildschwerpunkt auf den Himmel. Das lohnt sich besonders, wenn dort interessante Wolkenformationen und Farbspiele zu sehen sind. Sofern das Licht noch ausreichend hell ist, um Details am Boden zu beleuchten, kann auch der im oberen Drittel

[44 mm | 1/4000 s | f8 | ISO 400 | −1,3 LW | Stativ]

∧ **Abbildung 10.29**
Auch das Hochformat wirkt: Die Sonne ist seitlich versetzt, die Konturen der Landschaft sind noch gut erkennbar.

∨ **Abbildung 10.30**
Um den kontrastreichen Effekt zu erzielen, war eine gezielte Unterbelichtung nötig.

[28 mm | 1/320 s | f6,3 | ISO 400 | −0,6 LW]

positionierte Horizont interessant sein. Es zahlt sich also aus, in der kurzen zur Verfügung stehenden Zeit die verschiedenen Möglichkeiten auszuprobieren und dabei auch das Hochformat nicht zu vergessen.

Oft ist bei Sonnenuntergängen auch der Blick in die andere Richtung interessant: Die von den letzten Sonnenstrahlen des Tages beleuchteten Landschaftselemente erstrahlen dann noch einmal in den schönsten Farben.

[300 mm | 1/500 s | f5,6 | ISO 400 | Stativ]

∧ **Abbildung 10.31**
Der Blick in die von der Sonne angestrahlte Richtung lohnt sich fast immer.

[200 mm | 1/250 s | f7,1 | ISO 400 | −1,3 LW | Stativ]

∧ **Abbildung 10.32**
Eine gezielte Unterbelichtung erzeugt hier die mystische Stimmung.

Einstellungen für ein wirkungsvolles Foto

∧ **Abbildung 10.33**
*Die **Av**-Taste an der EOS 1200D*

Vom romantischen Sonnenuntergang zu den technischen Fakten: Mit dem **Av**-Programm können Sie die Schärfentiefe auch in einer solchen Aufnahmesituation gut steuern. Sie sollten dabei aber die Belichtungszeit nicht aus den Augen verlieren beziehungsweise ein Stativ benutzen. In der Dämmerung lässt sich die Kameraautomatik zudem leicht irritieren. Sie schlägt eine Belichtungszeit vor, die das Bild zu hell erscheinen lässt. Mit einer gezielten Unterbelichtung über die **Av**-Taste ❶ und einen Dreh am **Hauptwahlrad** steuern Sie dagegen an. An dieser Stelle sind mehrere Versuche oder Belichtungsreihen mit mehreren Blendenstufen Unterschied hilfreich. Gut verwendbare Ergebnisse liefert oft eine Belichtungsmessung leicht oberhalb der Sonne, ohne dass diese noch im Sucher zu sehen ist. Messen Sie dort also an, und schwenken Sie die 1200D zum Auslösen wieder in die gewünschte Position zurück.

⌈⌐⌉ Belichtungsmessung

Zum Speichern der Belichtungsmessung drücken Sie die **Sterntaste**. Nur bei der Mehrfeldmessung reicht es, den **Auslöser** halb herunterzudrücken. Wenn die 1200D anders reagiert, haben Sie vielleicht die Individualfunktion **C.Fn IV (Operation/Weiteres): Auslöser/AE-Speicherung** verstellt (siehe Seite 327).

Eine wichtige Rolle spielt auch der Weißabgleich. Hierbei kommt es weniger auf eine realistische Darstellung, sondern eher auf eine Dominanz der warmen rötlichen Farbtöne an. Mit einer Einstellung auf **Schatten** ⌂⊾ lassen sich diese verstärken. Wer im RAW-Format fotografiert, kann durch Anheben des Weißabgleichs am Computer das Bild ganz nach Belieben noch wärmer gestalten.

Nach dem Sonnenuntergang ist die Zeit der »Blauen Stunde« gekommen. Genau jetzt haben Sie für sehr kurze Zeit die Gelegenheit, Himmel und Natur in einer sehr schönen Farbgebung zu erleben.

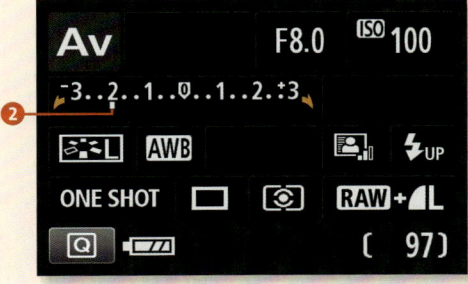

∧ Abbildung 10.34
Je dunkler das Motiv, desto stärker müssen Sie unterbelichten ❷. Was paradox klingt, wird auf Seite 94 genauer erklärt.

∨ Abbildung 10.35
Kurz nach Sonnenuntergang schlägt die »Blaue Stunde«.

[110 mm | 1/200 s | f5,6 | ISO 200]

Kapitel 11
Makrofotos aufnehmen mit der EOS 1200D

Dem Kleinen ganz nah

Mit Makro- und Nahaufnahmen ermöglichen Sie dem Betrachter eine nicht alltägliche Sicht auf kleine Gegenstände, Pflanzen und Tiere. Erst diese Art der Fotografie offenbart so schöne Details wie die feinen Strukturen einer Pflanze oder die Facettenaugen eines Insekts. Interessante Motive finden sich für dieses Genre in Hülle und Fülle vor der eigenen Haustür. Schon der heimische Garten oder ein kleiner Park bieten Ihnen gehörig Spielraum für große Entdeckungen.

Um in die Welt der kleinen Dinge vorzudringen, müssen Sie vor allem eines: nah ran. Dem allerdings setzt das Objektiv eine Grenze. Beim EF-S 18–55 mm f/3,5–5,6 IS II liegt diese beispielsweise bei 25 Zentimetern. Wenn Sie versuchen, noch näher an das Motiv heranzugehen, werden Sie feststellen, dass das Scharfstellen nicht mehr funktioniert. Diese Naheinstellgrenze ist auch am Objektiv aufgedruckt. Damit ist die geringste mögliche Entfernung zwischen dem Motiv und der Sensorebene gemeint. Deren Lage wiederum ist auf der Oberseite der 1200D mit dem Symbol ⊖ ❶ markiert.

Ebenso wichtig ist der sogenannte *Abbildungsmaßstab*: Ein Gegenstand in der Größe des Sensors der EOS 1200D würde um diesen Faktor verkleinert abgebildet. Mit dem Kit-Objektiv EF-S 18–55 mm f/3,5–5,6 IS II erreichen Sie einen Abbildungsmaßstab von 1:2,94 oder umgerechnet 0,36. Mit diesen

∧ **Abbildung 11.1**
Die kleine Markierung ❶ zeigt die Lage des Sensors in der EOS 1200D.

Abbildung 11.2 >
Schon recht dicht dran: Nahaufnahmen sind auch mit dem Kit-Objektiv der EOS 1200D möglich.

[15 mm | 1/200 s | f5,6 | ISO 200]

Spezifikationen ist das preiswerte Kit-Objektiv der 1200D grundsätzlich schon recht gut dafür geeignet, kleine Dinge ganz groß erscheinen zu lassen.

Allerdings trägt ein Makroobjektiv diesen Namen eigentlich erst dann zu Recht, wenn sein Abbildungsmaßstab das Verhältnis 1:1 erreicht. Ein Motiv, dessen Abmessungen der Sensorgröße entsprechen – im Fall der EOS 1200D sind das rund 15 × 22 mm – kann dann das komplette Bild ausfüllen.

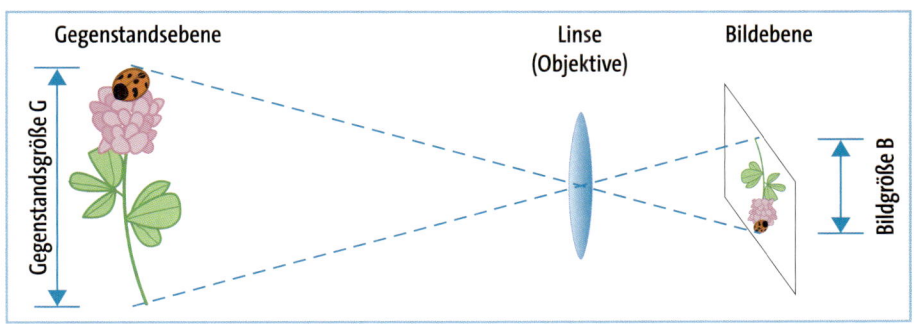

[100 mm | 1/800 s | f2,8 | ISO 100]

∧ **Abbildung 11.3**
Die kleine Blume mit dem Marienkäfer kann in Lebensgröße (Abbildungsmaßstab 1:1) vom Sensor erfasst werden.

∧ **Abbildung 11.4**
Selbst vergleichsweise einfache Motive zeigen als Makroaufnahme neue Seiten.

Makrofotos mit Tele- und Weitwinkelobjektiven

Gut geeignet für beeindruckende Nahaufnahmen sind auch Teleobjektive, etwa das Canon EF-S 55–250 mm f/4–5,6 IS STM oder das Tamron SP 70–300 F/4–5.6 Di VC USD. Sie erfordern zwar einen großen Mindestabstand, ermöglichen aber dennoch ausreichende Abbildungsmaßstäbe.

[300 mm | 1/400 s | f5,6 | ISO 1000]

< **Abbildung 11.5**
Das Teleobjektiv ist für Nahaufnahmen gut geeignet, vor allem wenn man sich dem Motiv nicht nähern kann oder will.

[15 mm | 1/640 s | f5 | ISO 100]

Auch Weitwinkel- und Ultraweitwinkelobjektive haben in der Nahfotografie ihre Berechtigung und ermöglichen interessante Perspektiven. Die recht niedrige Naheinstellgrenze dieser Objektive kann über kleinere Zwischenringe (siehe Seite 168) obendrein recht gut verkürzt werden. Durch den extrem weiten Bildwinkel ist es sehr gut möglich, Tiere und insbesondere Pflanzen in ihrer natürlichen Umgebung abzulichten.

< Abbildung 11.6
*Der weite Winkel bringt Blume
und Himmel aufs Bild.*

Die schmale Schärfentiefe im Makrobereich meistern

Die große technische Herausforderung der Makrofotografie ist die Schärfentiefe. In Kapitel 6 haben Sie bereits erfahren, dass diese ausgesprochen gering ist, wenn sich das Motiv nur wenige Zentimeter von der Kamera entfernt befindet. Eine Berechnung mit einem Schärfentieferechner wie dem Dof-Master (*www.dofmaster.com*) liefert für eine Nahaufnahme mit 50 mm Brennweite aus 40 Zentimetern Entfernung folgende Werte:

Tabelle 11.1 >

Die Ausdehnung der Schärfentiefe im Makrobereich, Beispiel I

Vorgaben	Ergebnis
Fokus auf 40 cm	vordere Grenze der Schärfentiefe: 39,7 cm
Blende 2,8	hintere Grenze der Schärfentiefe: 40,3 cm

Die Schärfeebene erstreckt sich also gerade einmal über sechs Millimeter. Wäre das Motiv noch näher, würde die vordere Grenze zugleich auch die hintere sein und damit die Schärfeebene durch eine parallel zum Sensor stehende Fläche gebildet werden.

Angesichts einer solch geringen Schärfentiefe müssen Sie Kompromisse eingehen. Der scharf abgebildete Bereich reicht zum Beispiel gerade einmal dafür, die Augen eines Insekts oder den Stempel einer Blüte zu erfassen. Der Rest löst sich in Unschärfe auf. Gerade der dadurch entstehende Bildeindruck macht jedoch den Reiz vieler Makrofotografien aus.

[100 mm | 1/125 s | f5,6 | ISO 200 | Stativ]

∧ **Abbildung 11.7**
Die Schärfeebene liegt auf dem Kopf der Raupe, der Rest ist verschwommen. Das zeigt, wie schnell die Schärfeebene in der Makrofotografie verlassen ist.

[100 mm | 1/125 s | f5,6 | ISO 1600 | Stativ]

∧ **Abbildung 11.8**
Bei diesem Bild landete der Fokus zu weit hinten.

Doch auch solche Aufnahmen sind schwer genug: Eine kleine Bewegung während des Auslösens reicht bereits aus, und die Kamera bewegt sich so weit, dass die Schärfe an der falschen Stelle sitzt. Durch das Schließen der Blende lässt sich die Schärfentiefe erhöhen. Im **Av**-Programm einen Wert von 16 einzustellen, würde im vorigen Beispiel zu folgenden Ergebnissen führen:

Vorgaben	Ergebnis
Fokus auf 40 cm	vordere Grenze der Schärfentiefe: 38,4 cm
Blende 16	hintere Grenze der Schärfentiefe: 41,8 cm

< Tabelle 11.2
Die Ausdehnung der Schärfentiefe im Makrobereich, Beispiel II

Besser zu viel als zu wenig

Das Scharfstellen auf den richtigen Punkt ist bei Makroaufnahmen schwierig. Gerade beim Fotografieren ohne Stativ ist die Wahrscheinlichkeit eines an den entscheidenden Stellen unscharfen Bildes recht hoch. Machen Sie daher nach dem Motto »Viel hilft viel« gleich eine ganze Reihe von Fotos, und kalkulieren Sie von vornherein einen hohen Anteil an Ausschuss mit ein.

Immerhin hätte sich die Schärfentiefe nahezu versechsfacht. Sie beträgt nun circa 3,4 Zentimeter. Bei der Fotografie von kleinen Blüten oder Insekten ist das eine ganze Menge. Auch in diesem Fall ist allerdings das Risiko, die Kamera zu weit zu bewegen, noch immer recht hoch. Zudem hat sich von Blende 2,8 auf Blende 16 die Lichtmenge um fünf Blendenstufen verringert. Damit aber muss die Belichtungszeit entsprechend steigen. Ohne Stativ wird das Bild verwackelt. Zudem lassen sich flinke Insekten oder im Wind schaukelnde Blüten bei langen Belichtungszeiten kaum scharf abbilden.

Das ideale Kreativprogramm für die Makrofotografie von unbewegten Objekten ist **Av**. Hier haben Sie die volle Kontrolle über die Blende und können so die Schärfentiefe effizient steuern.

∧ **Abbildung 11.9**
Mit weit offener Blende ❷ erzielen Sie kurze Belichtungszeiten ❶. Bei einer weiter geschlossenen Blende ❹ steigt zwar die Schärfentiefe, dafür verlängert sich die Belichtungszeit ❸, so dass es ohne Stativ nicht geht.

Auf den richtigen Fokus kommt es an

Der Autofokus kommt gerade bei filigranen Strukturen von Pflanzen und Insektenkörpern schnell an seine Grenzen. Leider ist dann der falsche Teil des Motivs scharf abgebildet. Außerdem ist besonders in der Makrofotografie die Wahrscheinlichkeit groß, dass sich gerade der Bildbereich, auf den es ankommt, nicht im Gebiet eines Autofokussensors befindet. Und ein Scharfstellen und anschließendes Schwenken der Kamera, um den Bildausschnitt zu verbessern, funktioniert hier nicht. Damit wäre die ausgesprochen kleine Schärfeebene schnell verlassen.

Wenn es auf den Autofokus ankommt, ist deshalb das Komponieren am Computer oft die bessere Wahl. Dazu legen Sie den bildwichtigen Teil ganz bewusst unter ein Autofokusmessfeld und bringen das Werk durch Zuschneiden mit der Bildbearbeitungssoftware in die gewünschte Form.

< Abbildung 11.10
Bei der Makrofotografie muss der Autofokus haargenau auf dem bildwichtigen Motivteil sitzen. Hier hilft es sehr, das passende Autofokusmessfeld manuell auszuwählen.

 Den Focus Limiter richtig nutzen

Viele Makroobjektive haben einen sogenannten *Focus Limiter* ❺. Statt das komplette Fokusspektrum von der Naheinstellgrenze bis zur Unendlichkeitseinstellung abzufahren, sucht die Automatik damit nur im momentanen Aufnahmegebiet nach der richtigen Schärfeeinstellung. Mit der Einstellung 0,3 m – 0,5 m beim Canon EF 100 mm f/2,8 L Macro IS USM können Makromotive schneller erfasst werden, während sich die Vorgabe 0,5 m – ∞ (Unendlich) für den Einsatz des Objektivs in der Porträtfotografie eignet.

Häufig ziehen Makrofotografen den Einsatz des manuellen Fokus dem Autofokus vor. Dabei gibt es im Prinzip gleich zwei Einstellmöglichkeiten. Zum einen können Sie wie beim manuellen Scharfstellen am Fokusring des Objektivs drehen. Zum anderen ist es möglich, über ein Vor- und Zurückbewegen der Kamera die Bildschärfe zu verändern. Besonders komfortabel geht dies über einen Einstellschlitten.

Dieser wird auf den Stativkopf geschraubt und nimmt die Kamera auf. Über das Drehen an einer Einstellschraube sind dann auch sehr kleine, wohldosierte Kamerafahrten möglich. Entsprechende Modelle wie der Einstellschlitten 454 von Manfrotto kosten rund 100 Euro. Von vielen Makrofotografen werden auch die Modelle von Novoflex geschätzt, die ab etwa 160 Euro erhältlich sind.

^ Abbildung 11.11
Ein Einstellschlitten vereinfacht das Fokussieren bei Nahaufnahmen (Bild: Novoflex).

So gelingen verwacklungsfreie Nahaufnahmen

Bei Makroaufnahmen ist für scharfe Bilder in vielen Situationen das Stativ unverzichtbar. Dabei können Sie die Möglichkeiten des **Livebild**-Modus ausnutzen und sind nicht auf die Lage der Autofokusmessfelder angewiesen. So ist es im **FlexiZone–Single**-Modus **AF □** möglich, den Fokuspunkt mit den **Pfeiltasten** auf eine beliebige Stelle zu setzen.

^ Abbildung 11.12
Im Livebild-Modus können Sie ganz gezielt die Schärfe auf den gewünschten Punkt legen.

Eine weitere gute Idee ist der Einsatz einer einfachen Kabelfernbedienung für etwa 10 Euro. Das damit berührungslose Betätigen des **Auslösers** ist ein weiterer Weg, Ihre 1200D in einem ruhigen Zustand zu halten. Wie stark sie tatsächlich schon bei kleinsten Berührungen ins Schwanken kommt, lässt sich übrigens leicht in der zehnfachen Vergrößerung des **Livebild**-Modus erkennen. Eine – wenngleich auf Dauer recht nervige – Alternative ist die Verwendung des Selbstauslösers. Oft reicht die 2-Sekunden-Version dieser Funktion nicht aus, da in diesem Zeitraum die Verwacklungen durch Betätigen des **Auslösers** noch nicht wieder zum Stoppen gekommen sind. Bei 10 Sekunden wiederum ist die Wartezeit recht lang – selbst bei der entschleunigten Makrofotografie ein störender Faktor.

 Das geeignete Stativ für Makrofotografen

Eine große Hilfe für Makrofotografen sind Stative mit weit abspreizbaren Stativbeinen und kurzer Mittelsäule. Das ermöglicht das komfortable Arbeiten in Bodennähe.

Greifen Sie ein: Beleuchten mit Blitz und Reflektor

Wenn das Licht nicht reicht, muss ein Blitz zum Einsatz kommen. Wie in Kapitel 7 beschrieben, ist der Nachteil des internen Blitzes der EOS 1200D dessen direkte Nähe zum Objektiv. Mit einem externen Blitz auf der Kamera wiederum ist es in der freien Natur nicht unbedingt leicht, das Licht gezielt zum Motiv zu bringen. Hier schlägt die große Stunde des entfesselten Blitzens, wie es ab Seite 151 in Kapitel 7 beschrieben wird. Wenn der Blitz nicht direkt auf der 1200D sitzt, kann er zum Beispiel das seitlich einfallende Sonnenlicht simulieren. Empfehlenswert für eine weiche Ausleuchtung ohne Schlagschatten ist auch hier der Einsatz eines kleinen Diffusors, der vor den Blitz gesteckt wird.

Ambitionierte Makrofotografen setzen einen sogenannten Ringblitz ein. Bei diesem wird eine ringförmige Blitzröhre am Filtergewinde des Makroobjektivs befestigt und mit einem Generator, der auf den Blitzschuh geschoben wird, verbunden. Preiswerte Varianten sind zwar bereits für rund 100 Euro erhältlich, diese Modelle sind jedoch nur mit einer durchgehenden Leuchte ausgestattet und eignen sich damit eher zur Fotografie von Briefmarken, Münzen und anderen kleinen Objekten. Eine plastische, gestalterisch sinnvolle Ausleuchtung ermöglichen die Geräte, bei denen gleich zwei getrennt ansteuerbare Blitzröhren einen Ring formen. Leider sind diese recht teuer. So kostet etwa der Canon-Ringblitz MR-14EX II rund 680 Euro.

^ **Abbildung 11.13**
Ein Blitzgerät für ambitionierte Makrofotografen, das MR-14EX II (Bild: Canon)

Es muss jedoch nicht immer ausschließlich künstliches Licht sein: Ein sehr sinnvolles Zubehör bei der Nah- und Makrofotografie ist ein Reflektor. Selbst mit kleinen Modellen lassen sich störende Schatten sehr gut beseitigen oder interessante Motivteile zusätzlich aufhellen. Zur Not leistet sogar ein weißes Blatt Papier gute Dienste. Überhaupt ist es eine gute Idee, einige transportable Hintergründe im Fotogepäck dabeizuhaben. Von Kartons in verschiedenen Farben bis hin zu Ihrer eigenen Jacke eignet sich vieles, um etwa störende Bildelemente in der Ferne auszublenden oder aber eine einzelne Blüte besonders hervorzuheben. Falls kein Helfer zum Halten zur Verfügung steht, muss mit dem Stativ und der Fernbedienung gearbeitet werden. Ansonsten gibt es auch Klemmsysteme, mit denen sich Hintergründe und Reflektoren fixieren lassen. Solche Vorrichtungen eignen sich auch gut dafür, störende Äste kurzfristig außerhalb des Bildes zu halten und Pflanzen im Wind zu stabilisieren. Schon bei einer leichten Brise und längeren Belichtungszeiten ist es nämlich recht schwer, Blumen verwacklungsfrei abzulichten.

Abbildung 11.14 >
Die Blüte wurde hier komplett abgebildet, und vor dem ruhigen Hintergrund hebt sie sich besonders gut ab.

[100 mm | 1/1250 s | f2,8 | ISO 100]

Kein Kinderspiel: Makromotive in Bewegung

Um Insekten im Flug abzulichten, sollten Sie in das **Tv**-Programm wechseln und dort eine möglichst kurze Belichtungszeit einstellen. Werte um 1/500 s sind dafür gut geeignet. Der Autofokus hat gerade mit kleinen Tieren oft Probleme. Schnell lässt er sich durch Äste oder andere kontrastreiche Bildelemente ablenken, und schon ist der richtige Augenblick verflogen.

In der Praxis bewährt hat sich das Vorfokussieren. Dabei suchen Sie sich einen Punkt, an dem sich das Insekt voraussichtlich bald befinden wird, und stellen auf diesen manuell scharf. Anschließend schalten Sie den Autofokus wieder ein und müssen nur noch den **Auslöser** drücken, sobald sich das Tier tatsächlich im Bereich des Autofokusmessfeldes befindet. Ist das Motiv erst einmal fest erfasst, funktioniert die automatische Fokusnachführung recht gut. Dazu ist es allerdings nötig, den Autofokusbetrieb auf **AI Servo** oder **AI Focus** zu stellen. Am besten wählen Sie nur ein einzelnes Autofokusmessfeld über die **AF-Messfeldwahl**-Taste vor. Damit sinkt die Wahrscheinlichkeit für versehentlich falsch anvisierte Ziele. Leider schränkt dies die Möglichkeiten der Bildgestaltung ein. Wenn Sie einen großzügigen Ausschnitt wählen, können Sie nachträglich am Computer einen Beschnitt nach Wunsch vornehmen.

[100 mm | 1/30 s | f5,6 | ISO 800 | Stativ]

∧ **Abbildung 11.15**
Insekten lassen sich nur mit kurzen Belichtungszeiten einfangen. 1/30 s wie hier ist schon zu lang.

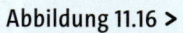 **Motive in Aktion**

Suchen Sie gezielt nach Tieren in Aktion. Dann erzählt das Bild auch gleich eine kleine Geschichte. Der Schmetterling, der gerade eine Blüte bestäubt, zieht garantiert die Blicke auf sich.

Abbildung 11.16 >
Schmetterling, der gerade mit seinem Saugrüssel Blütennektar zu sich nimmt

[100 mm | 1/125 s | f5,6 | ISO 1600 | Stativ]

Das i-Tüpfelchen: Bildgestaltung im Makrobereich

Die Faszination der Makrofotografie liegt darin, kleine Dinge groß darzustellen. Dadurch allein werden viele Bilder aus diesem Bereich zum echten Hingucker. Es ist deshalb gerade bei der Nah- und Makrofotografie relativ leicht, Erfolgserlebnisse zu erzielen. Dennoch gibt es auch in diesem fotografischen Genre einige Gestaltungsmittel, die zu deutlich besseren Fotos führen.

Das Motiv richtig positionieren

Wie immer bei der Aufnahme eines Bildes sollte eine der ersten Fragen lauten, was genau Sie eigentlich zeigen möchten. Wenn es um die möglichst genaue Dokumentation einer Pflanze oder eines Tieres geht, ist eine komplette Abbildung des Motivs unumgänglich. Steht hingegen die künstlerische Darstellung im Vordergrund, ist gerade die Reduktion eines der interessantesten Stilmittel. Für den Betrachter ist es schließlich oft reizvoll, die fehlenden Elemente in Gedanken zu ergänzen. Dabei kommt es allerdings sehr auf das rechte Maß an: Bei einem abgeschnittenen Bein wird man Ihnen womöglich Flüchtigkeit beim Blick durch den Sucher unterstellen, bei einem geschickt halbierten Körper jedoch Ihr gestalterisches Talent loben.

[100 mm | 1/160 s | f4 | ISO 400 | Stativ]

∧ Abbildung 11.17
Durch den Anschnitt des Schmetterlings werden interessante Details sichtbar.

[100 mm | 1/200 s | f6,3 | ISO 200 | Stativ]

∧ Abbildung 11.18
Die Blüte wurde angeschnitten. Hier bietet die Drittelregel Orientierung.

[100 mm | 1/20 s | f5 | ISO 800 | Stativ]

^ **Abbildung 11.19**
Es muss nicht immer gerade sein: Dieses Bild erhält Dynamik durch die schräge Position des Schmetterlings.

Letztlich kann es auch einfach nur das Zusammenspiel aus Formen, Farben und dem Licht sein, das Sie in Ihrem Bild einfangen möchten. Dadurch bekommt die Aufnahme vielleicht schon einen völlig abstrakten Charakter, der bis hin zur Unkenntlichkeit des eigentlichen Motivs reichen kann. Gerade Pflanzen bieten jede Menge Strukturen, die es durch genaues Hinsehen zu entdecken und einzufangen gilt. Solche Fotos sind formal natürlich denkbar weit von den streng dokumentarischen Werken entfernt, die sich zur Tier- oder Pflanzenbestimmung eignen würden. Stattdessen steht hier die kreative Auseinandersetzung mit dem Motiv klar im Vordergrund.

Viel Raum für künstlerische Experimente lässt die Makrofotografie auch in puncto Positionierung des Motivs im Bild. Die Drittelregel funktioniert auch hier. Wie in anderen fotografischen Genres sind Linien, die den Betrachter in das Bild hineinführen, sowie symmetrische Elemente und Rahmen gut geeignete Mittel, um den Zuschauer zu fesseln. Feine Details des Hauptmotivs selbst können zudem gerade in diesem Bereich gut kleinere gestalterische Mängel kaschieren. Der Weg zu vorzeigbaren Fotos ist auch deshalb in der Makrofotografie recht kurz.

Das A & O: den Hintergrund gestalten

Wie bei allen Arten der Fotografie spielt auch in der Makrofotografie der Hintergrund eine große Rolle. Gerade weil Nahaufnahmen einen genauen Blick auf die Details ermöglichen, wird jede Ablenkung als großer Störfaktor wahrgenommen. Möglichst einfache, ruhige Hintergründe sind deshalb besonders wichtig. Bei Pflanzen irritieren zudem verwelkte Blätter, abstehende Stängel und Zweige. Sie bewirken, dass der eigentliche Blickfang nicht mehr richtig zur Geltung kommt.

Solche Probleme lassen sich meist umgehen, indem Sie einen anderen Ausschnitt oder eine andere Aufnahmeposition wählen. Außerdem können

Sie eine offene Blende einstellen, um den Hintergrund diffus darzustellen. Dabei entstehen jedoch leicht einzelne Farbkleckse, die vom Motiv ablenken. Oft, aber nicht immer können solche gleichförmigen Unregelmäßigkeiten zumindest am Computer noch entfernt werden.

[100 mm | 1/10 s | f11 | ISO 800 | Stativ]

∧ **Abbildung 11.20**
Hier war nichts mehr zu machen: der unruhige Hintergrund lenkt von dem schönen Schmetterling ab.

[300 mm | 1/30 s | f7,1 | ISO 800]

∧ **Abbildung 11.21**
Schön freigestellt: Die verschiedenen Farbtöne des Hintergrunds irritieren nicht, weil sie ineinanderfließen.

Sie können den Hintergrund auch nutzen, um gezielte Farbkontraste zu erzeugen. Besonders schön kommen Komplementärfarben zur Geltung. Orangefarbene Blüten wirken besonders vor einem grünen Hintergrund gut, wohingegen rote Pflanzen vor dem Blau des Himmels hervorstechen. Während diese Tricks mit Pflanzen recht gut funktionieren, ist das Hervorheben von Insekten schon schwieriger. Gerade die kleineren unter ihnen zeichnen sich oft wenig vom Hintergrund ab, und das Foto wird zum Suchbild. Hier hilft es, eine günstigere Perspektive zu wählen.

Abbildung 11.22 >
Die Farben Blau, Grün und Gelb bilden hier einen schönen Kontrast. Der leuchtend gelbe Forsythienbusch im Hintergrund verschwimmt durch die offene Blende.

[100 mm | 1/640 s | f2,8 | ISO 100]

Das Licht entscheidet

Eine ganz besondere Rolle für die Bildwirkung spielt natürlich das Licht. Und wie immer stören auch hier die gleißenden Strahlen der Mittagssonne. Sie erzeugen harte Schatten und lassen subtile Farbabstufungen unschön verschwinden. Ein bedeckter Himmel, bei dem Wolken das Licht in alle Richtungen streuen, ist für den Makrofotografen deshalb ein guter Grund, zur Kamera zu greifen. Ansonsten hilft Ihnen ein kleiner Diffusor, den Sie zwischen Sonne und Motiv positionieren, um das gewünschte weiche Licht zu erzeugen. Zum Aufhellen von Schatten wiederum eignet sich ein kleiner Reflektor. Auch die Morgen- und Abendstunden bieten ideale Bedingungen. Das dann flach einstrahlende Licht bringt die filigranen Oberflächenstrukturen von Pflanzen und Tieren sehr schön zur Geltung.

Experimentieren Sie doch einmal mit den verschiedenen Richtungen und Arten des Lichts, um auf diese Weise zum optimalen Bild zu kommen. Dazu können Sie entweder auf besseres Licht warten oder die Position von Diffusor, Reflektor, Blitz oder Kamera ändern.

[100 mm | 1/2000 s | f2,8 | ISO 200]

^ **Abbildung 11.23**
Ahornblätter im Licht der Dämmerung ergeben auf diesem Bild eine schöne Komposition aus Licht und Schatten.

 Früh unterwegs zu sein, lohnt sich!

Die frühen Morgenstunden sind übrigens nicht nur wegen des schönen Lichts für die Makrofotografie gut geeignet. Um diese Zeit sind viele Insekten noch steif, so dass es möglich ist, ihnen sehr nahe zu kommen, ohne dass sie sich bewegen. Auch der morgendliche Tau auf den Gräsern ist ein schönes Bildelement, das für die Mühen des frühen Aufstehens entschädigt. Nachhelfen kann man hier allerdings auch anders: Um Blumenbildern den letzten Pep zu geben, schwören viele Makrofotografen auf eine stets griffbereite Sprühflasche mit Wasser. Mit ihrer Hilfe können Sie Blüten effektvoll mit im Licht funkelnden Tropfen benetzen.

[100 mm | 1/800 s | f2,8 | ISO 100 | Stativ]

Überzeugende Produktfotos erstellen

EXKURS

Kleine Tiere und Pflanzen sind nicht die einzigen Motive der Nah- und Makrofotografie. Auch das Abbilden von Gegenständen fällt in diesen Bereich. Wenn es darum geht, kleine Dinge etwa für den Verkauf auf einer Internet-Plattform oder für einen Katalog zu fotografieren, kommt es häufig darauf

∨ **Abbildung 11.24**
Eine Do-it-yourself-Variante der Hohlkehle.

an, sie von ihrem Hintergrund freizustellen. Die Objekte sollen quasi im Raum schweben, um den Betrachter durch rein gar nichts vom eigentlichen Motiv abzulenken. Dazu ist es theoretisch möglich, in einer Bildbearbeitungssoftware den Hintergrund auszuschneiden und durch eine rein weiße oder schwarze Variante zu ersetzen.

Einfacher geht es mit einer sogenannten Hohlkehle. Dabei handelt es sich um eine Fläche ohne Ecken, in denen es zur Bildung von Schatten kommen könnte. Im Prinzip bilden zum Beispiel der Boden und die Seitenwände einer Badewanne eine solche Konstruktion. Ganz ohne ungesunde Verrenkungen lassen sich Objekte allerdings mit einer selbst gebastelten Hohlkehle fotografieren.

In der kleinsten Variante benötigen Sie dafür nicht mehr als ein größeres Buch, etwa einen Bildband, etwas Klebestreifen und ein großes Blatt Papier. Sie müssen dieses lediglich, wie in Abbildung 11.24 gezeigt, fixieren. Je nach Hebel- und Kraftverhältnissen ist unter Umständen für weitere Stabilität zu sorgen, etwa mit einem Stapel weiterer Bücher. Alternativ können Sie auch einfach eine längere Papierrolle von einem Regal, einem Tisch oder einer ähnlich erhöhten Position aus herunterhängen lassen.

Die professionelle Alternative zu Selbstbaulösungen stellen sogenannte *Tabletop*-Tische oder Ministudios dar. Diese gibt es ab etwa 80 Euro. Besonders interessant sind Varianten, die sich mit wenigen Handgriffen sehr klein zusammenklappen lassen.

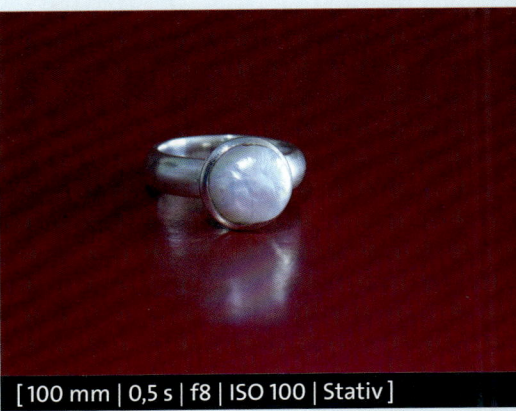

[100 mm | 0,5 s | f8 | ISO 100 | Stativ]

∧ **Abbildung 11.25**
Dieser Ring wurde auf einer selbst gebastelten Hohlkehle mit rotem Geschenkpapier fotografiert. Mit einer Taschenlampe angestrahlt, ergibt sich zusätzliche Brillanz.

Kapitel 12
Beeindruckende Panoramen fotografieren

Ihr Einstieg in die Panoramatechnik

Wenn es links und rechts von der Mitte oder oberhalb und unterhalb eines Motivs sehr viel zu sehen gibt, schlägt die Stunde der Panoramafotografie. Mit ihr lassen sich die Weite einer Landschaft, die imposante Größe eines Gebäudes oder das bunte Treiben auf einem Platz ideal einfangen. Das klassische Seitenverhältnis eines Kleinbildfotos von 3 : 2 wird dabei eindrucksvoll durchbrochen. Ausreichend viele Aufnahmen vorausgesetzt, ermöglicht ein Panorama den 360-Grad-Rundumblick und kann dabei sogar die Ansicht von Boden und Himmel beinhalten. Landet das Panorama nicht als Bild, sondern als 3D-Viewer-Datei auf dem Computer, kann der Betrachter mit der Maus auf Entdeckungsreise gehen.

Die einfachste Möglichkeit, ein Panorama herzustellen, besteht darin, am oberen und unteren Bildrand etwas wegzuschneiden. Vor allem Fotos mit weitläufigen Motiven, denen ein interessanter Vordergrund fehlt, bekommt ein solcher Beschnitt gut. Es lohnt sich, die eigene Bildersammlung auf dem PC einmal gezielt mit einem »Panoramablick« zu durchforsten. Bestimmt finden Sie den einen oder anderen Kandidaten, der sich durch einen nachträglichen Beschnitt erheblich verschönern lässt.

[70 mm | 1/4 s | f8 | ISO 1600 | Stativ]

< ⌄ **Abbildung 12.1**
*Dieses Panoramabild ist durch
Zuschnitt eines im regulären
Format aufgenommenen Bildes
entstanden.*

In diesem Kapitel dreht sich allerdings alles um die Möglichkeit, mehrere Einzelbilder im Computer zu einem Panorama zusammenzufügen. Dabei gibt es verschiedene Möglichkeiten der Projektion. Vielleicht kennen Sie die unterschiedlichen Projektionsarten noch aus dem Erdkundeunterricht. Dort haben Sie vermutlich irgendwann einmal gelernt, wie sich die kugelförmige Erde am besten im flachen Atlas abbilden lässt. Dabei müssen auf jeden Fall Kompromisse zwischen einer realistischen Darstellung von Flächen, Entfernungen und Winkeln gemacht werden. Bei der Panoramafotografie können Sie sich beim automatischen Zusammenfügen der Einzelbilder am Computer ebenfalls zwischen verschiedenen Abbildungsarten entscheiden.

 Unterschiedliche Panoramatypen

Bei einem *zylindrischen Panorama* ist es möglich, sich nach links und rechts zu drehen. Die Sicht nach oben und unten ist allerdings begrenzt. Vereinfacht ausgedrückt, gibt es weder einen Himmel noch einen Boden.

Beim *Kugelpanorama* dagegen wird die Umgebung des Fotografen in ihrer Gesamtheit abgebildet, inklusive des Bodens und des Himmels. Mit jedem aufgenommenen Bild entstehen nun quasi einzelne Teile einer kugelförmigen Hülle um den Fotografen. Hier hilft der Vergleich mit den einzelnen Stücken einer geschälten Orange. Um diese in eine flache Form ohne Lücken zu bringen, sind Verzerrungen an den oberen und unteren Enden unumgänglich. Den Prozess des Geradeziehens erledigt hier die Panoramasoftware. Bei der Betrachtung des Panoramas als Animation am Computer stellt sich dieses Problem nicht. Der gekrümmte Raum wird einfach als solcher dargestellt.

∧ **Abbildung 12.2**
Bei 360-Grad-Panoramen sind Verzerrungen Programm (Bild: Urs Siedentop).

Die passende Brennweite auswählen

Ein Panorama lässt sich aus allen Bildern erstellen, die nebeneinanderliegen. Dementsprechend gibt es auch kein Objektiv, das für diese Aufgabe prinzipiell ungeeignet ist. Möchten Sie zum Beispiel ein weit entferntes Bergmassiv mit zwei oder mehr Einzelbildern erfassen, so geht dies kaum ohne Telebrennweite.

Der einfachste Weg zu 360-Grad-Panoramen führt dagegen über Fotos, die mit einer möglichst kleinen Brennweite gemacht wurden. Die 18 Millimeter Brennweite des Kit-Objektivs der EOS 1200D sind in dieser Hinsicht eine gute Wahl. Der Bildwinkel ist in diesem Fall so groß, dass nur wenige Aufnahmen reichen, um eine Rundumsicht zu bekommen. Für die Software ist es zudem einfacher, aus wenigen Fotos ein Gesamtergebnis zu berechnen: Je mehr Aufnahmen zusammengefügt werden, desto größer ist das Risiko, dass es zu unsauberen Übergängen kommt. Außerdem ist der Computer länger mit dem Zusammensetzen vieler verschiedener Aufnahmen beschäftigt.

⌄ Abbildung 12.3
Ein Fisheye-Objektiv sorgt für surreale Effekte.

[15 mm | 1/100 s | f8 | ISO 200]

Professionelle Panoramafotografen schwören auf den Einsatz von Fisheye-Objektiven. In Fisheye-Aufnahmen werden gerade Linien, die nicht durch die Bildmitte laufen, zwar sehr stark verkrümmt abgebildet, dafür geben sie die Flächenverhältnisse ziemlich realitätsgetreu wieder und bieten dabei einen Bildwinkel von etwa 180 Grad. Ein beliebtes Objektiv bei ambitionierten Panoramafreunden ist das 8-mm-Fisheye-Objektiv MC 3,5/8 A des Herstellers BelOMO. Es wird oft unter seinem alten Namen Peleng angeboten und ist aktuell für rund 300 Euro im Handel erhältlich.

Technische Voraussetzungen für gute Panoramen

Die Programme zum Erstellen eines Panoramas erfüllen auch mit mäßig sauber von Hand geschossenen Aufnahmen ihre Aufgabe erstaunlich gut. Das klappt jedoch nicht immer und erfordert in einigen Fällen eine ausgesprochen mühselige Nacharbeit am Computer. Die Verwendung eines Stativs erspart diese Mühen. Hilfreich ist dabei ein Stativkopf mit Panoramafunktion.

Mit ihm können Sie die Kamera zur Seite bewegen, ohne dass die übrigen Achsen davon betroffen sind. Gut geeignet für eine Panoramaaufnahme ist auch ein Einstellschlitten, wie er bei der Makrofotografie zum Einsatz kommt (siehe Seite 231). Mit diesem können Sie die 1200D allerdings nicht im Hochformat befestigen.

Wenn Sie tiefer in die Panoramafotografie einsteigen und insbesondere auch Aufnahmen machen möchten, bei denen sich im Vordergrund Bildelemente befinden, landet vielleicht auch ein Nodalpunktadapter in Ihrer Fototasche. Mit diesem können Sie die 1200D nicht nur um einen festen Punkt drehen, der durch die Lage der Stativkupplung bestimmt wird, sondern um eine beliebig einstellbare Achse. Diese muss so gewählt werden, dass keine Parallaxenverschiebungen stattfinden.

Gegen Schieflagen

Bei Panoramaaufnahmen kann leicht der Horizont in Schieflage geraten. Mit einer kleinen Wasserwaage, die auf den Blitzschuh gesteckt wird, lässt sich dies vermeiden. Dieses nützliche Hilfsmittel ist für rund 10 Euro erhältlich.

Was ist eine Parallaxenverschiebung?

Was eine Parallaxenverschiebung ist, können Sie mit einem kleinen Experiment schnell erfahren: Wenn Sie Ihre beiden Daumen in unterschiedlicher Entfernung zum Kopf ausstrecken und diesen hin- und herdrehen, scheinen sich die Finger aufeinander zu- und voneinander wegzubewegen. Dieser Effekt ist umso größer, je näher der vordere Daumen Ihren Augen ist.

Stellen Sie sich vor, Ihr Kopf ist die Kamera, und es entstehen zwei Fotos aus unterschiedlichen Perspektiven. Jetzt sieht sich die Panoramasoftware mit einer unlösbaren

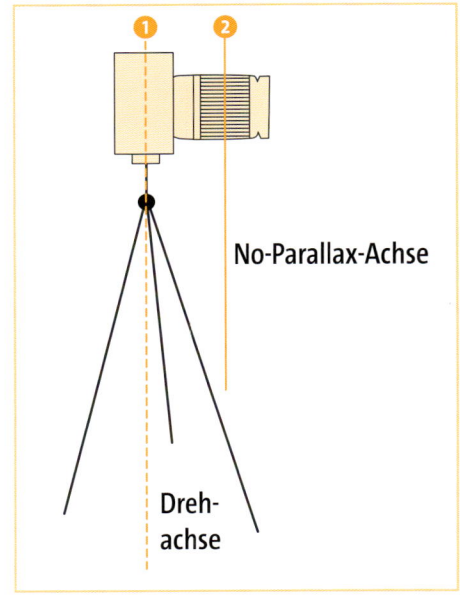

No-Parallax-Achse

Dreh-achse

Abbildung 12.4 >

Beim Schwenken der Kamera auf dem Stativ läuft die Drehachse mitten durch die Kamera ❶. Der No-Parallax-Punkt liegt aber weiter vorn im Objektiv. Nur wenn die Drehachse durch diesen verläuft ❷, lassen sich parallaxenfreie Aufnahmen anfertigen.

⌃ Abbildung 12.5
*Mit einem Nodal-
punktadapter lässt sich
die Kamera um den pa-
rallaxenfreien Punkt
drehen (Bild: Novoflex).*

Aufgabe konfrontiert. Denn das Objekt im Vordergrund scheint auf beiden Bildern eine unterschiedliche Position einzunehmen: einmal rechts und einmal links vom hinteren Objekt aus. Dies passiert immer dann, wenn sich der kritische Bereich auf gleich zwei Bildern befindet. Das Zusammenfügen der Aufnahmen ist damit kaum möglich. Achten Sie daher darauf, dass Sie ein im Vordergrund liegendes Objekt nicht auf sich überlappende Bildregionen legen. Wenn sich allerdings gleich mehrere Bildelemente über den gesamten Blickwinkel verteilen, lässt sich dies kaum umsetzen.

In der Praxis gibt es jedoch einen Punkt, um den sich die Kamera samt Objektiv drehen kann, ohne dass dieser Parallaxenfehler auftritt. Dieser Punkt liegt mitten im Objektiv. Wie Sie Ihre EOS 1200D entsprechend ausrichten können, erfahren Sie im Exkurs ab Seite 254.

 Es geht auch ohne Nodalpunktadapter

Mit steigendem Abstand zwischen Kamera und den Objekten im Bild erledigt sich das Parallaxenproblem von selbst. Wenn Sie aus gestalterischer Sicht also auf Motive im Vordergrund verzichten können, ist es auch ohne Nodalpunktadapter oder andere Hilfsmittel möglich, stimmige Panoramaaufnahmen anzufertigen.

Panoramen wirkungsvoll gestalten

In Sachen Gestaltung zeigt sich die Panoramafotografie von ihrer gütigen Seite. Durch das breite Format fallen kleinere Mängel im Bild nicht unbedingt auf. Trotzdem gibt es natürlich auch bei diesem fotografischen Genre Faktoren, die aus einem Foto einen Hingucker machen. Wie bei Weitwinkelaufnahmen besteht die Herausforderung darin, jeden Teil der Bildfläche überlegt zu füllen. Erst bei einer bewussten Gestaltung von Vorder-, Mittel- und Hintergrund wirkt das Foto lebendig.

Durch den engen Beschnitt können Sie bei Panoramen unwichtige Flächen verschwinden lassen. Deshalb kommt es in der Praxis eher darauf an, die Bereiche links und rechts Ihres Hauptmotivs sinnvoll zu füllen – und zwar so, dass sie nicht von diesem ablenken. Hier können Sie auf die unterschiedlichen Gestaltungsmittel zurückgreifen, die Sie bereits aus der Naturfotografie und anderen fotografischen Bereichen kennen.

[25 mm | 1/250 s | f9 | ISO 200 | Stativ]

∧ Abbildung 12.6
Berglandschaften sind klassische Panorama-motive.

 Überraschungseffekt

Panoramen, die für die Betrachtung mit einem 3D-Viewer am Computer gedacht sind, wirken oft besonders gut, wenn beim Ändern des Betrachtungswinkels mit der Maus überraschend Objekte im Vordergrund auftauchen.

Gute Ausgangsbilder für Panoramen anfertigen

Es klingt trivial, ist aber in der Praxis gar nicht so einfach: Bei Panoramaaufnahmen müssen die einzelnen Bilder zusammenpassen. Das betrifft nicht nur den Bildausschnitt, sondern auch die Belichtung, den Weißabgleich und die Schärfentiefe. Sie ahnen vermutlich bereits, dass dies am einfachsten über manuelle Einstellungen zu erreichen ist. Stellen Sie also den ISO-Wert und den Weißabgleich auf einen festen Parameter, und schenken Sie der Belichtung eine Menge Aufmerksamkeit. Ist jedes einzelne Bild unterschiedlich belichtet, sieht das zusammengesetzte Endergebnis entsprechend merkwürdig aus. Zudem macht die unterschiedliche Belichtung in den einzelnen Bildern der Panoramasoftware beim Zusammensetzen große Schwierigkeiten.

Je mehr Sie von der Umgebung in das Gesamtbild integrieren wollen, desto mehr müssen Sie mit einem breiten Spektrum an Lichtverhältnissen leben. Im Fall eines 360-Grad-Panoramas sind das Stellen mit hartem Gegenlicht auf der einen Seite sowie eher dunkel beleuchtete Bereiche auf der anderen. Das Problem eines hohen Kontrastumfangs kommt bei solchen Panoramen dann leider besonders zur Geltung.

Genug mit aufs Bild

Lassen Sie jeweils an den oberen und unteren Rändern genug Platz. Das gibt Ihnen beim späteren Zuschneiden des zusammengesetzten Panoramas mehr Spielraum. Das Hochformat bringt in dieser Hinsicht Vorteile.

[10 mm | 1/640 s | f8 | ISO 100 | Stativ]

˄ Abbildung 12.7
Panoramen sollten immer im Hochformat aufgenommen werden, um Zuschnitte möglich zu machen.

Idealerweise arbeiten Sie beim Stativeinsatz mit einer Kabelfernauslösung. Auf diese Weise können Sie sich ganz auf das saubere Drehen der Kamera konzentrieren und sind schneller. Ein zügiges Abfotografieren der einzelnen Elemente ist besonders dann nötig, wenn sich die Wetterverhältnisse schnell ändern. Ansonsten passen die Belichtungseinstellungen der ersten Aufnahme nicht mehr zu den Lichtverhältnissen der letzten.

Ein wenig zusätzliche Freiheit lässt auch in diesem Fall das RAW-Format. Damit können Sie die Helligkeit und besonders den Weißabgleich der verschiedenen Bilder einfacher aneinander anpassen, als dies beim JPEG-Format möglich ist.

Panoramabilder aufnehmen

SCHRITT FÜR SCHRITT

1 Vorbereitung

Wenn Sie Ausgangsaufnahmen für ein Panorama anfertigen möchten, gehen Sie am besten so vor: Suchen Sie sich eine durchschnittlich belichtete Stelle. Stellen Sie zunächst an der EOS 1200D im **Av**-Programm eine geeignete Blende ein. Bei Landschaftsaufnahmen kommt es Ihnen vermutlich auf eine hohe Schärfentiefe an. Hier empfehlen sich Blendenwerte von f8 bis f11 ❷. Messen Sie nun die Belichtung, und merken Sie sich den Wert für die Belichtungszeit ❶.

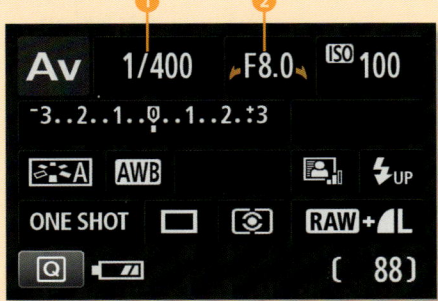

2 Den manuellen Modus M wählen

Wechseln Sie jetzt zum **M**-Programm. Stellen Sie Blende und Belichtungszeit mit dem **Hauptwahlrad** ein. Für die Veränderung des

Blendenwerts müssen Sie gleichzeitig die **Av**-Taste auf der Kamerarückseite drücken. Durch einige Probeaufnahmen der jeweils hellsten und dunkelsten Bereiche finden Sie schnell heraus, ob Sie mit den gewählten Einstellungen richtigliegen.

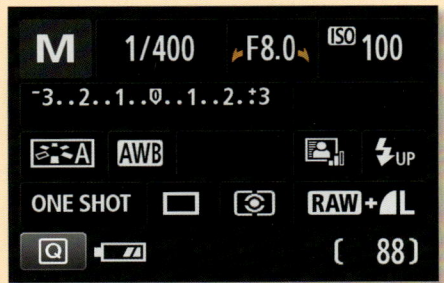

3 Die Bilder aufnehmen

Fotografieren Sie das erste Bild, und schalten Sie anschließend den Autofokus am Objektiv ab. So wird die Fokussierung bei den anderen Fotos nicht jedes Mal neu eingestellt – eine weitere potenzielle Fehlerquelle. Fotografieren Sie alle weiteren Bilder mit einer Überlappung an den Rändern von etwa 20 Prozent. Ansonsten bekommt die Software Probleme beim Zusammenfügen der Einzelaufnahmen.

Die Grenzen von Panoramasoftware

Es ist erstaunlich, wie gut die Softwarelösungen für die Panoramaerstellung auch aus Bildern mit kleinen Fehlern ein schönes Gesamtergebnis zusammensetzen können. Dazu wird mit komplexen optischen und mathematischen Gesetzen operiert, von denen der Anwender zum Glück unbehelligt bleibt. Zaubern kann allerdings auch das beste Programm nicht. Deshalb erzielen nur sorgfältig erstellte Einzelbilder das optimale Resultat, bei dem die Nacharbeit am Computer wenig Zeit beansprucht. Die in die Aufnahme der Fotos gesteckte Zeit holen Sie bei der anschließenden Bearbeitung am Computer also locker wieder heraus.

 Panoramasoftware für Fortgeschrittene

PhotoStitch (das Sie im Softwarepaket zu Ihrer EOS 1200D mitgeliefert bekommen) und Photoshop Elements bieten nur sehr eingeschränkte Möglichkeiten der Panoramaerstellung. Für umfangreichere Projekte lohnt sich deshalb ein Blick auf entsprechende Spezialsoftware. Sehr beliebt und leistungsfähig ist zum Beispiel PTGui, das für rund 80 Euro für Mac und PC erhältlich ist. Kostenlos ist dagegen Hugin, das es ebenfalls für beide Plattformen gibt. Diese Programme bieten weitaus umfangreichere Möglichkeiten, den Prozess der Panoramaerstellung zu beeinflussen.

[55 mm | 1/640 s | f5,6 | ISO 1600 | Stativ]

∧ **Abbildung 12.8**
Es muss nicht immer Landschaft sein: Auch bei diesem Bild funktioniert
das Panoramaformat gut.

Panoramen mit PhotoStitch zusammensetzen

SCHRITT FÜR SCHRITT

1 Ausgangsbilder auswählen

Wenn die Bilder im Kasten sind, muss der Computer ran. Im Lieferumfang der EOS 1200D befindet sich für diese Aufgabe das Canon-Programm PhotoStitch. Starten Sie PhotoStitch, wählen Sie **Bilder verknüpfen** ❶, und klicken Sie auf **Öffnen** ❷. Es erscheint der Dialog für die Dateiauswahl. Hier können Sie gleich mehrere Bilder auswählen, indem Sie die ⇧-Taste während der Auswahl gedrückt halten. Über die Strg - beziehungsweise cmd -Taste am Mac lassen sich auch nicht zusammenhängende Bilder selektieren.

2 Bilder anordnen

Mit der Option **Anordnen** ❸ legen Sie die Positionierung der Bilder fest. Selbstverständlich sind auch vertikale Panoramen möglich oder solche, in denen gleich mit zwei oder mehreren Reihen übereinander gearbeitet wird. In diesem Fall ist die Option **Matrix** zu wählen. Mit der Maus können Sie die einzelnen Bilder richtig anordnen. Über **Wechseln** ❹ lässt sich die Reihenfolge der Bilder umkehren. Wenn Sie die Bilder geordnet haben, wählen Sie den Reiter **Verknüpfen** ❺.

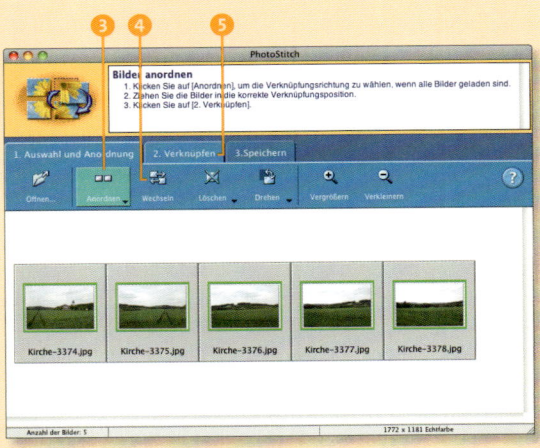

3 Bilder verknüpfen

Anschließend startet ein Klick auf **Start** ❶ den Vorgang der Panoramaerstellung. Bevor es losgeht, fragt das Programm möglicherweise noch nach der Aufnahmetechnik – diese bleibt auf **Verschieben** ❷ – und nach der verwendeten Brennweite ❸ im Kleinbildformat. Im folgenden Dialogfeld geben Sie dazu einfach die Brennweite, dividiert durch den Cropfaktor von 1,6, an. Bestätigen Sie dann mit **OK** ❹.

4 Verknüpfung nachbessern

Anschließend können Sie die automatische Verknüpfung des Computers noch berichtigen, falls das nötig sein sollte. Klicken Sie dazu auf **Nähte** ❺, diese werden dann gerahmt angezeigt ❻. Wenn Sie **Vergrößern** ❼ wählen, können Sie sich die Übergänge genauer anschauen. Mit gedrückter Maustaste lassen sich die Bilder dann auch nachträglich noch verschieben. Möglicherweise hat sich die Automatik durch einzelne Motivteile irritieren lassen, und ein manueller Eingriff ist nötig.

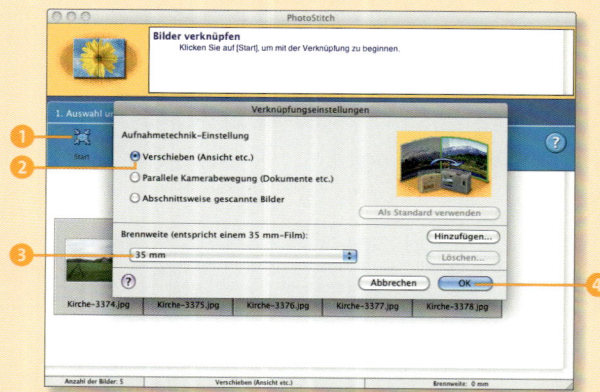

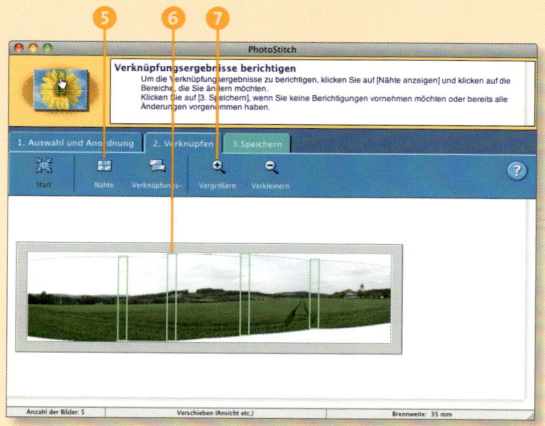

Abbildung 12.9 ⌄ >
Die Einzelbilder und das fertig zusammengesetzte Panorama

5 Verknüpfung korrigieren

Wenn Sie **Überlappung automatisch anpassen** ⑧ aktiviert haben, können Sie der Automatik ein wenig auf die Sprünge helfen. Das Programm optimiert selbstständig den Bildübergang, und Sie müssen noch nicht einmal sehr genau arbeiten. Bei deaktiviertem Kontrollkästchen dagegen wird der Übergang wie angegeben erstellt. Alternativ lassen sich auch zwei oder mehr übereinstimmende Bereiche bestimmen ⑨, indem Sie eine Stelle mit der Maus anklicken und diese bei gedrückter Maustaste im zweiten Bild ansteuern. In der Regel führt die Automatik der ersten Option zu besseren Ergebnissen.

6 Bildausschnitt wählen

Über den Reiter **Speichern** ⑩ sichern Sie das fertige Werk. Mit der Maus können Sie den grünen Rahmen ⑪ passend über das Bild legen. Auch hier empfiehlt sich ein Klick auf **Vergrößern** ⑫. Ein Klick auf **Speichern** ⑬ legt das Bild auf Ihrer Festplatte ab.

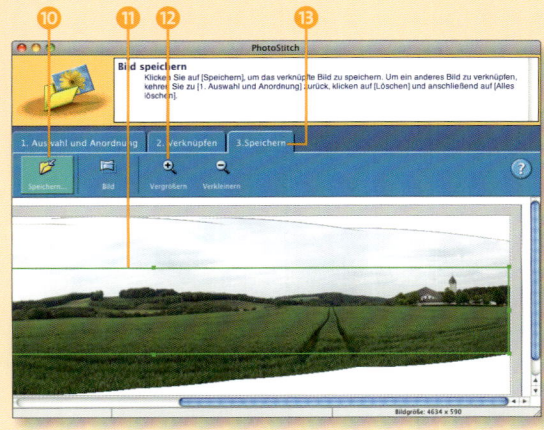

Den parallaxenfreien Punkt bestimmen

Den parallaxenfreien Punkt bestimmen Sie am besten durch Versuch und Irrtum. Am einfachsten geht das, indem Sie einen Bindfaden um das Objektiv wickeln und mit einem kleinen Gewicht beschweren. Dieses lassen Sie als Lot über dem Boden schweben. Mit dieser einfachen Methode können Sie erstaunlich gute Panoramaaufnahmen ohne Parallaxprobleme schießen. Alternativ montieren Sie die 1200D auf einem Nodalpunktadapter. Die professionellere Alternative ist leider wesentlich teurer.

∧ Abbildung 12.11
Die Kamera muss so lange ausgerichtet werden, bis die Mitte des Objektivs über der Drehachse des Stativs liegt.

< Abbildung 12.10
Wer keinen Nodalpunktadapter hat, kann sich auch mit dieser Methode behelfen.

2 Referenzpunkte auswählen

Ausgehend von dieser Konstruktion starten die Versuche. Fixieren Sie zwei unterschiedlich weit von der Kamera entfernte Punkte an. Im Bildbeispiel wurden dafür zwei Wanderstöcke hintereinander aufgestellt. Die Kamera positionieren Sie so, dass beide Stöcke direkt hintereinander im Sucher erscheinen.

1 Objektiv einrichten

Befestigen Sie den Faden etwa in der Mitte des Objektivs (siehe Abbildung 12.10). Beim Einsatz eines Nodalpunktadapters sollte das Objektiv über die Links-rechts-Verstellung mittig über der Drehachse des Stativs positioniert werden. Verschieben Sie das Objektiv dann so lange in Vorn-hinten-Richtung, bis sich die Drehachse in dessen Mitte befindet.

< Abbildung 12.12
Die Wanderstöcke befinden sich auf einer Linie.

3 Scharfstellen

Schalten Sie den Autofokus aus. Stellen Sie dann die Entfernungseinstellung am Objektiv manuell auf Unendlich oder auf den Wert ein, mit dem Sie Ihre Panoramen erstellen möchten. Die Lage des parallaxenfreien Punktes hängt auch von der Entfernungseinstellung ab.

4 Kameraposition überprüfen

Schwenken Sie die Kamera nach links, und beobachten Sie die Position der gewählten Objekte im Sucher. Scheint sich das hintere Objekt nach links zu bewegen, liegt der No-Parallax-Punkt weiter hinten als eingestellt, und der Faden muss weiter nach hinten wandern. Wenn Sie einen Nodalpunktadapter verwenden, schieben Sie die Kamera auf dem Schlitten weiter nach vorn. Bewegt sich das hintere Objekt allerdings nach rechts, gehen Sie genau umgekehrt vor. Der parallaxenfreie Punkt befindet sich weiter vorn.

< Abbildung 12.13
Beim Schwenken der Kamera sind die Wanderstöcke versetzt nebeneinander zu sehen. Der parallaxenfreie Punkt ist noch nicht gefunden. Beim Aneinanderfügen der Bilder zu einem Panorama wäre die Software überfordert.

5 Schrittweise Annäherung an den parallaxenfreien Punkt

Mit immer kleineren Änderungen nähern Sie sich nun langsam dem Punkt, bei dem sich die beiden Objekte im Sucher nicht mehr gegeneinander verschieben, wenn Sie die Kamera nach links und rechts schwenken. Die beiden Wanderstöcke im Beispiel bleiben trotz Schwenkens der Kamera hintereinander. Damit haben Sie für das verwendete Objektiv und die aktuelle Entfernungseinstellung den No-Parallax-Punkt gefunden.

^ Abbildung 12.14
Der parallaxenfreie Punkt ist gefunden, da die Wanderstöcke auch beim Schwenken der Kamera nach links oder rechts immer hintereinander zu sehen sind.

Kapitel 13
In der Stadt unterwegs

Straßenszenen einfangen

Ob die Straßencafés in Paris, die hektische Betriebsamkeit New Yorks oder das bunte Treiben auf den Basaren in Istanbul — jede Stadt hat ihr eigenes, ganz besonderes Flair. Und so vielfältig wie Städte selbst sind auch die Motive: einerseits die Gebäude, die den Rahmen für das Stadtleben bilden und das Bindeglied zwischen längst vergangenen Epochen und der Gegenwart sind, andererseits die Menschen, die Straßen und Plätze mit Leben füllen.

Ihre 1200D bietet beste Voraussetzungen, um in diesen Mikrokosmos einzutauchen. Auch in Sachen Optik sind Sie mit dem Kit-Objektiv gut bedient. Natürlich ist es verlockend, mit einem Teleobjektiv aus großer Entfernung das Geschehen zu dokumentieren. Der Eindruck, dass der Fotograf unmittelbar dabei war, geht allerdings verloren. Bilder mit einer niedrigen Brennweite bis hin zum Weitwinkel vermitteln in der Regel einen besseren Eindruck von der Szenerie.

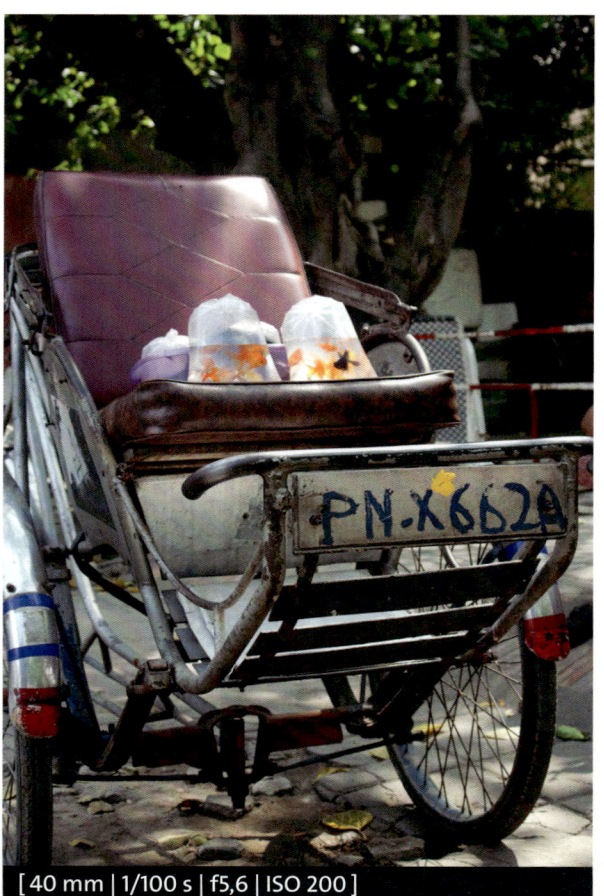

˅ Abbildung 13.1
Greifen Sie sich überraschende Details heraus.

[40 mm | 1/100 s | f5,6 | ISO 200]

Die Fotos einer Stadt sollen diese oftmals nicht nur dokumentieren, sondern auch die damit verbundene Ausstrahlung dieser Orte transportieren. Das ist gar nicht so einfach, denn das Drumherum — wie etwa das Stimmengewirr und Gerüche — landet nicht in den engen Grenzen des Fotoausschnitts. Die Herausforderung bei der Motivwahl besteht also darin, aus der Summe der visuellen Informationen diejenigen herauszupicken, die symbolhaft für Ihren Gesamteindruck stehen. Versuchen Sie erst einmal herauszufinden, was für Sie das Besondere an dem Ort ist. Wenn Ihnen klar ist, was Sie fasziniert, dann wird es Ihnen sicher leichter fallen, dies in Szene zu setzen.

Statt den quirligen Markt in seiner Gesamtheit abzulichten, wählen Sie lieber einen typischen Marktstand aus und versuchen Sie, diesen im Detail in Szene zu setzen. Indem Sie sich auf konkrete Situationen oder Ausschnitte beschränken, wird es einfacher, mit dem Bild auch eine »Geschichte« zu erzählen.

Weil in diesem Genre fremde Personen ins Spiel kommen, bewegen Sie sich allerdings schnell auf dünnem Eis. Ihrem Wunsch, das Stadtleben einzufangen, steht das Bedürfnis Ihres »Modells« gegenüber, nicht als (folkloristisches) Motiv für Touristen herhalten zu müssen. Hier gilt es, eine Abwägung zu treffen. Sie werden erstaunt sein, wie viele Menschen bereitwillig posieren, wenn Sie nur fragen.

Falls Sie schüchtern sind oder aber das Gesicht für die Bildaussage keine

[33 mm | 1/250 s | f5,6 | ISO 200]

∧ **Abbildung 13.2**
Ein enger Bildausschnitt wirkt besser als eine Totale des Marktes.

Rolle spielt, können Sie die Personen auch als nicht identifizierbare Silhouetten darstellen. Im Gegenlicht des Morgens oder Abends lassen sich interessante Stadtszenen einfangen, ohne dass Sie dafür Einzelnen zu nahe kommen.

Im Genre der Straßenfotografie arbeiten viele Fotografen mit Schwarzweißaufnahmen. Dieses Stilmittel reduziert die Wirkung auf Kontraste und Strukturen und betont diese damit. Über die Bildstil-Einstellungen der Kamera können auch Sie sich darin versuchen. Falls Sie im RAW-Format fotografieren, ist es später problemlos möglich, auf die Farbversion zurückzugreifen.

Um die hektische Betriebsamkeit einer Stadt darzustellen, bieten sich auch Mitzieher an, wie Sie sie auf Seite 132 kennengelernt haben. Mit dem **Tv**-Programm kommen Sie dabei ans Ziel. Die genaue Belichtungszeit hängt von der Brennweite, der Entfernung zum Motiv und dessen Geschwindigkeit ab. Starten Sie Versuche mit laufenden Passanten bei etwa 1/50 s, und tasten Sie sich an das optimale Ergebnis heran

[18 mm | 1/125 s | f8 | ISO 200]

Abbildung 13.3 >
*Experimentieren Sie mit dem Bildstil **Monochrom**.*

[15 mm | 1/60 s | f8 | ISO 100]

∧ **Abbildung 13.4**
*Der **Miniatureffekt** eignet sich hervorragend für den Einsatz in der Stadt.*

Interessante Effekte lassen sich auch mit dem **Miniatureffekt** 🔖 erzielen. Dieser funktioniert nicht nur aus großer Entfernung und von schräg oben, sondern auch aus der Nähe. Damit ist zwar die Miniaturlandschaft-Darstellung weit weniger ausgeprägt, aber Schwere und Ernsthaftigkeit weichen einer gewissen Leichtigkeit und Verspieltheit.

Häufig geben selbst die weniger schönen Ecken einer Stadt interessante Motive ab – zum Beispiel, weil Sie den Verfall und städtebauliche Sünden dokumentieren oder gesellschaftliche Spannungen offenbaren. Auch beim Anfertigen solcher Bilder können Sie sich jedoch von fotografischen Gestaltungsregeln leiten lassen. Dadurch wird der Inhalt nicht schöner, aber kommt prägnanter zur Geltung.

Bauwerke zur Geltung bringen

Ob großbürgerlich, mondän, ländlich oder avantgardistisch – Bauwerke bestimmen die Wahrnehmung einer Stadt. Es ist jedoch gar nicht so einfach, diese raumgreifenden Konstruktionen in einem zweidimensionalen Foto gut zur Geltung zu bringen. Mit der richtigen Technik und einigen Gestaltungstricks gelingt dies besser.

☑ **Verschmutzte Stadtluft**

Eindrucksvolle Bilder einer Stadt sind häufig auch von Aussichtsplattformen, Türmen oder Hügeln aus möglich. Gerade im Sommer rauben jedoch häufig Staub und Wärmedunst den Bildern Schärfe und Kontrast. Nach einem Regenschauer herrschen meist günstigere Bedingungen.

Objektiv und Kreativprogramm für Architekturbilder

In der Theorie gibt es für die Architekturfotografie kein prädestiniertes Objektiv. In der Praxis allerdings hängt die Wahl einer geeigneten Brennweite vom Platz hinter Ihrem Rücken ab. In den Schluchten einer Großstadt wird es kaum gelingen, mit mittleren Brennweiten einen Wolkenkratzer abzulichten. Falls es dennoch möglich ist, stören im Vordergrund womöglich Objekte wie Schilder, Ampeln und Laternen. Hier entfalten die Weit- und Ultraweitwinkelobjektive ihr volles Potenzial. Damit sind in der Regel Brennweiten von unter 20 mm gemeint.

Ist auf dem Bild mehr als nur die reine Fassade eines Gebäudes zu sehen, kommt auch in diesem Genre die Steuerung der Schärfentiefe über die Blende ins Spiel. Sollen alle Bereiche des Bildes scharf abgebildet werden, ist es am einfachsten, im **Av**-Programm eine höhere Blendenzahl einzustellen. Doch auch das **Tv**-Programm hat in diesem Genre seine Berechtigung: Lange Belichtungszeiten und der Einsatz eines Stativs ermöglichen kreative Effekte mit bewegten Elementen.

☑ Innenräume fotografieren

- Damit Innenraumaufnahmen natürlich wirken, sollten Sie aus Augenhöhe fotografieren. Durch die Wahl eines tieferen Aufnahmestandorts erscheinen kleinere Räume höher und gleichzeitig tiefer.
- Oft ist es aufgrund der Platzverhältnisse gar nicht so leicht, einen geeigneten Aufnahmestandort zu finden. Falls Sie nicht gerade das Innere einer großen Kirche oder ein Detail fotografieren wollen, kommen Sie um eine Weitwinkelbrennweite kaum herum. Selbst die 18 mm des Kit-Objektivs sind womöglich in einigen Fällen nicht niedrig genug.
- Ein großes Problem sind Fenster. Bei Tageslicht sorgt das einfallende Licht meist für einen zu hohen Kontrastumfang, wie Sie auf Seite 91 gesehen haben. Hier hilft der Einsatz eines Blitzes.

So bekommen Sie stürzende Linien in den Griff

Wer versucht, ein großes Gebäude auf einem Bild unterzubringen, macht früher oder später mit einem interessanten Phänomen Bekanntschaft. Es zeigt sich vor allem, wenn der Fotograf in die Knie geht und die Kamera leicht nach oben schwenkt.

[15 mm | 1/320 s | f8 | ISO 100]

∧ **Abbildung 13.5**
*Auf dieser Weitwinkel-
aufnahme zeigen sich
die stürzenden Linien
deutlich.*

Man spricht von stürzenden Linien: Das Bauwerk scheint nach hinten zu kippen. Dieser Eindruck entsteht, wenn die Sensorebene der Kamera nicht parallel zu den vertikalen oder horizontalen Linien des Gebäudes liegt. Die Linien im Bild verlaufen dann ebenfalls nicht mehr parallel zueinander. Sie treffen sich stattdessen im sogenannten Fluchtpunkt, in der Regel außerhalb des Bildes.

Die stürzenden Linien müssen nicht unbedingt stören, sondern können durchaus als Stilelement eingesetzt werden. Bei einigen Gebäuden lässt sich dieses optische Phänomen sogar gut nutzen, um Größe und Höhe stärker zu betonen.

Wenn Sie den Effekt nicht wünschen, kann er auf verschiedenen Wegen auch vermieden oder zumindest abgeschwächt werden. Statt die Kamera nach oben zu schwenken, wird sie exakt parallel zur Fassade ausgerichtet. Meist muss sie dafür in eine höhere Position gebracht werden, etwa über die ausgestreckten Arme, das Stativ oder einen höher gelegenen Standort.

Stürzende Linien verschwinden auch, wenn der Abstand zum Motiv steigt. Hier stößt der Fotograf allerdings schnell an Grenzen: In eng bebauten Städten beschränken Häuserwände oft die Möglichkeit, auf Distanz zu gehen.

∨ **Abbildung 13.6**
*Stürzende Linien – das Fachwerkhaus scheint auf dem linken Foto nach hinten zu kippen.
Durch einen erhöhten Standort konnte die 1200D in die Parallele gebracht werden, so dass
die stürzenden Linien verschwunden sind (rechts).*

[10 mm | 1/200 s | f5,6 | ISO 100 | Stativ]

[10 mm | 1/200 s | f5,6 | ISO 100 | Stativ]

Ein weiterer Trick besteht darin, das Hochformat und eine kurze Brennweite, etwa im Bereich von 10 bis 20 mm, zu nutzen. Durch den großen Bildwinkel ist es nicht nötig, die Kamera aus der Parallele zum Gebäude zu schwenken, und der Aufnahmeabstand kann größer sein. Dabei landet allerdings in der Regel zu viel vom Boden mit auf dem Bild. Dieser überflüssige Teil kann jedoch später am Computer leicht entfernt werden.

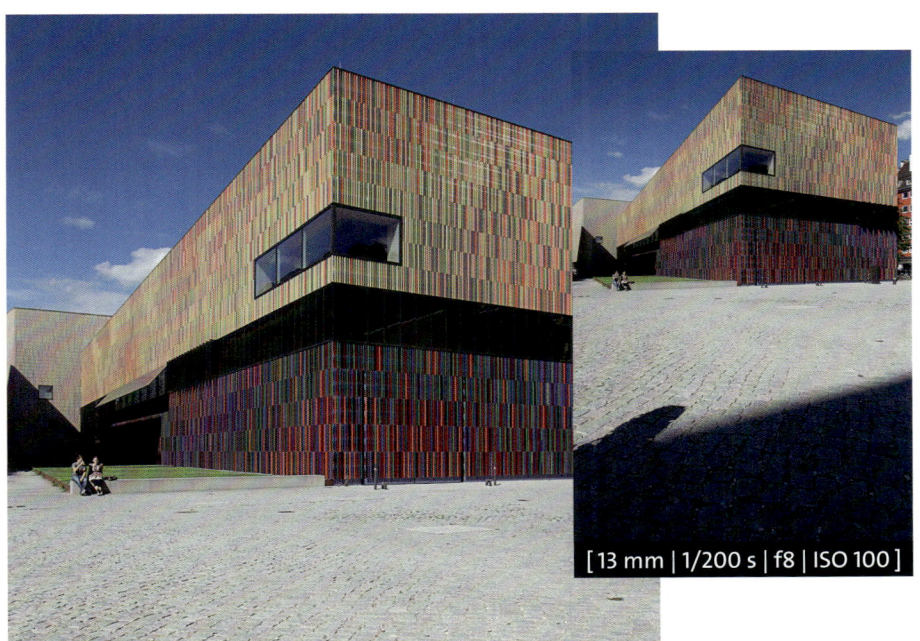

[13 mm | 1/200 s | f8 | ISO 100]

< **Abbildung 13.7**
Um stürzende Linien zu vermeiden, wurde dieses Bild im Hochformat bei niedriger Brennweite aufgenommen. Die Schatten im Vordergrund verschwanden durch Zuschneiden am Computer.

Mit einem Bildbearbeitungsprogramm wie Photoshop Elements lassen sich stürzende Linien korrigieren. Wie dies geht, erfahren Sie ab Seite 274. Da später an den Seiten des Bildes dadurch Informationen verloren gehen, empfiehlt sich bei der Aufnahme ein etwas größerer Ausschnitt. Die Software zieht bei diesem Verfahren das Foto an einigen Stellen in die Breite. Damit sind leider leichte Verluste in der Bildqualität verbunden.

Viele professionelle Architekturfotografen arbeiten mit sogenannten Tilt-Shift-Objektiven. Bei diesen lässt sich das Objektiv in verschiedene Richtungen verschieben und schwenken. Dadurch kann der Effekt stürzender Linien sehr gut kompensiert werden. Solche Spezialobjektive haben jedoch einen stolzen Preis. Canon hat vier verschiedene Modelle mit den Brennweiten 17, 24, 45 und 90 mm im Programm. Sie kosten zwischen 1300 und 2300 Euro.

∧ **Abbildung 13.8**
Bei Tilt-Shift-Objektiven können die Linsen gegenüber der Sensorebene frei bewegt werden (Bild: Canon).

263

Architekturbilder gestalten

Wie in allen fotografischen Genres lohnt es sich auch bei der Abbildung von Gebäuden, das Motiv vor der Aufnahme eingehend zu betrachten. Bei einem kleinen Rundgang um das Bauwerk entstehen ganz sicher neue Bildideen. Dabei können Sie wichtige Fragen klären: Was genau macht das Bauwerk überhaupt interessant? Wie viel von der Umgebung soll in die Komposition mit einfließen? Wie fällt der Schatten zu welcher Tageszeit?

Abbildung 13.9 >
Auch bei der Architekturfotografie können Sie sich auf die Wirkung der Drittelregel verlassen.

[40 mm | 1/800 s | f7,1 | ISO 200]

Licht und Schatten erzeugen Spannung

Gerade in der Architekturfotografie hat das Licht ebenso wie der damit verbundene Schatten große Auswirkungen auf die Bildwirkung. Seitlich einfallende Sonnenstrahlen am Morgen oder am Abend werfen weiche Schatten auf exponierte Gebäudeteile wie Ornamente und Vorsprünge. Diese erhalten dadurch mehr Plastizität und kommen schöner zur Geltung. Andererseits sind mit diesen Bedingungen oft ausgesprochen lange Schlagschatten von anderen Gebäuden verbunden, die das Motiv abdunkeln. Im harten Licht der Mittagssonne wiederum sind die Schatten zwar kurz, aber umso härter. Moderner Architektur mit Ecken und Kanten kann dies unter Umständen gut bekommen. Falls Sie Zeit haben, sollten Sie im Vorfeld das Bauwerk zu unterschiedlichen Tageszeiten besuchen, um die richtige Lichtsituation zu erwischen.

Denkbar ungünstig ist es, wenn die fotogene Seite eines Gebäudes nach Norden zeigt. Da die Sonne in diesem Fall niemals direkt auf die Fassade fällt, wirkt diese auf dem Bild häufig dunkel und strukturlos. Wird das Foto im Gesamten aufgehellt, ist wiederum der Himmel überbelichtet. Eine klassische Situation also, in welcher der Kontrastumfang der Umgebung die technischen Möglichkeiten der 1200D übersteigt. Ohne Nachbearbeitung am Computer können Sie solche Gebäude lediglich an bedeckten Tagen oder in der Morgen- beziehungsweise Abenddämmerung gut in Szene setzen.

[25 mm | 1/250 s | f8| ISO 200 | Stativ]

∧ **Abbildung 13.10**
Warmes Licht am Abend gibt Fassaden mehr Struktur, allerdings fallen auch längere Schatten.

☑ Die Farbgebung beeinflussen

In Kapitel 4 auf Seite 94 haben Sie erfahren, wie in hellen Umgebungen eine gezielte Überbelichtung verhindert, dass Bildteile grau statt weiß erscheinen. Weiße Fassaden in heller Umgebung sind ein Einsatzgebiet, bei dem diese Methode sehr nützlich ist. Moderne Gebäude bestehen oft aus spiegelnden Materialien wie Glas und Metall. Um unerwünschte Reflexionen zu vermeiden, können Sie einen Polfilter einsetzen (siehe Seite 172). Ein schöner Nebeneffekt ist ein kräftig dunkelblauer Himmel.

Klassisch oder kreativ?

Eine wichtige Entscheidung ist, ob Ihnen ein dokumentarisches Foto, etwa als Urlaubserinnerung, vorschwebt, oder ob Sie sich eher kreativ mit der Architektur auseinandersetzen möchten. Wenn Sie ein Bauwerk rein dokumentarisch ablichten möchten, empfiehlt sich eher eine minimalistische Bildsprache. Das Gebäude wird dabei in seiner Gesamtheit abgebildet. Stürzende

Linien werden hier höchstens toleriert, nicht aber auf kreative Weise als künstlerisches Mittel eingesetzt.

Sehr interessant für die Darstellung von Gebäuden ist auch der kreative Ansatz. Statt das Motiv dokumentarisch abzulichten, können Sie sich auf Details konzentrieren, besondere Eigenschaften der Formgebung betonen oder Strukturen des Gebäudes rein abstrakt wiedergeben. Oft sind auch einzelne Stilelemente, etwa die Wasserspeier einer Kathedrale oder Ornamente eines Jugendstilhauses, interessanter als ein langweiliges Bild der Fassade.

Die kreative Bildgestaltung steht auch der modernen Architektur gut zu Gesicht. Derartige Bauwerke erscheinen in einer Totalaufnahme mitunter recht langweilig. Wesentlich ansprechender wirken dann ungewöhnliche oder gar extreme Perspektiven. Der Blick nach oben etwa schafft häufig besonders dynamische und dramatische Bildeindrücke. Verzerrungen eines Ultraweitwinkelobjektivs oder die ungewohnte Darstellung aus der Froschperspektive können Sie gezielt als kreative Elemente in die Bildgestaltung mit einfließen lassen. Auch ein extremer Ausschnitt oder die Betonung eines Details wirken oft Wunder: Durch einen klaren Fokus auf besonders interessante Elemente der Fassade lassen sich diese auch hier viel besser herausstellen.

ᵛ **Abbildung 13.11**
Gegensätze ziehen die Aufmerksamkeit des Betrachters an.

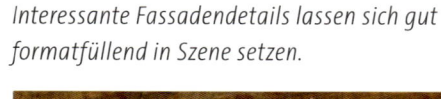

ᵛ **Abbildung 13.12**
Interessante Fassadendetails lassen sich gut formatfüllend in Szene setzen.

[45 mm | 1/250 s | f10 | ISO 200]

[60 mm | 1/100 s | f4,5 | ISO 200]

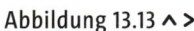

[10–55 mm | 1/640 s–1/1250 s | f8 | ISO 200–400 | Stativ | Polfilter]

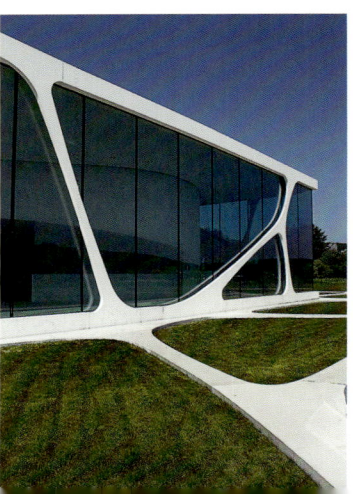

Abbildung 13.13 ∧ >

Am Beispiel des LEONARDO glass cube in Bad Driburg ist zu sehen, wie moderne Architektur sehr unterschiedlich in Szene gesetzt werden kann.

Alte Gebäude wiederum zeigen sich meist in ihrer natürlichen Umgebung von der besten Seite. Nehmen Sie also ruhig ein wenig Landschaft mit ins Bild, und achten Sie darauf, dass nicht zu viele Bildelemente den Betrachter verwirren. Wege oder Zäune sind oft gute Hilfslinien, die den Blick des Betrachters direkt zum Hauptmotiv hinführen.

Abbildung 13.14 >
Dass die Umgebung mit einbezogen wurde, trägt entscheidend zur Bildwirkung bei.

[18 mm | 1/1600 s | f4 | ISO 100 | Stativ]

Hilfe bei der Linienführung

Wenn Sie im **Livebild**-Modus fotografieren, blenden Sie am besten Gitterlinien ein. Das hilft bei der Linienführung im Bild. Das erledigen Sie im Aufnahmemenü 4 (siehe auch Seite 26).

Die richtige Perspektive und Bildkomposition

In der Architekturfotografie (wie überhaupt in der Fotografie) werden dreidimensionale Räume in eine zweidimensionale Abbildung übertragen. Wichtig für die Bildgestaltung ist deshalb die gewählte Perspektive. Sie bestimmt, in welcher Form die Dreidimensionalität in die Fläche übertragen wird, und beeinflusst die Tiefenwirkung im Bild. Gerade beim Fotografieren von Bauwerken wandelt sich mit einer Veränderung der Perspektive die Wirkung sehr stark. Es ist deshalb sehr hilfreich, wenn Sie hier verschiedene Varianten ausprobieren. Aus der Froschperspektive, also von unten fotografiert, wirken Bauwerke unter Umständen monströs. Vom Dach eines Turmes aus der Vogelperspektive dagegen erschließt sich das Gesamtkonzept des Architekten wesentlich besser.

Format gezielt brechen

Probieren Sie doch einmal hoch aufragende Motive im Querformat und eher breite Motive im Hochformat unterzubringen: Es kann sich lohnen, mit dem klassischen Bildaufbau zu brechen.

[24 mm | 1/500 s | f8 | ISO 200]

∨ **Abbildung 13.15**
Experimentieren Sie mit unterschiedlichen Perspektiven.

∧ **Abbildung 13.16**
Die Frosch-Perspektive

[85 mm | 1/500 s | f8 | ISO 100]

Neben der gewählten Perspektive stellt sich auch die wichtige Frage nach der Symmetrie im Bild. So wirkt eine symmetrische Darstellung von symmetrisch gebauten Gebäuden nicht unbedingt langweilig, sondern in vielen Fällen eher ruhig und strukturiert, manchmal auch wuchtig oder monumental. Eine flache Fassade mittig positioniert dagegen schafft oft einen langweiligen Bildeindruck. Durchbricht allerdings ein herausstechendes Element oder interessantes Detail die Symmetrie, funktioniert auch diese Art der Abbildung.

[25 mm | 1/400 s | f5,6 | ISO 100 | Stativ]

< Abbildung 13.17
Der Ausschnitt des Olympiaturms in München wird durch Teile des Olympiahallendachs eingerahmt.

ˇ Abbildung 13.18
Eine asymmetrische Darstellung funktioniert bei diesem Motiv besonders gut.

[18 mm | 1/200 s | f9 | ISO 100]

Mensch und Gebäude im Fokus

An schönen Orten sind Sie selten allein, und so ist manch eine Sehenswürdigkeit von früh morgens bis spät abends von Menschenmassen umgeben. Oft lässt sich kein einziger guter Ausschnitt finden, bei dem keine Passanten zu sehen sind. Nicht immer ist dies negativ. Schließlich kommt manchmal erst dadurch Leben ins Spiel, und der Betrachter kann die wahren Ausmaße eines Bauwerks besser abschätzen.

Allerdings empfiehlt es sich, darauf zu achten, keine allzu sehr ablenkenden Elemente im Bild zu haben – oder aber diese gezielt einzusetzen. Ein auffällig sichtbarer roter Regenschirm wird jedenfalls die Aufmerksamkeit des Betrachters auf sich ziehen. Wenn Sie den passenden Moment abwarten, befindet sich dieses Zweitmotiv womöglich genau im richtigen Bereich des Bildes.

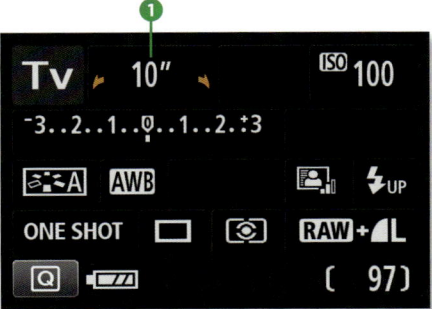

Eine Alternative sind Belichtungszeiten von mehreren Sekunden. Diese sorgen dafür, dass Menschen oder bewegte Objekte wie Autos nur schemenhaft wahrzunehmen sind. Ein solch »umgekehrter Mitzieher« ist ein gerne gebrauchtes Stilmittel, um die alltägliche Hektik des Stadtlebens als Kontrast zur Ruhe der Gebäude darzustellen. Verwenden Sie dafür am besten das **Tv**-Programm und ein Stativ oder eine feste Unterlage.

˄ **Abbildung 13.19**
Experimentieren Sie für kreative Langzeitbelichtungen mit verschiedenen Belichtungszeiten ❶ im Sekundenbereich.

☑ **Menschen am Computer verschwinden lassen**

Bei einer Retusche des Bildes am Computer können Sie durchaus Personen aus dem Bild verschwinden lassen. Das ist mit der richtigen Software gar nicht einmal sehr kompliziert, sofern Sie mit dem Stativ mehrere Fotos aus der gleichen Position gemacht haben. Das Programm verrechnet dann einfach Partien ohne Personen zu einem »leeren« Gesamtwerk. Wichtig ist allerdings, dass es für jede Stelle im Bild eine Aufnahme gibt, auf der diese nicht verdeckt ist.

Stimmungsvolle Nachtaufnahmen

Die Nacht in der Stadt bietet für den Fotografen ein schönes Betätigungsfeld. Die Bars und Restaurants füllen sich, Leuchtreklamen kommen zur Geltung, und auch die Nachtschwärmer auf den Flaniermeilen liefern lohnenswerte

[55 mm | 15 s | f14 | ISO 100 | Stativ]

∧ **Abbildung 13.20**
Bei dieser Nachtaufnahme kommt das Beleuchtungs-
konzept gut zur Geltung.

Abbildung 13.21 >
*Mit der Funktion **ISO Auto-Limit** verhindern Sie, dass die*
1200D zu hohe ISO-Werte wählt. So erzielen Sie rausch-
arme Bilder, ohne auf die Vorteile einer Automatik verzich-
ten zu müssen.

Motive. Wenn Sie die besondere Stimmung nicht durch das helle Licht des Blitzes zerstören und auch ohne Stativ mobil bleiben wollen, brauchen Sie ein lichtstarkes Objektiv. Das EF 50 mm f/1,8 II ebnet Ihnen für rund 100 Euro den Weg in die Fotografie bei wenig Licht. Arbeiten Sie bei Nachtaufnahmen stets mit einer gezielten Unterbelichtung. Ansonsten interpretiert die EOS 1200D das fehlende Licht falsch und belichtet das Bild so, dass die Szenerie eher grau als schwarz erscheint. Wie Sie eine Unterbelichtung einstellen, erfahren Sie in der Schritt-für-Schritt-Anleitung auf Seite 93.

Interessant sind auch Nachtaufnahmen mit einer langen Belichtungszeit. Diese verwandelt zum Beispiel die Lichter der Autos in lange Lichtschweife, die sich über die Straße legen. Begrenzen Sie die ISO-Zahl manuell auf einen relativ niedrigen Wert wie etwa 100, 200 oder 400. Ansonsten wählt die 1200D womöglich selbsttätig einen recht hohen Wert von beispielsweise 1600, und das Bildrauschen ist entsprechend hoch. Zumindest leichte Verwacklungen entstehen übrigens auch beim Betätigen des **Auslösers** auf dem Stativ. Das Risiko für dadurch unscharfe Bilder lässt sich verringern, wenn Sie die Aufnahme per Fernauslöser oder über den Selbstauslöser starten (siehe Seite 129).

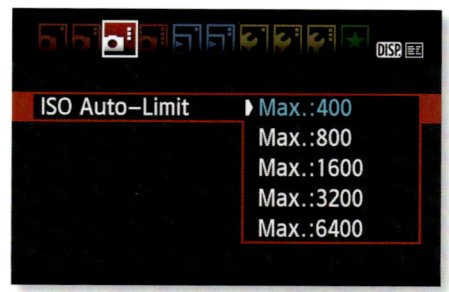

☑ Ikonen der Stadt ins rechte Bild rücken

Neben Menschen und Gebäuden gibt es in der Stadt noch eine Menge weiterer Motive, die diese in besonderem Maße charakterisieren. Etwa die roten Doppeldeckerbusse, die (noch) das Stadtbild von London prägen. Die Kunst besteht natürlich darin, sich nicht nur in solchen Klischees zu verlieren, sondern ungewohnte und vielleicht sogar atypische Motive zu entdecken. Mit einer Spiegelreflexkamera wie der 1200D haben Sie dabei einen großen Vorteil: durch eine niedrige Schärfentiefe lassen sich leicht uninteressante oder ablenkende Bildelemente ausblenden. Das dafür bestens geeignete Kreativprogramm ist in diesem Fall **Av**. Stellen Sie dort einfach eine kleine Blendenzahl ein.

∨ **Abbildung 13.22**
Bei langen Belichtungszeiten werden die Autos nur schemenhaft abgebildet,
und die Scheinwerfer hinterlassen Streifen.

[55 mm | 13 s | f18 | ISO 100 | Stativ]

Stürzende Linien beseitigen
EXKURS

1 **Filter zur Perspektivkorrektur aufrufen**
Stürzende Linien lassen sich in Programmen
wie Photoshop Elements ganz einfach beseitigen. Öffnen Sie das Bild über **Datei · Öffnen**.
Klicken Sie auf den Menüpunkt **Filter**, und
wählen Sie **Kameraverzerrung korrigieren**.

2 **Perspektive korrigieren**
Gleichen Sie im folgenden Dialog über den Regler
Vertikale Perspektive ❸ die stürzenden Linien aus.
Das Raster hilft Ihnen bei der Orientierung. Durch
das Ausgleichen der Perspektive werden jeweils
an den Rändern des Bildes Teile abgeschnitten ❶.
Indem Sie den Regler ❹ unter **Kantenerweiterung**
nach links schieben, können Sie die Arbeitsfläche
ein wenig erweitern. Klicken Sie auf **OK** ❷.

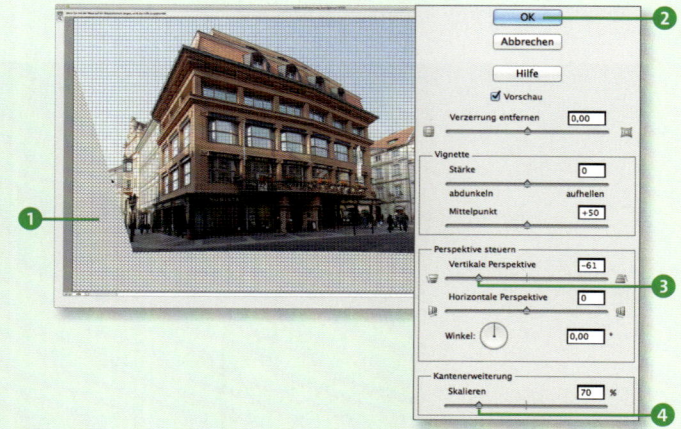

⌄ **Abbildung 13.23**
Wenn die stürzenden Linien am Computer korrigiert werden,
ergibt sich durch den Zuschnitt ein etwas anderer Bildausschnitt.

3 Bildausschnitt wählen

Jetzt muss das Bild nur noch zugeschnitten werden: Wählen Sie dazu aus der Werkzeugpalette am linken Rand das **Freistellungswerkzeug** ❺, oder drücken Sie C. Ziehen Sie anschließend das größtmögliche Rechteck innerhalb des Bildes auf, ohne karierte Bildbereiche mit aufzunehmen. Diese sind transparent, enthalten also keine Informationen. Klicken Sie auf das grüne Bestätigungshäkchen ❼, und speichern Sie das Ergebnis über **Speichern unter** ❻ ab. Fertig ist das Bild ohne stürzende Linien!

Alternative Methode

Komplizierte Verzerrungen können Sie übrigens auch über **Bild · Transformieren · Verzerren** beheben. Unter **Ansicht · Raster** ⓫ lässt sich auch hier ein Raster einblenden, das die Beurteilung erleichtert. Mit einem Klick auf die **Zoominformation** ❽ und der Eingabe eines geringeren Prozentwertes können Sie sich das Foto zudem etwas kleiner anzeigen lassen. Bei dieser Variante des Entzerrens können Sie durch Klicken und Ziehen an den Anfassern ❾ das Bild in die gewünschte Form bringen. Auch hier schließt ein Klick auf das grüne Häkchen ❿ den Vorgang ab.

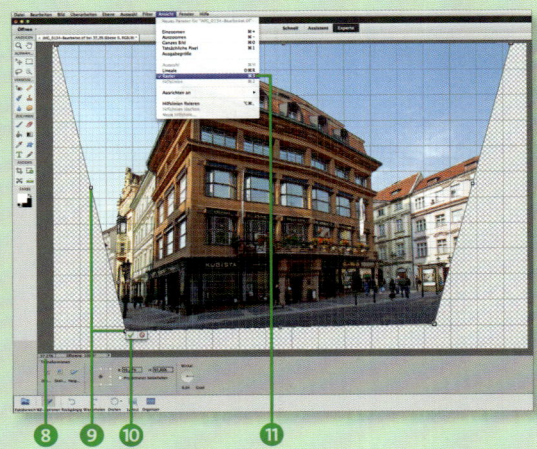

^ **Abbildung 13.24**
*Photoshop Elements bietet mit dem Befehl **Transformieren** eine weitere Möglichkeit, um die stürzenden Linien zu entfernen.*

Kapitel 14
Bilder bearbeiten mit der Canon-Software

Die richtige Ausstattung für die Bildbearbeitung

Auch ohne weitere Bearbeitungsschritte am Computer liefert die EOS 1200D gute Bilder, und sicherlich haben Sie mit Ihrer Kamera schon viele vorzeigbare Fotos geschossen. Das gewisse Etwas geben Sie Ihren Bildern mit einer Bearbeitung am Rechner.

Passen Gestaltung, Belichtung, Bildstil und Weißabgleich, brauchen Sie Ihren Rechner nur zum Auswählen, Vorzeigen und Drucken. Mit der Bildbearbeitung am PC verschönern Sie allerdings nicht nur Ihre gelungenen Werke, sondern können auch fehlerhafte Bilder wieder in Form bringen. Manch verloren geglaubtes Bild zeigt auf diese Weise ganz neue Seiten.

 Tipp

Ein sinnvolles Zubehör – sofern Sie Ihre Bilder gerne ausführlich bearbeiten – ist ein Grafiktablett. Mit dem Stift in der Hand lassen sich Bildänderungen wesentlich schneller und präziser als mit der Maus durchführen. Marktführer Wacom bietet hier Modelle der professionellen Intuos-Reihe und die für Einsteiger und Amateure idealen Bamboo-Modelle. Letztere sind bereits ab etwa 60 Euro erhältlich.

(Bild: Wacom)

Computer, Speicherplatz und Monitor

Um die Bilder der EOS 1200D am PC oder Mac zu archivieren, auszuwählen und zu bearbeiten, muss der Rechner nicht auf dem allerneuesten Stand sein. Einen Prozessor mit rund 2 Gigahertz Taktfrequenz sollte der Computer allerdings schon haben, damit es einigermaßen zügig vorangeht. Aktuelle Geräte erfüllen diese Anforderung spielend. Wer gemeinsam mit der neuen Kamera auch gleich einen Computer kauft, kann darum getrost zu einem preiswerten Modell greifen. Selbst Einsteiger-Laptops und Desktop-PCs sowie Laptops für rund 500 Euro sind mehr als ausreichend dimensioniert. Ganz hervorragend für die Arbeit mit Fotos geeignet sind auch die aktuellen Modelle von Apple. Mit iPhoto gehört bei diesen Geräten eine leistungsstarke Software für einfache Bildbearbeitungen und die Verwaltung von Fotos bereits zum Lieferumfang.

Ein wichtiger Punkt – gerade wenn Sie sich für die Arbeit mit dem speicherhungrigen RAW-Format entscheiden – ist der Festplattenplatz. Eine

JPEG-Datei der EOS 1200D belegt etwa 8 MB, ihr RAW-Pendant rund 25 MB. Bei 10 000 Bildern, wie sie schnell zusammenkommen, sind das immerhin rund 80 Gigabyte (GB) Speicherplatzbedarf bei der reinen JPEG-Fotografie und rund 250 GB für die RAW-Daten. Zum Glück gibt es jedoch externe Festplatten mit einer Kapazität von zwei Terabyte (TB), also 2 048 GB, für rund 100 Euro. PC-Besitzer sollten dabei auf Geräte mit einer USB-3.0-Schnittstelle achten. Diese wird mittlerweile auch in den aktuellen Apple-Rechnern verwendet. Ansonsten sind in der Mac-Welt Firewire-800-Festplatten eine gute Alternative. Noch schneller arbeiten Geräte mit Thunderbolt-Anschluss, den alle ab 2011 neu eingeführten Apple-Computer unterstützen.

Eine sinnvolle Investition für jeden, der sich ernsthafter mit der Bildbearbeitung beschäftigt, ist ein guter Monitor. Dabei kommt es zunächst einmal darauf an, dass in dem Gerät ein *IPS-Panel* verbaut ist. Geräte aus dem Elektromarkt und viele Laptops sind aus Kostengründen meist nur mit einem *TN-Panel* ausgestattet. Dieses bietet nicht aus allen Blickrichtungen eine farb- und kontrastgetreue Wiedergabe. Einfache Modelle mit IPS-Panel gibt es bereits ab 300 Euro von Herstellern wie NEC, Dell, Samsung oder LG. Geräte, die einen noch größeren Farbraum und damit mehr Farben darstellen können, sind zum Beispiel von NEC und Eizo ab 1 000 Euro erhältlich.

⌃ Abbildung 14.1
Sparen Sie nicht an einem guten Monitor, wenn Sie öfter Bilder bearbeiten möchten (Bild: NEC).

Alle Displays von Apple sind übrigens IPS-Geräte. Allerdings gibt es die meisten von ihnen nur in der sogenannten *glossy*-Variante, bei der der Bildschirm extrem spiegelt. Dadurch entsteht zwar ein insgesamt brillanterer Bildeindruck, die Reflexionen sind jedoch für die Augen recht anstrengend.

☑ Den Monitor profilieren

Damit der Bildschirm die Farben richtig darstellt, empfiehlt sich eine Profilierung des Geräts. Ein Kolorimeter, ein Messgerät, wird dazu vor den Monitor gehängt und misst, wie die an das Gerät gesendeten Farben tatsächlich aussehen. Das Ergebnis wird als Profil gespeichert. In diesem sind quasi Korrekturdaten hinterlegt, die dafür sorgen sollen, dass ein Farbwert exakt so wiedergegeben wird, wie es den Spezifikationen entspricht. Das Betriebssystem beziehungsweise die Bildbearbeitungssoftware greift darauf zu und stellt die Farben dadurch farbverbindlich dar. Auf jedem anderen kalibrierten Monitor erscheinen sie exakt gleich. Etwa auch auf dem Bildschirm eines Fachlabors, bei dem Sie Bilder bestellen.

Bildbearbeitungsprogramme von Canon

Für erste Schritte in der elektronischen Bildbearbeitung und -verwaltung befindet sich im Lieferumfang der EOS 1200D ein umfangreiches Softwarepaket. Mit EOS Utility lassen sich die Bilder von der Kamera oder einem Kar

tenlesegerät auf den PC oder Mac übertragen. Die Software Digital Photo Professional (DPP) ist für die Optimierung, Auswahl und Ablage der Bilder im JPEG- und RAW-Format zuständig. Daneben finden sich im Ordner Canon Utilities, den das Installationsprogramm auf der Festplatte anlegt, noch eine ganze Reihe weiterer Programme. Zu den wichtigsten gehören der ZoomBrowser EX (Windows) beziehungsweise ImageBrowser EX (Mac) für die Verwaltung von Bildern im JPEG-Format, der Picture Style Editor für das Anlegen eigener Bildstile und PhotoStitch für das Erstellen von Panoramen.

∧ Abbildung 14.2
Startseite von EOS Utility. Über die Befehle ❶ und ❷ übertragen Sie Ihre Fotos bequem auf den Computer.

Das zentrale Werkzeug, damit die Bilder überhaupt erst einmal von der Kamera auf den Computer kommen, ist das Programm EOS Utility. Einmal installiert, meldet es sich am PC immer dann, wenn Sie die Kamera über ein USB-Kabel mit dem Rechner verbinden oder aber die Speicherkarte in ein Lesegerät einlegen.

> **⊞ Kartenleser**
>
> Falls Ihr Computer nicht ohnehin bereits mit einem SD-Kartenleser ausgestattet ist, bietet sich die Anschaffung eines zusätzlichen Lesegerätes an. Es kostet rund 10 Euro und bietet zahlreiche Vorteile. Die Batterie sowie der USB-Anschluss der Kamera werden geschont, und die Bildübertragung ist ein wenig schneller.

∨ Abbildung 14.3
Startseite von DPP

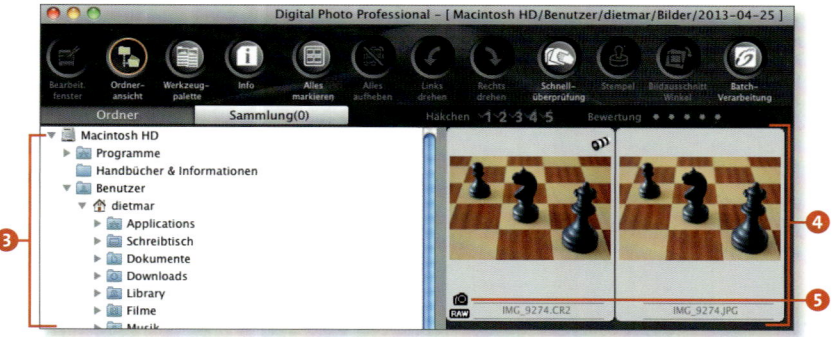

Die beiden Programme für die Bearbeitung und Organisation Ihrer Bilder, der ZoomBrowser EX beziehungsweise der ImageBrowser EX, sind in puncto Bedienkomfort und Funktionsumfang nicht gerade führend. Das leistungsstärkere von beiden ist DPP.

Nach dem Start des Programms sehen Sie auf der linken Seite die Ordnerstruktur Ihrer Festplatte ❸. Daneben sind alle dort gefundenen Bilder als Miniaturvorschau zu sehen ❹. Im RAW-Format gespeicherte Fotos sind mit einem kleinen Kamerasymbol sowie dem Eintrag **RAW** in der linken unteren Ecke markiert ❺. Abgesehen davon erkennen Sie diese Rohdateien auch an der Dateiendung *.CR2*.

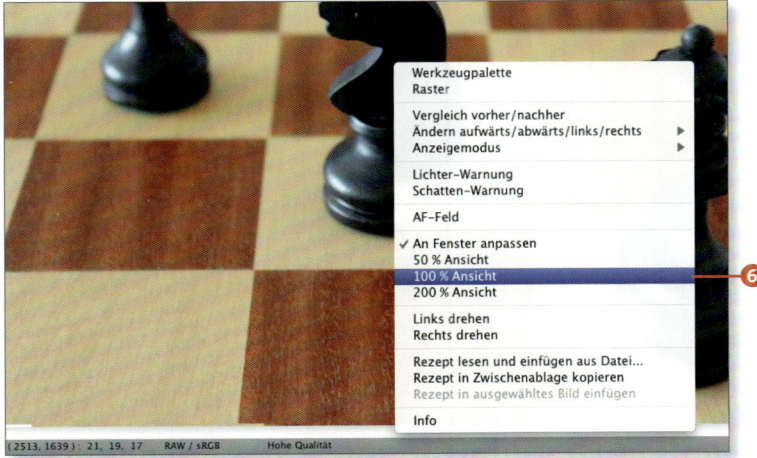

Ein Doppelklick auf eines der Bilder öffnet eine größere Darstellung des Bildes in einem Fenster. Dieses lässt sich wie jedes Windows- oder Mac-Fenster in der Größe verändern. Die Anzeige des Fotos wird dann jeweils daran angepasst. Möchten Sie stattdessen das Bild in seiner Originalgröße betrachten, drücken Sie die rechte Maustaste und klicken im daraufhin erscheinenden Kontextmenü auf **100 %-Ansicht** ❻. Ein Pixel des Monitors entspricht dann einem Pixel der Bilddatei. Da ein Bild aus der EOS 1200D rund 18 Megapixel groß ist, der Bildschirm allerdings in der Regel nur ein bis drei Megapixel darstellen kann, erscheint nur ein kleiner, aber vergrößerter Ausschnitt des Fotos. Diese Darstellung eignet sich hervorragend zur Beurteilung der Schärfe.

∧ **Abbildung 14.4**
Durch einen Doppelklick auf das Bild öffnet sich eine vergrößerte Ansicht. Über die rechte Maustaste lässt sich im Kontextmenü die gewünschte Größe festlegen.

Bilder sortieren und bewerten

Grundsätzlich landen über EOS Utility alle Dateien nach Datum geordnet auf dem Rechner. Das Programm legt dafür automatisch entsprechende Verzeichnisse an. Möglicherweise ist es für Ihr persönliches Ablagesystem sinnvoller, die Bilder direkt nach dem Import umzubenennen: entweder nach dem Anlass des Fotoshootings oder in eine Einordnung nach Orten oder Motiven wie Blumen, Architektur und Porträts.

Eine wohldurchdachte Struktur hilft beim Wiederfinden von Bildern enorm. Sobald Ihre Fotosammlung sehr groß wird, lohnt sich vielleicht sogar der Kauf eines Programms mit Archivierungsfunktionen.

Bilder in DPP bewerten

Um mit DPP für Ordnung in der Bildersammlung zu sorgen, können Sie Bilder mit einem bis fünf Sternen versehen. Schnell und effizient funktioniert die Einstufung bei markiertem Bild über die Tasten ⌨1 bis ⌨5. Alternativ können Sie auch auf die gewünschte Anzahl an Sternen klicken ❷. Das zweite von DPP genutzte Bewertungssystem ist eine Unterteilung nach Häkchen, die ebenfalls von 1 bis 5 nummeriert sind ❶.

Auch die Bewertung einer ganzen Reihe von Bildern ist möglich. Mit gedrückter ⌨⇧-Taste lassen sich dazu Bilder nebeneinander auswählen. Mit der ⌨Strg-Taste (PC) oder ⌨cmd-Taste (Mac) können Sie unzusammenhängende Bilder gleichzeitig markieren. Bewertungen, aber auch alle anderen Aktionen können dann für sämtliche ausgewählten Bilder ausgeführt werden.

Interessant in diesem Zusammenhang ist das **Bearbeiten**-Menü ❸. Hier können Sie nur RAW- oder nur JPEG-Bilder auswählen oder aber zum Beispiel unter **Bewertung** nur diejenigen Bilder auswählen, die eine bestimmte Anzahl an Sternen haben.

⌃ Abbildung 14.5
Bei DPP stehen Ihnen zwei verschiedene Bewertungssysteme zur Verfügung: Häkchen und Sterne.

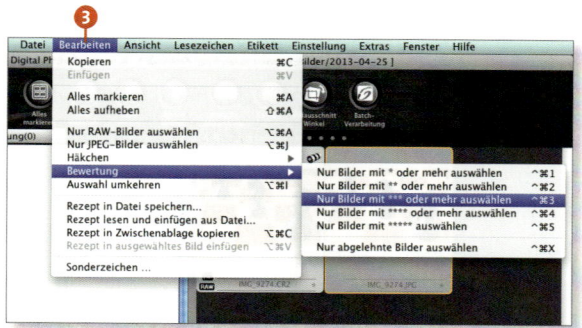

⌃ Abbildung 14.6
*Im Menü **Bearbeiten** können bewertete Bilder ausgewählt werden.*

Schnellüberprüfung für die Bildauswahl nutzen

Um möglichst schnell eine erste Auswahl basierend auf Sternen treffen zu können, sollten Sie im Menü **Bearbeiten** ❸ auf **Alles markieren** klicken, oder Sie drücken ⌨Strg+⌨A (PC) beziehungsweise ⌨cmd+⌨A (Mac) und klicken anschließend auf die **Schnellüberprüfung** ❹. Die Bilder erscheinen jeweils groß auf dem Bildschirm, und Sie können über **Vorheriges** und **Nächstes** ❻ durch den Bilderstapel blättern sowie einzelne Fotos mit Bewertungen ❺ versehen. Interessant ist auch die Möglichkeit, über **AF-Feld** ❼ das bei der Aufnahme verwendete Autofokusmessfeld einzublenden.

^ **Abbildung 14.7**
So steigen Sie in die **Schnellüberprüfung** *ein.*

Abbildung 14.8 >
Hier können Sie Bilder bewerten und sich dabei sogar das bei der Aufnahme mit der 1200D gewählte Autofokusmessfeld ansehen.

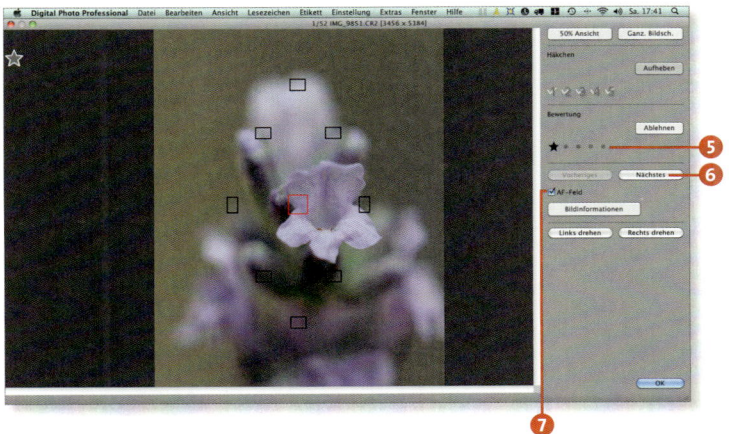

Erste Schritte in der Bildbearbeitung

Mit DPP können Sie Ihre Fotos nicht nur sortieren und bewerten, sondern auch verschönern. Oft gelingt dies schon mit wenigen Mausklicks. Bei diesem Bild (Abbildung 14.9) passt der Bildausschnitt nicht. Der Kopf des Pfaus ist zu klein, und die untere Bildhälfte ist wenig ansprechend gefüllt. Zudem scheint durch das Gefieder der langweilige Hintergrund hindurch. Das auf den ersten Blick eher durchschnittliche Bild entfaltet nach dem Beschnitt (rechts) eine ganz neue Wirkung.

⌄ **Abbildung 14.9**
Das Pfauenbild vorher und nachher

So schneiden Sie Ihre Bilder zu

Um ein Bild zu beschneiden, wählen Sie das Foto im Ordner aus ❷ und klicken dann auf **Bildausschnitt/Winkel** ❶. Mit gedrückter linker Maustaste können Sie frei einen Rahmen aufziehen ❸. Alternativ lässt sich im Menü ein festes Seitenverhältnis auswählen ❺. Möchten Sie das Bild später im Labor abziehen lassen, empfiehlt sich das klassische Kleinbildverhältnis von 3 : 2 beziehungsweise 2 : 3. Leider ist es nicht möglich, diese Einstellung nachträglich zu ändern, um etwa zwischen Hoch- und Querformat zu wechseln. Der einzige Weg zurück führt über den **Zurücksetzen**-Button ❹. Er erfordert allerdings auch die erneute Auswahl des Rahmens. Für schiefe Horizonte oder auch spielerische Effekte interessant ist der **Winkel**-Befehl ❻. Mit ihm können Sie das Bild beliebig drehen. Hilfreich ist es, wenn Sie sich dabei das **Raster** ❼ einblenden lassen.

In der Bildübersicht erscheint übrigens weiterhin das Ausgangsbild, ergänzt um den ausgewählten Rahmen. So ist es auch nachträglich problemlos möglich, den Bildausschnitt anzupassen.

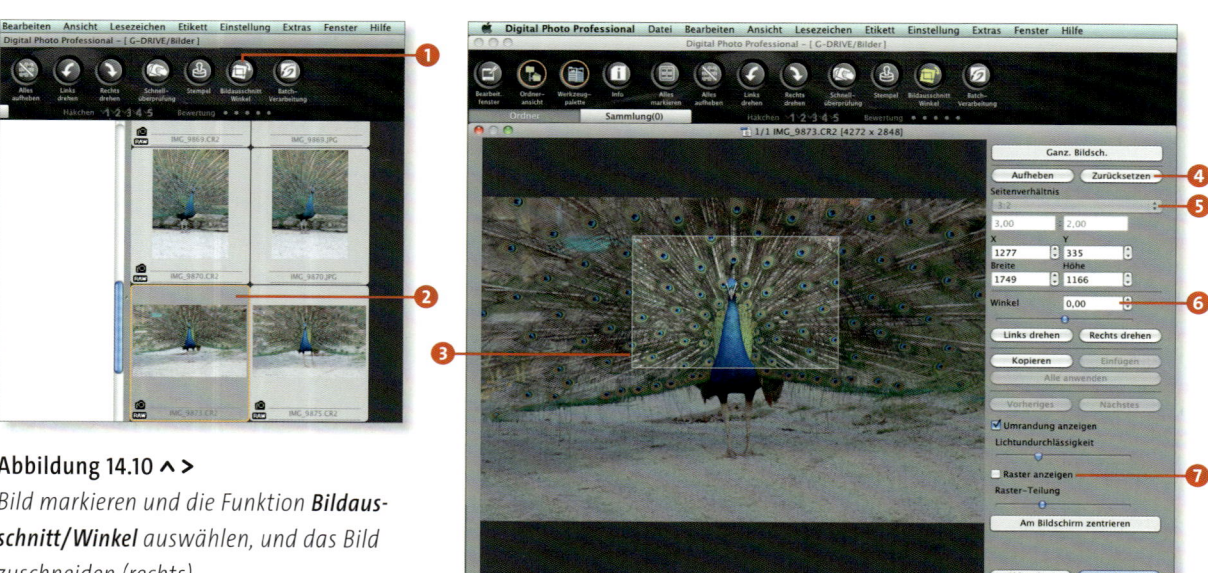

Abbildung 14.10 ∧ >
*Bild markieren und die Funktion **Bildausschnitt/Winkel** auswählen, und das Bild zuschneiden (rechts).*

Bilder retten mit der Schere

Über das gezielte Beschneiden können Sie auch nachträglich noch Gestaltungstricks wie die Drittelregel ins Bild bringen. Auch bei vermeintlich missglückten Fotos lohnt sich in vielen Fällen das Experimentieren mit dieser Funktion.

In die Tiefen der RAW-Bearbeitung vordringen

Das Programm DPP kann für seinen Funktionsumfang wahrlich keine Lorbeeren ernten. Recht gute Ergebnisse lassen sich damit allerdings bei der Bearbeitung von RAW-Daten erzielen. Die Geheimnisse des kameraspezifischen RAW-Formats kennt eben der Hersteller der Kamera selbst besser als jeder andere Anbieter von Software. Der Einstieg in die Bearbeitung eines RAW-Bildes gelingt, indem Sie zunächst das Bild im Ordner auswählen ❾ und dann das Bearbeitungsfenster ❽ anklicken. Rechts sehen Sie daraufhin die Werkzeugpalette ❿. Alternativ können Sie auch das Bild durch einen Doppelklick öffnen und mit der rechten Maustaste im Auswahlmenü den Eintrag **Werkzeugpalette** wählen.

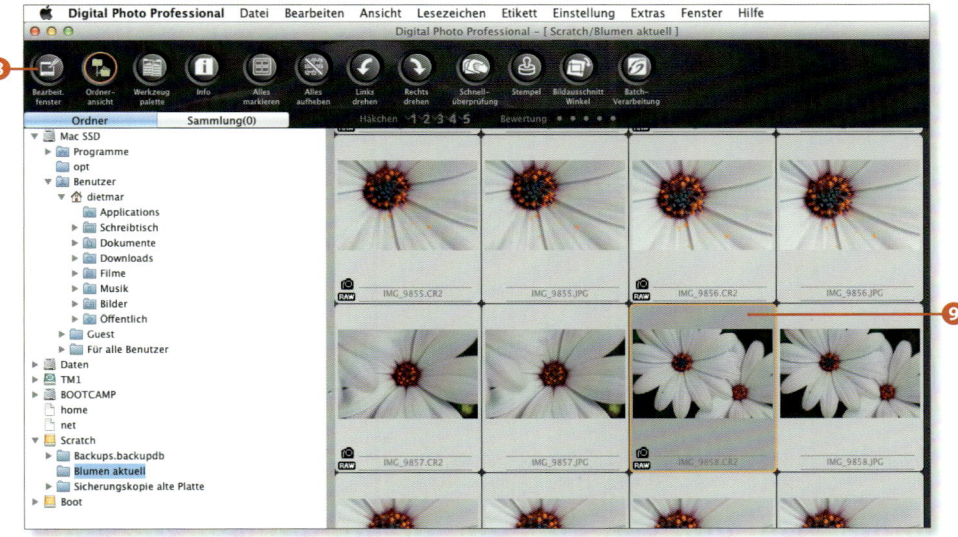

<^ **Abbildung 14.11**
In der Werkzeugpalette lassen sich mit dem Pfeilsymbol ⓫ die Änderungen des jeweiligen Parameters wieder rückgängig machen.

So korrigieren Sie die Belichtung Ihrer Bilder

Mit einem Schieberegler ❶ können Sie die Helligkeit des Bildes verändern. Das Histogramm ❷, wie Sie es bereits von der Kamera selbst kennen, wandert entsprechend den Einstellungen nach links oder rechts. Es ist zudem möglich, mit der Maus auf die Begrenzung des Histogramms ❸ zu klicken und diese zu verschieben. Alle Helligkeitswerte, die links von der linken Begrenzung liegen, werden auf Schwarz gesetzt, alle Helligkeitswerte rechts von der rechten Begrenzung erscheinen als reines Weiß.

Abbildung 14.12 ∧>
Das Bild ist deutlich unterbelichtet. Wie Sie mit der Belichtungskorrektur noch viel aus dem Foto herausholen können, sehen Sie im Folgenden. Das Histogramm ❷ hilft dabei.

☑ Das Histogramm in DPP

Das Histogramm zeigt die Verteilung der Bildhelligkeit von ganz dunkel auf der linken Seite bis ganz hell auf der rechten Seite der unteren Achse. Weitere Informationen über das Kamera-Histogramm finden Sie ab Seite 100. Die Darstellung in DPP unterscheidet sich von diesem jedoch ein wenig: Die Grafik dort basiert auf einer logarithmischen Skala. Für die Bearbeitung nach Sicht macht dies allerdings keinen Unterschied.

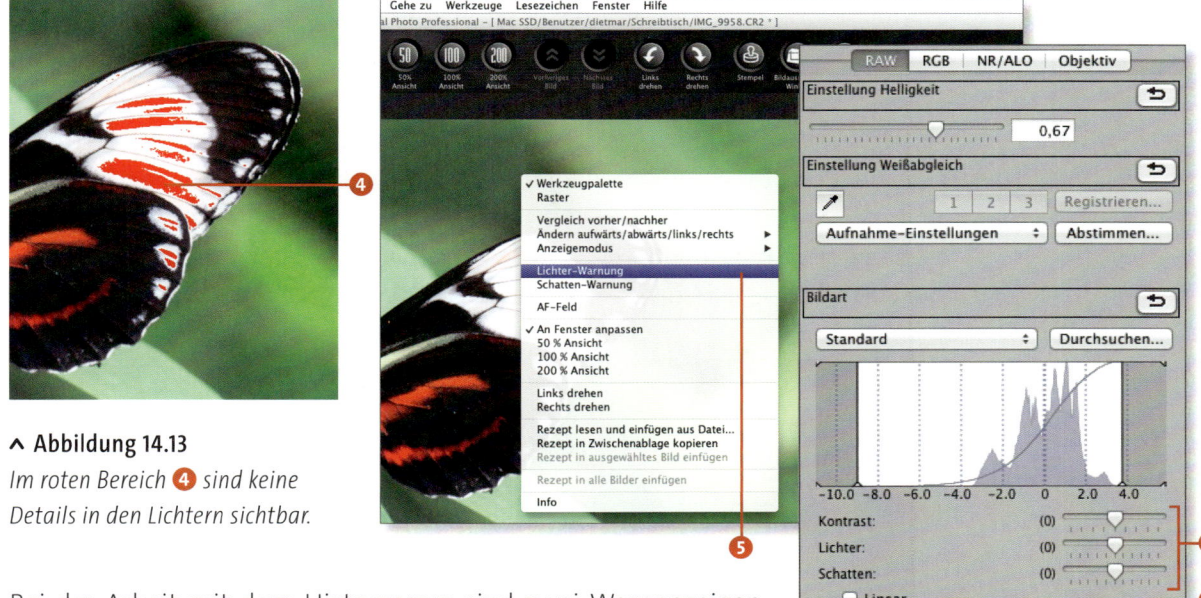

↑ Abbildung 14.13
Im roten Bereich ❹ sind keine Details in den Lichtern sichtbar.

↑ Abbildung 14.14
*Weitere Möglichkeiten, die Belichtung zu verändern; die Checkbox **Linear** ❼ richtet sich an fortgeschrittene Benutzer, die mit externen Programmen wie Photoshop weitere umfangreiche Bildbearbeitungen vornehmen wollen.*

Bei der Arbeit mit dem Histogramm sind zwei Warnanzeigen hilfreich, die sich durch einen Klick mit der rechten Maustaste auf das Bild aktivieren lassen. Im Menü markieren die **Schatten**- und die **Lichter-Warnung** ❺ Teile des Bildes, in denen keine Informationen mehr vorhanden sind. Diese erscheinen jeweils blau beziehungsweise rot ❹. Rot steht dabei für ein reines Weiß, Blau für ein absolut tiefes Schwarz. Man spricht in diesem Zusammenhang auch davon, dass dem Bild in den *Lichtern*, den hellen Bereichen, oder in den *Schatten*, den dunklen Bereichen, die *Zeichnung* fehlt.

Die Einstellung **Helligkeit** liefert gute Ergebnisse, wenn die Belichtungsautomatik der Kamera ein wenig danebenlag. Dem sind allerdings Grenzen gesetzt. Mehr als zwei Blendenstufen sind nicht drin.

Unterhalb des Histogramms befinden sich drei Schieberegler ❻. Mit der Einstellung **Kontrast** verändern Sie die Abstufung zwischen hellen und dunklen Bereichen. Bei niedrigen Kontrasten sind zwar feinste Unterschiede zwischen Helligkeitsstufen im Bild erkennbar, dafür wirken solche Fotos recht flau. Wenn Sie den Kontrast erhöhen, lässt sich dies ändern und zugleich auch der Schärfeeindruck steigern. Mit den beiden Schiebereglern für **Lichter** und **Schatten** können Sie die Helligkeit für beide Bereiche getrennt einstellen. Über diese beiden Regler lassen sich sehr gut unter- oder überbelichtete Fotos retten. Mit Änderungen in diesem Bereich kann auch in vermeintlich komplett weiße oder schwarze Bereiche noch Zeichnung gebracht werden.

In der Praxis kommt es immer wieder vor, dass ein aufgenommenes Motiv einen zu hohen Kontrastumfang für den Sensor der Kamera aufweist. Der Unterschied zwischen dunkelster und hellster Stelle des Bildes ist einfach zu groß. Der Einsatz eines Grauverlaufsfilters (siehe Seite 173) ist eine Methode, mit der sich dies schon bei der Aufnahme vermeiden lässt. In der Bearbeitung mit einem Programm wie DPP müssen Sie sich bei Bildern mit einem hohen Kontrastumfang häufig zwischen ausgebrannten Lichtern oder abgesoffenen Tiefen entscheiden. Das kleinere Übel sind oft Schattenpartien, in denen keine Zeichnung zu erkennen ist. Ein Himmel mit rein weißen Partien sieht dagegen sowohl auf dem Monitor als auch auf einem Ausdruck einfach schlecht aus.

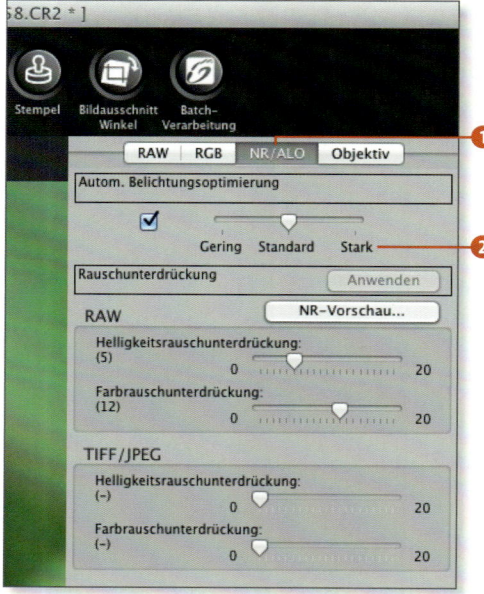

Abbildung 14.15 >
*Die **Automatische Belichtungsoptimierung** finden Sie im dritten Reiter **NR/ALO** ❶.*

Möglicherweise bringt die **Autom. Belichtungsoptimierung**, wie Sie sie auch von der EOS 1200D her kennen, verloren geglaubte Details wieder zum Vorschein. Die passende Funktion dazu finden Sie im dritten Reiter **NR/ALO** ❶. Sie können dort die drei verschiedenen Ausprägungen **Gering**, **Standard** und **Stark** ❷ auswählen.

So ändern Sie die Farbgebung Ihrer Bilder

Neben der Helligkeit können Sie mit den Reglern der Werkzeugpalette auch die Farben ganz nach Belieben manipulieren. Eine häufig sehr wirkungsvolle Änderung lässt sich durch eine Anpassung des Weißabgleichs erzielen. Sie kennen diesen Begriff bereits von den Einstellungen Ihrer 1200D (siehe Kapitel 5). Genau wie dort können Sie auch hier noch nachträglich aus den verschiedenen Einstellungen wie beispielsweise **Tageslicht**, **Schatten** oder **Kunstlicht** auswählen ❹. Mit Hilfe der Option **Farbtemperatur** ❺ ist es alternativ möglich, einen Wert auszuwählen, der Ihnen gefällt. Ein Bild mit eher kühlen Farbtönen lässt sich so im Nu in eines mit warmen Farbnuancen verwandeln.

Wenn Sie einen Farbstich beseitigen möchten, nutzen Sie alternativ die **Pipette ❸**, und klicken Sie damit anschließend einen weißen Bereich des Bildes an. Diese Methode funktioniert auch mit einem neutralen Punkt des Fotos. Neutral bedeutet in diesem Zusammenhang, dass die gewählte Stelle für die drei Farben Rot, Grau und Blau gleiche Werte hat. Dies ist bei einem Grauton ohne jede Verfärbung der Fall.

🔳 Guter Start mit dem Weißabgleich

Starten Sie Bildbearbeitungsaktionen mit DPP ruhig mit dem Weißabgleich. Häufig lässt sich bereits so der gewünschte Look erzielen, und weitere Schritte erübrigen sich.

Direkt unter dem Punkt **Bildart** finden Sie – etwas verwirrend bezeichnet – die Bildstile, wie etwa **Porträt**, **Landschaft** und **Neutral ❻**. Über diese Funktion ist es möglich, einem Bild auch noch nachträglich einen Bildstil zuzuweisen. Mit Klick auf **Durchsuchen ❼** lassen sich weitere Varianten von der Festplatte

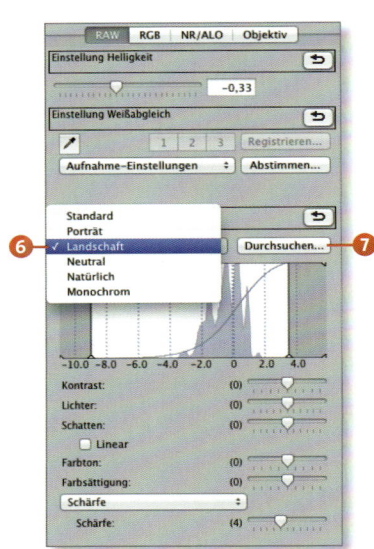

laden. Einige befinden sich bereits im Lieferumfang von DPP, weitere dieser in der englischen Übersetzung *Picture Styles* genannten Bildcharaktervorgaben sind auf der Canon-Homepage erhältlich. Auch Bildstile, die Sie selbst mit dem Programm Picture Style Editor entworfen haben, können über diese Methode ausgewählt werden. Es lohnt sich auf jeden Fall, die verschiedenen Varianten auszuprobieren: Möglicherweise wirkt ein Porträt im Bildstil **Landschaft** ausgesprochen gut, und eine Naturaufnahme kommt über die Einstellung **Porträt** erst richtig zur Geltung.

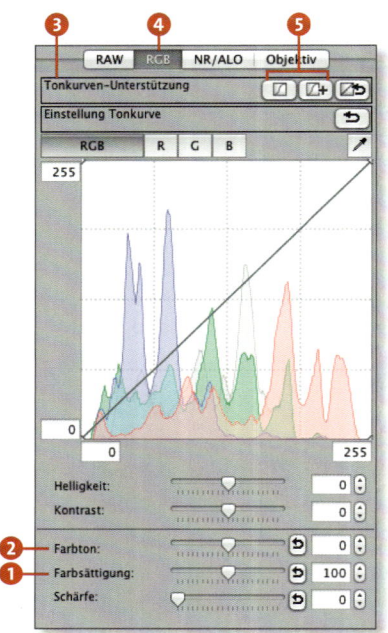

▾ **Abbildung 14.18**
Tonwertkurvenkorrektur für Fortgeschrittene

Mit dem **Farbton**-Regler ❷ können Sie dem Bild eine Färbung zwischen Rot und Gelb geben. Am auffälligsten zeigen sich diese Änderungen bei Hauttönen. Wer knallig-bunte Farben mag, wird den Regler für die **Farbsättigung** ❶ lieben. Mit einem Minimalwert von »−4« ist es damit allerdings nicht möglich, ein Foto sehr stark zu entsättigen. Mit den Einstellungen im Reiter **RAW** können Sie mit ein wenig Ausprobieren schon eine Menge aus einem Bild herausholen.

Weitere Funktionen zeigen sich mit einem Klick auf **RGB** ❹. Hier können geübte Nutzer der Software die Tonkurven für alle drei Farbkanäle Rot, Grün und Blau separat einstellen. Auch für Anfänger interessant ist die automatische **Tonkurven-Unterstützung** ❸. Beide Schaltflächen ❺ starten einen automatischen Optimierungsvorgang. Die mit einem Pluszeichen markierte Variante hat dabei stärkere Auswirkungen.

So helfen Sie bei der Bildschärfe nach

RAW-Bilder müssen zwangsläufig nachgeschärft werden. Wenn Sie für die Aufnahmen in der 1200D nicht die Bildstile **Landschaft** ▣▪L, **Porträt** ▣▪P oder **Monochrom** ▣▪M gewählt haben, steht der Regler für die **Schärfe** allerdings zunächst auf null. Um einen passenden Wert zu finden, sollten Sie das Bild in der **100%-Ansicht** betrachten, die Sie über einen Klick auf die rechte Maustaste oder über die Menüleiste ❻ erreichen. Durch das Experimentieren mit verschiedenen Einstellungen lässt sich der richtige Wert finden. Eine Überschärfung erkennen Sie vor allem an weißen Rändern, die sich in Bereichen mit starken Kontrasten bilden. Bei Werten ab 6 steigt die Wahrscheinlichkeit für dieses Phänomen.

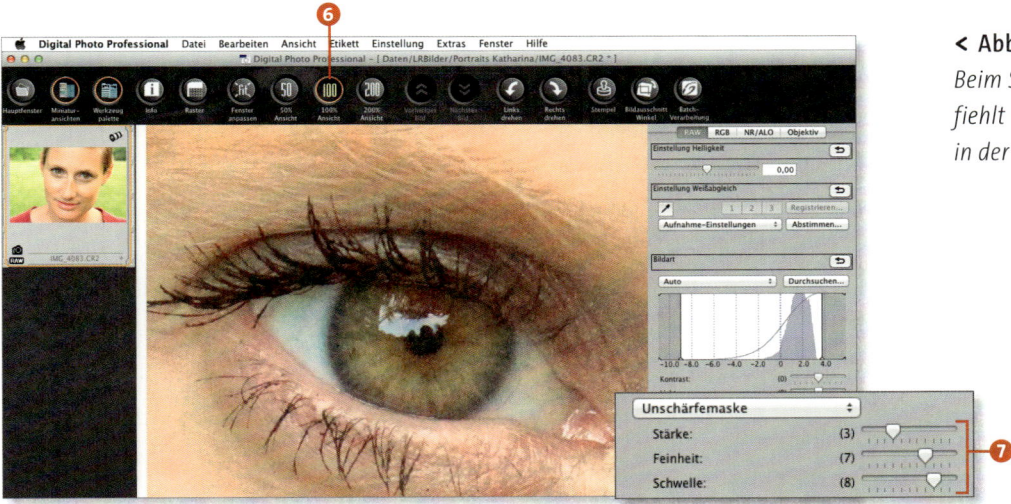

< **Abbildung 14.19**
*Beim Schärfen emp-
fiehlt sich die Kontrolle
in der 100 %-Ansicht.*

Eine feinere Einstellung der Schärfe erlauben die Regler der Funktion **Un-schärfemaske** ❼. **Stärke** entspricht dabei in seiner Funktion weitgehend dem **Schärfe**-Regler in der einfacheren Schärfungsvariante. Mit **Feinheit** lässt sich hier zusätzlich angeben, wie grob oder fein die Strukturen sein sollen, bei denen eine Schärfung vorgenommen wird. Mit **Schwelle** schließlich können Sie festlegen, wie stark sich der Kontrast von dem umliegenden Bereich unterscheiden muss, bevor dort eine Kontrastverstärkung vorgenommen wird.

Was bedeutet eigentlich »scharf«? Je klarer die Konturen eines Objektes zu sehen sind, desto höher ist der Schärfeeindruck. Dabei kommt es auf den Kontrast an den Übergängen zwischen hell und dunkel an. Beim Schärfen wird dieser Kontrast deshalb jeweils lokal erhöht. Was dunkel ist, wird noch dunkler, was hell ist, noch heller eingestellt. Der größtmögliche Helligkeitsunterschied ist der zwischen Schwarz und Weiß. Die weißen Artefakte, die beim Überschärfen entstehen, rühren also daher, dass Pixel im Rahmen der

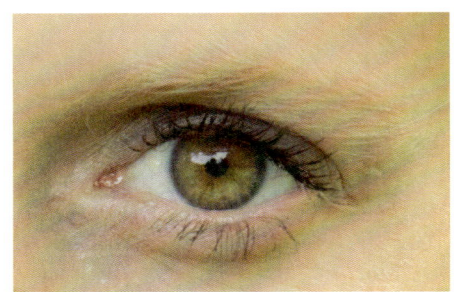 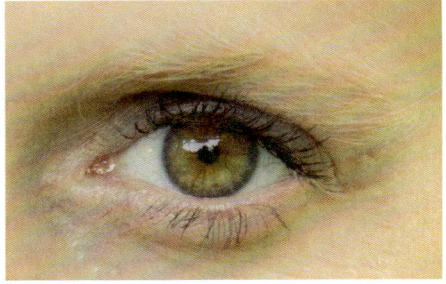

< **Abbildung 14.20**
*Vor dem Schärfen
(links) und danach
(rechts)*

291

Schärfung ihre Farbe gänzlich verloren haben. Deshalb sind dem Schärfen enge Grenzen gesetzt.

 Keine Wunder erwarten!

Die **Schärfen**-Funktion vollbringt keine Wunder. Ein unscharfes Bild lässt sich damit auf keinen Fall retten. Eine Belichtungszeit, die Verwackler verhindert, eine Blende, die für Schärfe an der richtigen Stelle sorgt, und eine Autofokuseinstellung, die auf den richtigen Punkt scharfstellt, sind die Faktoren, die schon bei der Aufnahme stimmen müssen. Das Nachschärfen gibt dem Bild dann lediglich den letzten Schliff.

So reduzieren Sie Bildrauschen

Eine weitere wichtige Funktion ist die Rauschreduzierung im dritten Reiter **NR/ALO**. Wenn Sie die **NR-Vorschau** ❷ auswählen, öffnet sich ein Dialog, in dem über zwei Regler ❸ das Helligkeits- und das Farbrauschen reduziert werden kann. Diese beiden Rauscharten sind ein Problem, das besonders bei hohen ISO-Einstellungen auftritt. Mit dem kleinen Navigator ❶ im Miniaturbild können Sie einen Bereich des Bildes auswählen, den Sie vergrößert betrachten möchten. Unter einer zu starken Helligkeitsrauschreduzierung leidet die Bildauflösung, und das Foto erscheint unscharf. Zu viel Farbrauschunterdrückung wiederum lässt die Farben verwaschen erscheinen.

Abbildung 14.21 >
Die Rauschreduzierung in DPP

Typische Objektivfehler korrigieren

Mit der **Objektivfehlerkorrektur** im vierten Reiter **Objektiv** ❻ können Sie eine Reihe von typischen optischen Fehlern beheben, mit denen Objektive in unterschiedlichem Ausmaß zu kämpfen haben (siehe Seite 180). Diese Funktion arbeitet übrigens nur mit RAW-Dateien. Wie bei der Rauschreduzierung gibt es auch hier einen kleinen Navigator ❹, der das genaue Betrachten einzelner Bildteile erleichtert. Folgende Fehler können Sie hier korrigieren:

- **Vignettierungen**, also dunkle Bildränder
- **Chromatische Aberration**, das heißt Farbsäume an den Motivrändern
- **Farbunschärfe**, gemeint sind hier sogenannte *Farblängsfehler*
- **Verzeichnungen**

Vor allem dann, wenn Sie eine Verzeichnung korrigieren möchten, ist es hilfreich, ein **Raster** ❺ über das Bild zu legen.

< Abbildung 14.22
Korrektur von typischen Objektivfehlern

Ergebnisse sichern und weitergeben

Sind alle Änderungen am Bild abgeschlossen, sollten Sie das Ergebnis sichern. Dazu gehen Sie im Menü auf **Datei** und **Speichern**. DPP verändert übrigens die eigentliche RAW-Datei eines Bildes nicht. Die einzelnen Änderungsschritte werden lediglich als Zusatzinformationen in der Datei selbst hinterlegt und beim erneuten Öffnen mit DPP »abgespielt«. Laden Sie das Bild dagegen mit einem anderen RAW-fähigen Programm, erscheint wieder das ursprüngliche Bild. Dieses Prinzip verhindert Manipulationen weitgehend. Ein Grund, warum bei einzelnen Fotowettbewerben RAW-Dateien verlangt werden.

⌄ Abbildung 14.23
So sichern Sie Ihre Bilder nach der Bearbeitung.

Geht es darum, das Bild unkompliziert weiterzuleiten oder im Internet zu präsentieren, sollten Sie es im JPEG-Format speichern. Dazu gehen Sie im **Datei**-Menü auf **Konvertieren und speichern** ❶ und wählen unter **Dateiart** ❷ die Option **Exif-JPEG**. Unter **Bildqualität** ❸ können Sie festlegen, wie hoch die Komprimierung erfolgen soll. Bei einer Einstellung von 1 ist diese am höchsten.

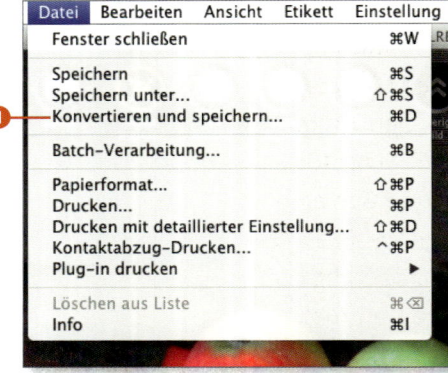

Das Bild wird zwar klein, dafür aber auch in niedriger Qualität abgespeichert. Ein Wert von etwa 8 ist dagegen ein guter Kompromiss zwischen Dateigröße und Bildqualität. Das ebenfalls unter **Dateiart** wählbare TIFF-Format arbeitet dagegen ohne eine Komprimierung, bei der Bildinformationen verloren gehen. Um die in der RAW-Datei enthaltenen Informationen in voller Güte zu erhalten, sollten Sie das Bild im 16-Bit-TIFF-Format speichern. Auch wenn die Unterschiede zu 8-Bit-TIFF-Bildern nicht auf den ersten Blick sichtbar sind, zeigen sich doch bei weiteren umfangreichen Änderungen unschöne Farbübergänge.

‹ Abbildung 14.24
Dateiformat auswählen

⌄ Abbildung 14.25
Speichern oder verwerfen: Sie können jede Änderung einzeln ❼ oder aber sämtliche Arbeiten am Bild grundsätzlich ❻ bestätigen. Natürlich lassen sich auch einzelne Änderungen ignorieren ❺ oder aber sämtliche Bearbeitungsschritte verwerfen ❹.

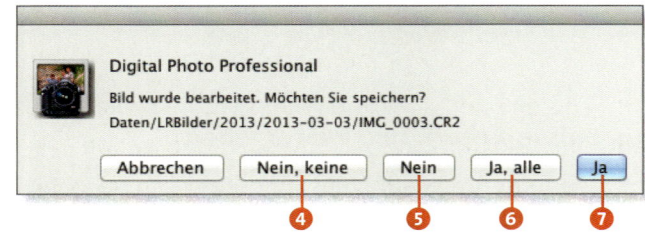

Speichern Sie Ihre Änderungen!

Sobald Sie beim Navigieren auf der linken Seite den ausgewählten Ordner ohne Speichern verlassen oder aber das Programm ganz schließen, erscheint eine Sicherheitsabfrage, ob Sie die Änderungen speichern wollen.

Alternativen zur Canon-Software

EXKURS

Digital Photo Professional bietet eine recht gute RAW-Konvertierung, ist jedoch nicht gerade einfach und intuitiv zu bedienen. Mehr Komfort und umfangreichere Funktionen liefern die Programme anderer Hersteller.

Sehr interessant für Fotografen mit großen Bildersammlungen sind Programme, die sich am Arbeitsablauf, dem sogenannten *Workflow*, von Fotografen orientieren. Zu den bekanntesten gehören Adobe Photoshop Lightroom für den PC und Mac (etwa 130 Euro) sowie Apple Aperture (rund 70 Euro) für den Mac. Bei diesen spielen die Organisation, Verschlagwortung und Bewertung von Bildern eine große Rolle. Trotzdem sind auch grundlegende Bearbeitungsfunktionen enthalten, die den Einsatz einer speziellen Bildbearbeitungssoftware in vielen Fällen überflüssig machen. Zu solchen Programmen wiederum zählt beispielsweise Photoshop, das De-facto-Standardwerkzeug, wenn es um sehr umfangreiche Retusche-Arbeiten geht. Eine kostenlose Alternative ist die Open-Source-Software GIMP (*www.gimp.org*), die vor allem in der PC-Variante empfehlenswert ist. Apple-Nutzer sollten einen Blick auf das circa 15 Euro teure Programm Pixelmator werfen.

 Drum prüfe, wer sich ewig bindet

Da es von allen hier vorgestellten Programmen kostenlose Testversionen gibt, können Sie vor dem Kauf problemlos herausfinden, welches Ihren Ansprüchen und Bedürfnissen am besten entspricht.

Gut angelegt sind auch die gut 70 Euro, für die Sie Photoshop Elements bekommen. Wie der Name schon andeutet, handelt es sich dabei um den um einige Funktionen reduzierten »kleinen Bruder« des mit gut 160 Euro (Jahrespreis) viel teureren Photoshop CC. Für rund 120 Euro ist Photoshop Elements auch im Paket mit Premiere Elements erhältlich. Mit dieser Software lassen sich die Videos der EOS 1200D hervorragend schneiden.

Eine Einführung in hilfreiche Funktionen von Photoshop Elements finden Sie unter *www.vierfarben.de/3656*. Dort steht eine PDF-Datei zum Abruf bereit. In ihr werden einige grundlegende Bearbeitungsschritte demonstriert.

Kapitel 15
Filmen mit der EOS 1200D

Die Filmaufnahmen starten

▲ Abbildung 15.1
Stellen Sie das Mo-
duswahlrad auf das
Symbol für den Film-
Modus.

▲ Abbildung 15.2
Mit einem Druck auf
die Livebild-Taste star-
ten Sie die Aufnahme.

Die EOS 1200D schlägt sich auch als Filmkamera ausgesprochen gut. Die Filme unterscheiden sich dabei ganz erheblich von denen einer herkömmlichen Videokamera. Das liegt vor allem daran, dass der Sensor des Spiegelreflexmodells im Vergleich geradezu riesig ist. Dadurch ist es sehr gut möglich, eine geringe Schärfentiefe als stilistisches Mittel einzusetzen. Wie Sie es von Fotos gewohnt sind, kann die Aufmerksamkeit ganz gezielt auf bestimmte Bereiche gelegt werden. Der Rest bleibt unscharf. Die Möglichkeit, mit offener Blende zu arbeiten, schafft also einen besonderen Look, den Sie bereits von Hollywood-Filmen her kennen.

Ein zweiter wichtiger Faktor ist, dass die EOS 1200D die Filmaufnahme mit 24 Bildern pro Sekunde erlaubt, was der Abspielgeschwindigkeit von Kinofilmen entspricht. Kein Wunder, dass Filmemacher mit geringem Budget auf Spiegelreflexkameras zurückgreifen.

> ☑ **24 ist nicht gleich 24**
>
> Genau genommen sind es nicht 24 Bilder pro Sekunde, sondern »nur« 23 976. Obwohl die Menü-Einträge der Einfachheit halber 24 anzeigen, arbeitet die 1200D intern mit diesem Wert.

Ihr Weg zum Film führt über das **Moduswahlrad**, das Sie auf das Symbol für den **Film**-Modus einstellen müssen. Mit einem Druck auf die **Livebild**-Taste starten und stoppen Sie die Aufnahme.

Wie Sie es vom **Livebild**-Betrieb her kennen, führt ein Druck auf die **Q**-Taste zu weiteren Einstellmöglichkeiten. Hier sehen Sie viele alte Bekannte:

❶ Ermöglicht den Wechsel der **Autofokus**-Betriebsart, wie Sie es vom **Livebild**-Betrieb kennen (siehe Seite 130).

❷ Hier stellen Sie den Weißabgleich ein.

❸ Auch der Bildstil ist wie gewohnt auswählbar.

❹ Die automatische Belichtungskorrektur optimiert Helligkeit und Kontrast (siehe Seite 97).

❺ Bei der Einstellung **Video-Schnappschüsse** werden zwei, vier oder acht Sekunden lange Sequenzen hintereinander aufgenommen.

❻ Sie können während des Filmens ein Foto machen. Der Aufnahmevorgang wird unterbrochen und das Bild in dem hier eingestellten Format gespeichert.

Die drei folgenden Symbole dienen zur Einstellung des Filmformats:

❼ Auflösung

❽ Bildrate

❾ verbleibende Aufnahmezeit (vor Start des Filmens) beziehungsweise verstrichene Aufnahmezeit (während des Filmens nach Druck auf die **DISP**-Taste ausblendbar)

^ **Abbildung 15.3**
*Einstellmöglichkeiten über die **Q**-Taste*

Eine Frage des Formats

Mit der EOS 1200D können Sie in den verschiedensten Formaten filmen. Bevor Sie also richtig loslegen, stellen Sie sicher, dass Sie das gewünschte Format gewählt haben. Die Formate unterscheiden sich sowohl in ihrer Auflösung als auch durch die aufgenommenen Bilder pro Sekunde. Die Auflösung bestimmt, wie viele Zeilen auf Ihrem Fernseher oder Monitor dargestellt werden.

Sie wechseln zwischen den verschiedenen Aufnahmearten, indem Sie im **Film**-Modus, den Sie über das **Moduswahlrad** eingestellt haben, die Taste **Q** drücken und mit den **Pfeiltasten** auf den Eintrag für **Format ❿** wechseln.

Mit den **Pfeiltasten** rechts und links wählen Sie eine Aufnahmeart aus. Etwas übersichtlicher präsentieren sich die Wahlmöglichkeiten, wenn Sie einfach die **SET**-Taste betätigen.

Folgende vier Formate stehen Ihnen zur Verfügung:

^ **Abbildung 15.4**
Bildformateinstellungen

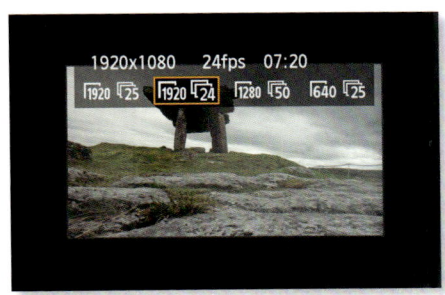

Anzeige	Format	Bilder pro Sekunde
1920 25	1920×1080	25
1920 24	1920×1080	24
1280 50	1280×720	50
640 25	640×480	25

^ **Tabelle 15.1**
*Aufnahmeformate bei der **PAL**-Einstellung*

^ **Abbildung 15.5**
Aufnahmeformate im Überblick

299

Die 1920 × 1080-Formate ermöglichen das Filmen in Full HD. HD steht für *High Definition*, englisch für *hohe Auflösung*. Sie bietet die höchste Qualitätsstufe, die derzeit im Heimkino-Bereich möglich ist. Viele aktuelle Fernseher unterstützen diese Darstellungsart. Bei dem einfachen HD-Format mit 1280 × 720 Pixeln handelt es sich zwar um eine niedrigere Auflösung, in der Praxis jedoch ist der Unterschied zwischen HD und Full HD erst auf Fernsehern ab einer Größe von rund 40 Zoll Bildschirmdiagonale, also etwa 100 Zentimetern, zu sehen. Beide Formate benötigen allerdings rund 330 Megabyte Speicherkapazität pro Minute Aufnahme. Entsprechend stark ist auch die Arbeitsbelastung des Computers. Es gibt im privaten Bereich derzeit kaum eine Anwendung, mit der Sie einen Computer ähnlich stark in die Knie zwingen können wie die Videobearbeitung. Mit einem Intel-i5- oder -i7-Prozessor ausgestattete Geräte mit 4 oder besser 8 Gigabyte Speicher sind jedoch auch für ambitioniertere Videoprojekte gut geeignet.

Mit der Wahl einer Auflösungseinstellung entscheiden Sie sich zugleich auch für eine bestimmte Bildrate, die Zahl der Bilder pro Sekunde. Diese wird auch in *frames per second*, kurz *fps*, angegeben. In der Welt des analogen Films wird diese dadurch bestimmt, wie schnell die Filmrolle bei der Aufnahme durch die Kamera und bei der Wiedergabe durch den Projektor läuft. In den 20er-Jahren des vergangenen Jahrhunderts etablierte sich eine Bildrate von 24 Bildern pro Sekunde für Kinoproduktionen. Höhere Bildraten wie 50 oder 60 fps ermöglichen es, feinere Zwischenschritte bei Bewegungen zu erfassen und diese flüssiger darzustellen. Durch die in fast hundert Jahren trainierten Sehgewohnheiten fühlen sich bei diesen Bildern allerdings viele Zuschauer eher an ein preiswert gedrehtes Heimvideo als an eine aufwendige Filmproduktion erinnert.

∧ Abbildung 15.6
Durch schnell hintereinander gezeigte Einzelbilder entsteht der Eindruck einer Bewegung.

Genau genommen stehen Ihnen noch weitere Aufnahmeformate zur Verfügung. Wenn Sie die Kamera auf das amerikanische NTSC-Format umstellen, arbeitet sie mit anderen Einstellungen für die Bilder pro Sekunde. Um das

Abbildung 15.7 >
Im Aufnahmemenü 2 erhöhen Sie die Bildrate.

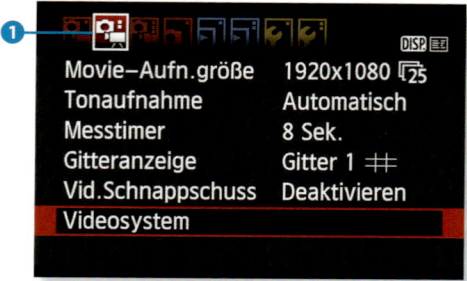

Aufnahmesystem umzustellen, drücken Sie im **Film**-Modus die **MENU**-Taste und gehen in das Film-Aufnahmemenü 2 ❶. Wählen Sie dort unter **Videosystem** die Einstellung **NTSC** aus. Wenn Sie jetzt in das Aufnahmeformat-Menü schauen, stehen dort folgende Einträge zur Verfügung:

Anzeige	Format	Bilder pro Sekunde
1920 30	1920×1080	30
1920 24	1920×1080	24
1280 60	1280×720	60
640 30	640×480	30

< Tabelle 15.2
*Aufnahmeformate bei der **NTSC**-Einstellung*

Gegenüber der **PAL**-Einstellung haben sich die Bildraten von 25 auf 30 und von 50 auf 60 erhöht. In Zeiten der Digitaltechnik ist die Klassifizierung in PAL und NTSC ohnehin hinfällig. So werden YouTube-Videos mit »amerikanischen« 30 fps abgespielt. In anderen Formaten dort hochgeladenes Material wird automatisch konvertiert. Dieser Prozess funktioniert übrigens bei Filmen mit 24 fps besser als bei solchen mit 25 fps. Gerade bei Aufnahmen mit Kunstlicht sollten Sie in Europa jedoch beim PAL-Format bleiben: Das Stromnetz bringt Lampen mit 50 Hertz für den Menschen unsichtbar zum Flackern. Falls die Kameraeinstellung mit 24 oder 25 oder 50 Bildern pro Sekunde dazu nicht passt, ist dies bei einigen Leuchtenarten im Film zu sehen.

Beim Filmen gezielt scharfstellen

Nicht nur bei Ihren Fotos, auch beim Videodreh ist es wichtig, den Fokus gezielt auf Details zu legen, die im Bild scharf abgebildet werden sollen. Der Autofokus ist beim Filmen mit der EOS 1200D in den Werkseinstellungen allerdings deaktiviert. Um dies zu ändern, drücken Sie im Film-Modus auf die **MENU**-Taste und gehen im ersten Aufnahmemenü auf **AF mit Auslöser während** 🎥 **②**. Wenn Sie dort mit der **SET**-Taste die Option **Aktivieren** wählen, können Sie auch während einer Filmaufnahme durch halben Druck auf den **Auslöser** scharfstellen. Mit den **Pfeiltasten** lässt sich das Autofokusquadrat **③** verschieben, wie Sie es vom **Livebild**-Betrieb her kennen.

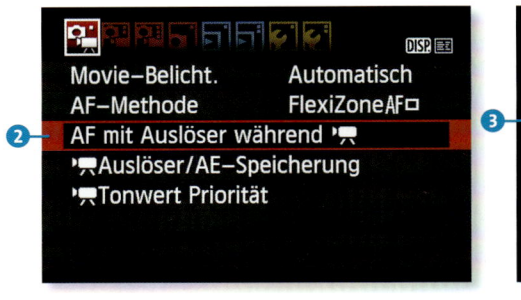

<< Abbildung 15.8
Aktivierung des Autofokus im Film-Aufnahmemenü 1

< Abbildung 15.9
Autofokusmessfeld während des Filmens

Multitasking an der Kamera

In Hollywood ist für das Fokussieren der Erste Kameraassistent verantwortlich, der im Englischen auch *focus puller* (Fokus-Zieher) genannt wird. Der Kameramann selbst kann sich dadurch ganz auf den Bildausschnitt konzentrieren. Beim Filmen mit der EOS 1200D müssen Sie sich ganz allein um beide Jobs kümmern – keine leichte Aufgabe.

✓ Abbildung 15.10
Autofokus-Betriebsarten beim Filmen

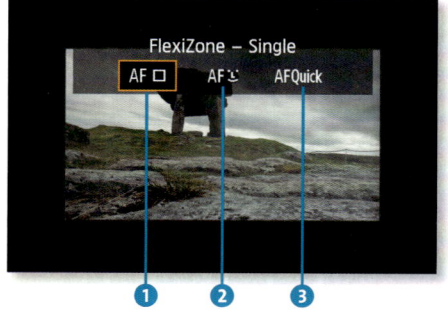

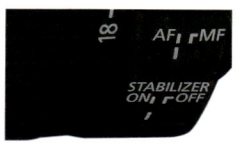

∧ Abbildung 15.11
Schieben Sie den **Autofokusschalter** *am Objektiv von* **AF** *auf* **MF**.

Bei den **Autofokus**-Betriebsarten stehen Ihnen als praktikable Alternativen der **FlexiZone–Single**-Modus AF □ ❶ und die Gesichtserkennung AF ☺ ❷ zur Auswahl. Sie kennen diese relativ langsamen Autofokusvarianten bereits vom **Livebild**-Betrieb. Dabei wird über die Signale des Sensors eine kontrastreiche Stelle gesucht und der Autofokusmotor des Objektivs hin- und herbewegt, bis der Fokus sitzt. Wohl der Vollständigkeit halber finden Sie in den Einstellungen auch den vom Fotografieren bekannten schnellen Autofokus mit neun Messfeldern: **AFQuick** ❸. Da dabei der Spiegel nach unten geklappt und die Aufnahme unterbrochen wird, bringt dies beim Filmen jedoch kaum einen nennenswerten Nutzen. Hilfreich ist diese **Autofokus**-Betriebsart nur bei der Voreinstellung der Schärfe vor Drehbeginn.

Grundsätzlich ist der Autofokus beim Filmen recht langsam und damit in dieser Betriebsart nicht wirklich gut zu gebrauchen. Zudem sind die Geräusche des Autofokusmotors auf der Aufnahme ziemlich laut zu hören. Aus diesem Grund stellen Sie besser manuell scharf. Schalten Sie dazu den **Autofokusschalter** am Objektiv auf **MF**.

Bildstabilisator ein oder aus?

Am Bildstabilisator scheiden sich die Geister: Vor allem bei älteren Objektiven verschlechtern die Korrekturversuche des Stabilisators bei Kameraschwenks das Ergebnis. Dafür bringen neuere Modelle eindeutig mehr Ruhe ins Bild. Der Preis dafür ist allerdings häufig ein lautes Surren, das sich störend auf der Tonspur ausbreitet. Am meisten Stabilität bringt eindeutig ein solides Stativ mit einem Videoneiger für saubere Schwenks.

Die Belichtung korrigieren

Normalerweise leistet die Automatik der 1200D beim Filmen gute Dienste. Über die Belichtungskorrektur können Sie jedoch das Bild ein wenig abdunkeln oder aufhellen. Drehen Sie dazu bei gedrückter **Av**-Taste am **Hauptwahlrad** ⚙. Es erscheint – wie von der Belichtungskorrektur beim Fotografieren gewohnt – eine Anzeige ❹, an der Sie das Ausmaß der Über- oder Unterbelichtung ablesen können.

∧ Abbildung 15.12
Hier wurde eine Über-belichtung um zwei Drittel-Blendenstufen eingestellt.

Der Weißabgleich

Wie beim Fotografieren gibt es auch beim Filmen einen automatischen oder angepassten Weißabgleich der Kamera. Viele Fotografen ignorieren die Weiß-abgleichseinstellungen der Kamera, weil sich im RAW-Format die passende Wahl auch nachträglich vornehmen lässt. Beim Filmen ist dagegen Umdenken angesagt. Ein mit falschen Kelvin-Werten abgedrehter Film kann am Computer nur mit erheblichen Qualitätsverlusten auf andere Farbeinstellungen getrimmt werden.

Die Einstellungen für den Weiß-abgleich erreichen Sie über ℚ und die **AWB**-Funktion. Dort finden Sie die Menüoptionen für die Adaption an unterschiedliche Lichtsituationen. Unter Umständen führt nur ein manueller Weißabgleich, wie auf Seite 109 beschrieben, zu korrekten Farben.

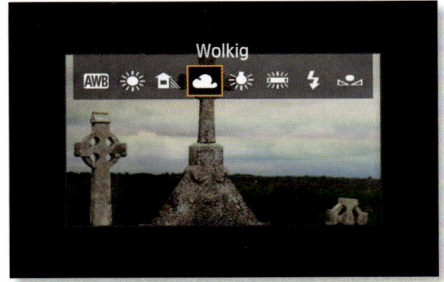

< Abbildung 15.13
Weißabgleichseinstel-lungen beim Filmen

Der gute Ton

Ebenso wichtig wie ein gutes Bild ist beim Film der ansprechende Ton. Dieser Aspekt wird leider oft vernachlässigt. Der Filmton wird bei der EOS 1200D über ein eingebautes Mikrofon an der Vorderseite der Kamera aufgenommen. Dabei landen leider auch Zoomgeräusche des Objektivs mit auf der Aufnahme. Wer mit Audio-Aufnahmen ein wenig Erfahrung hat, kann den Ton der Kamera sogar selbst aussteuern. Die entsprechenden Optionen finden

Sie im Film-Aufnahmemenü 2 ❶ unter dem Eintrag **Tonaufnahme** ❷. Nach der Umstellung der Tonaufnahme auf **Manuell** ❸ können Sie den Ton über den Regler **Aufnahmepegel** ❹ selbstständig einpegeln.

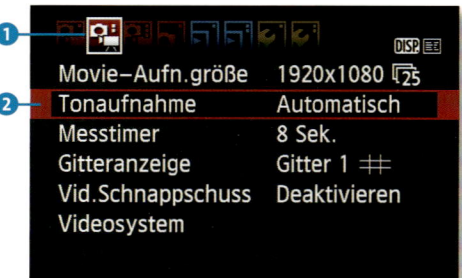
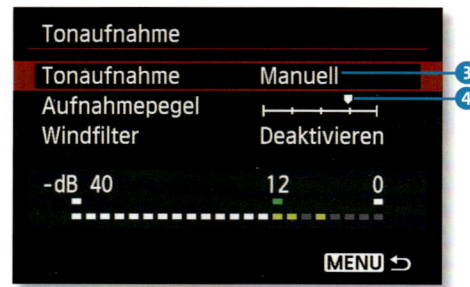

Abbildung 15.14 >
Einstellungen zum Ton im Film-Aufnahme-menü 2

Belichtungszeit, Blende und ISO-Wert: manuelle Kontrolle beim Filmen

In den Standardeinstellungen werden beim Filmen mit der EOS 1200D Blende und Belichtungszeit automatisch eingestellt. Um mit niedriger Schärfentiefe gezielt arbeiten zu können, müssen Sie die Blende manuell einstellen kön-nen. Dieses Ziel erreichen Sie über die Menüeinstellung **Movie-Belicht.** im Film-Aufnahmemenü 1 des **Film**-Modus. Schalten Sie dort von **Automatisch** auf **Manuell** um.

< Abbildung 15.15
Einstellung der Belichtung von Film-aufnahmen im Film-Aufnahmemenü 1

Geschlossene Blende bringt Sicherheit

Wie beim Fotografieren auch, minimieren Sie durch eine weiter geschlossene Blende das Risiko, dass sich wichtige Motivteile außerhalb des Schärfebereichs befinden. Ein leichter Fehlfokus fällt bei bewegten Bildern allerdings weniger gravierend auf als auf einem Foto.

Das Einstellen von Blende und Belichtungszeit funktioniert genau wie im Kreativprogramm **M**. Mit dem **Hauptwahlrad** ⚙ verändern Sie die Belichtungszeit ❺, durch gleichzeitiges Drücken der **Av**-Taste und Drehen am **Hauptwahlrad** stellen Sie die Blende ❻ ein. Den ISO-Wert ❽ ändern Sie durch Druck auf die **Blitz-**

< **Abbildung 15.16**
Die Einstellungen von Blende, Belichtungszeit und ISO-Wert. Die Angaben zu einer möglichen Über-/Unterbelichtung erscheinen im Display.

taste und die **Pfeiltasten** rechts beziehungsweise links. Die vom Fotografieren bekannte Displayanzeige gibt an, ob der Film über- oder unterbelichtet ist ❼.

Der zweite wichtige Faktor beim Filmen ist – wie beim Fotografieren auch – die Belichtungszeit. Verwechseln Sie diese nicht mit der Bildrate, den pro Sekunde aufgenommenen Bildern. Auch wenn die Bildrate auf 25 Bilder pro Sekunde eingestellt ist, kann jedes einzelne dieser Bilder mit Belichtungszeiten wie 1/50 s, 1/200 s oder 1/1000 s belichtet werden. Es handelt sich also um Zeiten, die wesentlich kürzer als 1/25 s sind. Nur längere Werte sind natürlich nicht möglich. Stellt man sich das Filmen als analoge Aufnahme auf einer langen Rolle vor, so steht jedes einzelne Bild nur 1/25 Sekunde vor dem Verschluss. So lang kann es also maximal belichtet werden.

 Neue Lesart

Beim Belichten der einzelnen Bilder kommt nicht mehr, wie beim normalen Fotografieren und beim **Livebild**-Betrieb, der Verschluss der Kamera zum Einsatz. Der Sensor wird stattdessen elektronisch ausgelesen.

Es empfiehlt sich, beim Filmen eine Belichtungszeit einzustellen, die dem doppelten (Kehr-)Wert der *Framerate* entspricht. Beim Filmen mit einer Bildrate von 25 Bildern pro Sekunde stellen Sie die Belichtungszeit also am besten auf einen Wert von 1/50 s. Es ist nämlich gerade die Bewegungsunschärfe, die beim Filmen mit längeren Belichtungszeiten den Eindruck einer kontinuierlichen Bewegung erzeugt. Bei kürzeren Belichtungszeiten sind die Bilder zwar insgesamt weniger verwaschen, dafür entsteht jedoch sehr schnell ein störendes Flimmern, der sogenannte *Stroboskopeffekt*.

Wenn Sie gezielt mit geringer Schärfentiefe filmen möchten, wählen Sie eine weiter geöffnete Blende. An hellen Tagen fällt so womöglich zu viel Licht auf den Sensor, und es kann zu einer Überbelichtung kommen. Ein Verringern der Belichtungszeit ist im **Film**-Modus aus Gründen, die Sie im oberen Abschnitt bereits erfahren haben, unerwünscht. Versuchen Sie deshalb zunächst, das Problem mit einem niedrigen ISO-Wert zu beheben. Ansonsten hilft ein Neutralgraufilter, der vor das Objektiv geschraubt wird. Er lässt weniger Licht durch, ohne die Farben oder den Kontrast zu verändern. Dadurch können Sie zum Beispiel auch bei strahlendem Sonnenschein mit Blende 1,8 arbeiten.

Filme planen, drehen und schneiden

Die Gestaltungsmittel der verschiedenen fotografischen Genres können Sie natürlich weitgehend auch auf das Filmen übertragen. Mit Zooms, Kameraschwenks und Kamerafahrten kommen hier allerdings zusätzliche Parameter ins Spiel, die Sie beim Fotografieren nicht beachten müssen. Bei allen drei ist eine gut dosierte Anwendung gefragt. Wohl jeder kennt schlechte Beispiele von Urlaubsfilmen, bei denen sich die Kamera holprig in allen drei Achsen bewegt und der Zoom exzessiv benutzt wird.

Ihr Werk soll jedoch wahrscheinlich nicht nur aus schönen Bildern bestehen, sondern auch durch eine gute Geschichte die Zuschauer in seinen Bann ziehen. Eine solche »Story« ist nicht nur für Filme mit Spielhandlung essenziell, sondern wertet auch jeden vermeintlich einfachen Urlaubsfilm auf. Ein kleiner Drehplan ist dafür ein hilfreiches Mittel. Bei dessen Entwicklung können Sie wichtige Fragen klären: Soll der Film nur Stimmungen einfangen, oder soll er eine kleine Geschichte erzählen? Geht es zum Beispiel *nur* darum, einen Urlaubsort zu zeigen, oder gehört die komplette Reise dazu? Dann sind es vielleicht schon die Strapazen der Anreise wert, aufgenommen zu werden. Mit ein wenig Fantasie erwachsen bereits aus diesen Grundüberlegungen heraus konkrete Drehideen.

Im Allgemeinen gilt wie beim Fotografieren die Regel, besser mehr als zu wenig. Ihre Filmaufnahmen können Sie später am Computer immer noch kürzen. Auch Ihre 1200D bietet die Option, einen Film zu schneiden. In der folgenden Schritt-für-Schritt-Anleitung lesen Sie, wie einfach das geht.

In der Kamera schneiden
SCHRITT FÜR SCHRITT

1 Sequenz auswählen

Am Computer lässt sich ein Film sehr effizient und präzise schneiden. Manchmal ist es jedoch sinnvoll, bereits in der Kamera erste kleine Schnitte vorzunehmen, etwa wenn der Speicherplatz auf der SD-Karte zur Neige geht. Wählen Sie im **Wiedergabe**-Modus den gewünschten Film aus, und drücken Sie die Taste **SET**. Gehen Sie nun auf das Schnitt-Symbol ❶.

2 Schnittmarken setzen

Wählen Sie **Schnittanfang** ❸, drücken Sie **SET**, und wählen Sie dann mit den **Pfeiltasten** links und rechts die Startposition ❷. Verfahren Sie analog mit dem **Schnittende** ❹.

3 Sequenz prüfen und speichern

Mit der **Wiedergabe**-Funktion ❺ können Sie sich die geschnittene Fassung anschauen. Über die Funktion ❻ lässt sich die geschnittene Fassung vom Original getrennt abspeichern ❼ oder aber die ursprüngliche Fassung mit der Schnittversion überschreiben ❽.

Anhang
Die Menüs im Überblick

Das Kameramenü enthält viele Konfigurationsmöglichkeiten, von denen einige die Arbeit enorm erleichtern, während andere eher als nette Spielerei zu betrachten sind. Auf jeden Fall können Sie die EOS 1200D damit ganz individuell an Ihre Bedürfnisse anpassen. Auf den folgenden Seiten finden Sie eine komplette Darstellung der Funktionen, die Sie über die **MENU**-Taste in den Kreativprogrammen aufrufen können.

Achtung

In den Motivprogrammen stehen Ihnen nicht alle Menüeinträge zur Verfügung. Nur in den Aufnahmemodi **P**, **Tv**, **Av** und **M** sehen Sie alle hier aufgeführten Optionen.

Aufnahmemenü 1

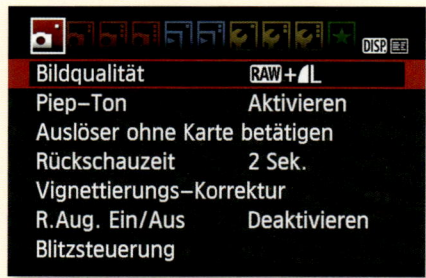

Bildqualität

Wie viele Bilder auf die SD-Karte passen, hängt von der hier eingestellten Bildqualität ab. Abgesehen von akutem, nicht behebbarem Speichermangel gibt es eigentlich keinen Grund, hier einen kleineren Wert als ◢L ❶ anzugeben. Sollen Bilder verkleinert werden – etwa für den Versand per E-Mail – ist das am Computer immer noch möglich.

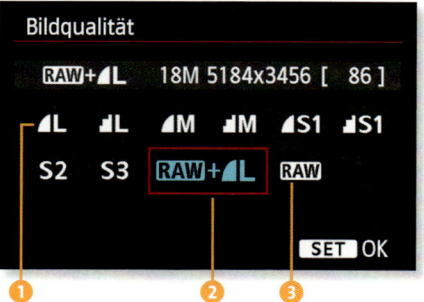

Über diesen Dialog können Sie jedoch auch festlegen, ob die Bilder im RAW-Format ❸ oder gleich doppelt, als JPEG- und als RAW-Datei ❷,

gespeichert werden. Dies erspart Ihnen das Konvertieren von Bildern,
an denen Sie ohnehin keine Änderungen mehr vornehmen möchten, kostet jedoch auch den meisten
Speicherplatz.

Piep-Ton

Bei jedem Autofokusvorgang ertönt
ein Piepton. Hier können Sie ihn ab-
schalten.

Auslöser ohne Karte betätigen

Dies ist eine nützliche Funktion,
die Sie davor bewahrt, ohne Speicherkarte eine Menge Fotos zu
schießen – die dann alle verloren
wären. Wenn Sie **Deaktivieren** wählen, löst die 1200D erst gar nicht
aus, wenn die Speicherkarte fehlt.

Rückschauzeit

Nach der Aufnahme erscheint das
Bild standardmäßig zwei Sekunden lang auf dem Display. Hier können Sie die Anzeigedauer erhöhen.
Mit der Einstellung **Halten** bleibt
das Bild so lange zu sehen, bis Sie
eine weitere Taste drücken. Die Einstellungen **2 Sek.** oder **4 Sek.** sollten
ausreichen, um das Ergebnis kurz zu
prüfen.

Vignettierungs-Korrektur

In Kapitel 8 haben Sie das optische
Phänomen der Vignettierung kennengelernt. Dabei handelt es sich
um abgedunkelte Bildecken, die je
nach Objektivqualität mehr oder
weniger stark auftreten. Mit der
aktivierten Korrektur wird dieser
Effekt bereits in der Kamera beseitigt. Für die Optimierung greift die
EOS 1200D auf die gespeicherten
Parameter einer Reihe von Objektiven zurück. Es empfiehlt sich, diese
Funktion zu aktivieren, wenn Sie eines der unterstützten Modelle besitzen.

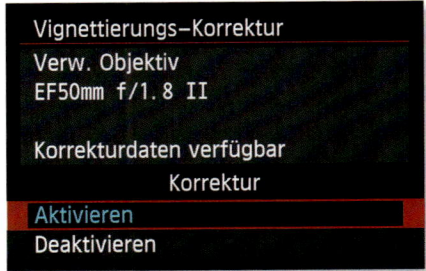

Rote Augen Ein/Aus (R.Aug. Ein/Aus)

Ist diese Funktion aktiviert, leuchtet bei Blitzbetrieb ein kleines, aber recht helles oranges Licht auf, sobald Sie den **Auslöser** halb herunterdrücken. Dadurch sollen sich die Pupillen der porträtierten Person schließen. Die von Blitzfotos bekannten roten Augen treten dann nicht auf oder zumindest nicht so stark. Besonders wenn Sie keine Zeit oder Lust auf eine Nachbearbeitung am Computer haben, ist diese Funktion sehr hilfreich.

Blitzsteuerung

Die Möglichkeiten der Blitzsteuerung werden in Kapitel 7 ausführlich vorgestellt. In diesem Menü steuern Sie auch, was beim externen Blitzen passieren soll.

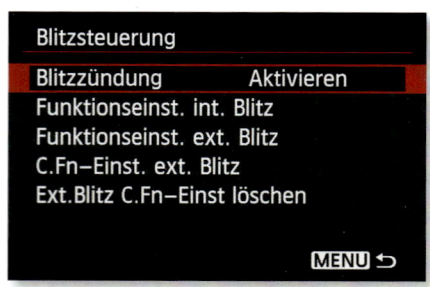

Aufnahmemenü 2

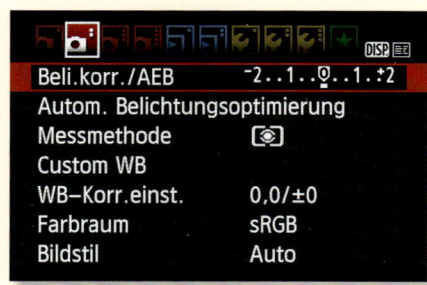

Beli.korr./AEB

Wie auf Seite 96 dargestellt, können Sie hier mit den **Pfeiltasten** und dem **Hauptwahlrad** Belichtungsreihen einstellen und Belichtungskorrekturen vornehmen.

Autom. Belichtungsoptimierung

Hier lässt sich die automatische Belichtungsoptimierung in drei Stufen ein- oder ausschalten. Nähere Informationen zu den Einstellungen finden Sie auf Seite 97.

Messmethode

Dieses Menü bietet einen alternativen Weg, um die Belichtungsmessmethode zwischen **Mehrfeldmessung** 	 , **Selektivmessung** 	 und der **mittenbetonten Messung** 	 umzuschalten. Wesentlich schneller ist der Weg über die Taste **Q** und das Displaymenü. Weitere Informationen zu den Messmethoden finden Sie ab Seite 97.

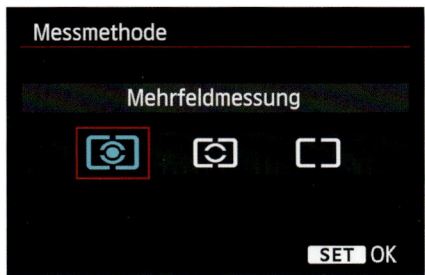

Custom WB

Nach dem Aktivieren dieser Funktion können Sie das Bild eines weißen Gegenstands auswählen. Mit **SET** werden die dort gemessenen

Werte für den Weißabgleich genutzt. Eine detaillierte Schritt-für-Schritt-Anleitung zum Einstellen des manuellen Weißabgleichs finden Sie auf Seite 109.

WB-Korr. einst.

Fortgeschrittene Benutzer können hier eine sehr genaue Weißabgleich-Korrektur durchführen. Dabei ist es möglich, den Weißabgleich in die Richtungen Blau (**B**), Bernsteinfarben (**A** = *Amber*, englisch für *Bernstein*), Grün (**G**) und Magentarot (**M**) zu verschieben. Über das **Hauptwahlrad** 	 lassen sich sogar Reihenaufnahmen einstellen. Die Kamera speichert eine Aufnahme dann in gleich drei verschiedenen Weißabgleichsversionen auf der SD-Karte. Bei der Arbeit mit RAW-Dateien können Sie den Weißabgleich jedoch in einer Software wie Digital Photo Professional DPP (die Ihrer EOS 1200D beiliegt) weitaus komfortabler variieren.

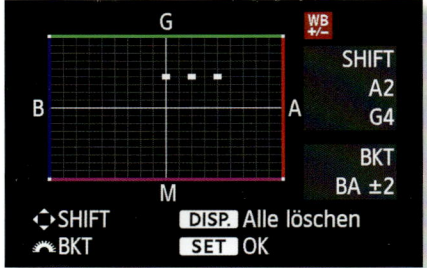

Farbraum

Die Zahl der darstellbaren Farben wird durch den Farbraum bestimmt. Wenn Sie sich nicht unbedingt mit der recht komplexen Thematik des Farbmanagements beschäftigen wollen, wählen Sie hier am besten **sRGB** (für *Standard-RGB*; RGB = Rot, Grün, Blau). Die Einstellungen beziehen sich nur auf die JPEG-Bilder der Kamera.

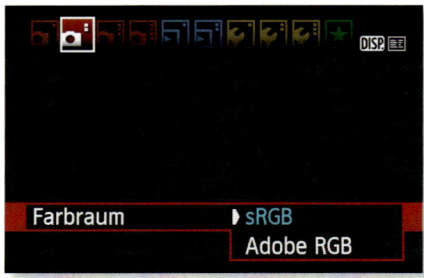

Bildstil

Durch die Wahl eines Bildstils können Sie die Farben eines Bildes schon in der Kamera weitgehend definieren.

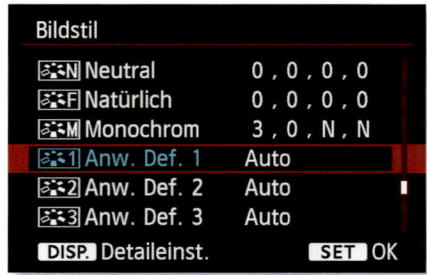

Sie können die verschiedenen Bildstil-Parameter individuell anpassen.

Weitere Informationen dazu finden Sie ab Seite 111.

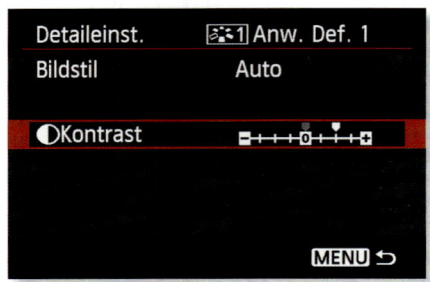

Aufnahmemenü 3

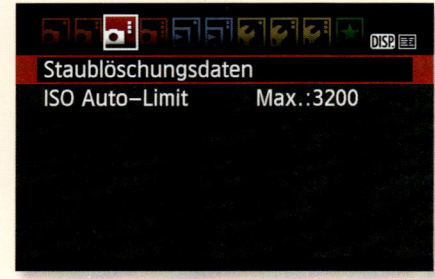

Staublöschungsdaten

Das Prinzip der Staublöschungsdaten ist clever: Auf einem weißen Foto ist auf dem Sensor festsitzender Staub deutlich zu erkennen. Die Informationen aus diesem Testbild kann die Ihrer 1200D beiliegende Software Digital Photo Professional (DPP) nutzen, um ihn aus Bildern wieder herauszurechnen.

Rufen Sie die Funktion auf, und bestätigen Sie mit **OK**. Die Kamera weist Sie an, den **Auslöser** durchzudrücken. Jetzt müssen Sie eine weiße Fläche, etwa ein Blatt Papier, fotografieren. Diese Aufnahme wird als sehr kleine Datei in die Bilddatei eingebettet und kann in DPP für die Staubentfernung genutzt werden. Hat sich erst einmal so viel Staub abgesetzt, dass er deutlich sichtbar ist, führt eine fachgerecht durchgeführte Sensorreinigung allerdings viel einfacher zum gewünschten Ergebnis.

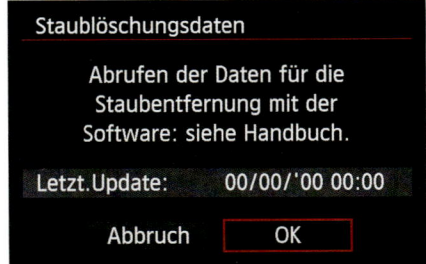

ISO Auto-Limit

In diesem Menü können Sie ein ISO-Limit festlegen, das bei der ISO-Einstellung auf **AUTO** nicht überschritten werden darf. Dadurch lässt sich die ISO-Automatik der Kamera gut nutzen, ohne zu stark verrauschte Bilder in Kauf nehmen zu müssen. Je nachdem, wie stark Sie das Rauschen stört, sind Sie mit Werten zwischen 800 und 3 200 auf der sicheren Seite.

Schließlich ermöglicht Ihnen ein hoher ISO-Wert unverwackelte

Fotos mit niedrigeren Belichtungszeiten. Einen Vergleich des Bildrauschens bei den unterschiedlichen Einstellungen finden Sie im Kapitel 3 auf Seite 66.

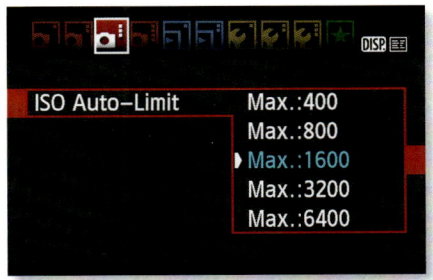

▣ Aufnahmemenü 4

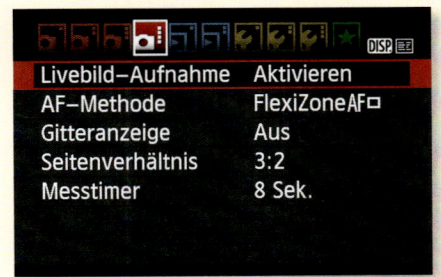

Livebild-Aufnahme

Standardmäßig ist die Funktion **Livebild-Aufnahme** auf **Aktivieren** eingestellt. Mit einem Druck auf die **Livebild**-Taste ▣ können Sie den **Livebild**-Modus jederzeit starten. Hier lässt sich der Modus komplett deaktivieren. Dazu gibt es jedoch kaum einen Grund.

AF-Methode

Die verschiedenen Betriebsarten des Autofokus beim **Livebild**-Betrieb können Sie hier auswählen. Die Betriebsarten **FlexiZone–Single AF □**, **Gesichtserkennung AF ఆ** und **Quick-Modus AF Quick** werden ab Seite 130 vorgestellt.

Gitteranzeige

Auf Wunsch erscheint über dem **Livebild** eine Gitteranzeige. Mit der grobmaschigeren Variante, **Gitter 1**, lassen sich Bilder leicht nach der Drittelregel komponieren. Die etwas feinere Darstellung, **Gitter 2**, eignet sich bei der Architekturfotografie gut dafür, das Ausmaß stürzender Linien einzuschätzen (siehe Seite 262).

Seitenverhältnis

Das klassische Bildformat einer Spiegelreflexkamera beträgt 3 : 2. Damit ist das Verhältnis von Breite zu Höhe gemeint. In diesem Menü können Sie beim **Livebild**-Betrieb das typische Seitenverhältnis einer Kompaktkamera (4 : 3), eines aktuellen Fernsehers (16 : 9) oder ein quadratisches Format (1 : 1) einstellen. Entsprechende Bildlinien zeigen Ihnen bei der **Livebild**-Darstellung den späteren Beschnitt. Diese Einstellungen gelten allerdings nur für das JPEG-Format, RAW-Dateien behalten weiterhin die komplette Bildinformation.

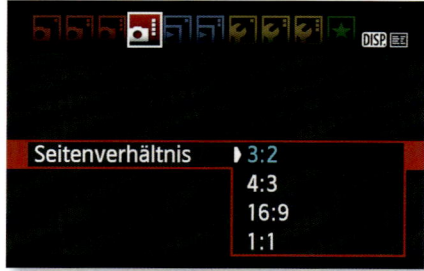

Seitenverhältnis einstellen

Belassen Sie diese Einstellung am besten in der Standardeinstellung von 3 : 2. Damit haben Sie am Computer ein größeres Potenzial für Ausschnitte jeder Art.

Messtimer

Der hier eingestellte Parameter gibt an, wie lange die Werte von Blende und Belichtungszeit im **Livebild**-Betrieb eingeblendet werden, wenn der **Auslöser** losgelassen wird. Die Voreinstellung von **8 Sek.** genügt in den meisten Fällen.

Schlüsselsymbol ⊶ erscheint dazu am oberen Bildrand.

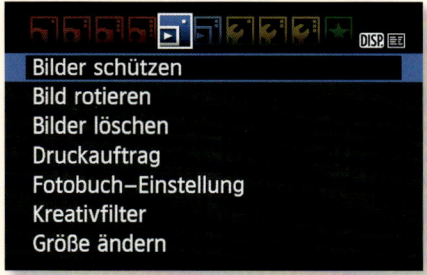

> ⌞⌝ **Achtung, Löschgefahr!**
>
> Die hier gemachten Einstellungen verhindern nicht, dass der Inhalt der Speicherkarte beim **Formatieren** verloren geht!

▣ Wiedergabemenü 1

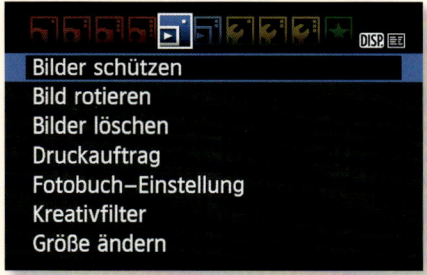

Bilder schützen

Dank dieser Funktion können Sie einzelne Bilder oder ganze Ordner auf der Speicherkarte vor dem versehentlichen Löschen schützen. Dazu wählen Sie beim gewünschten Bild einfach **SET**. Ein kleines

Bild rotieren

Der eingebaute Lagesensor der EOS 1200D sorgt dafür, dass Bilder in der richtigen Richtung, also im Hoch- oder Querformat, angezeigt werden. Falls er doch einmal versagt, lässt sich mit dieser Funktion bereits in der Kamera die Ausrichtung ändern. Nach der Auswahl können Sie wie gewohnt durch die Bilder blättern und diese mit **SET** drehen.

Bilder löschen

Diese Funktion ermöglicht das blockweise Löschen von zuvor

einzeln mit **SET** markierten Fotos. Davon verschont bleiben lediglich mit der Option **Bilder schützen** 🔒 verriegelte Fotos. Der Weg über die **Löschtaste** 🗑 ist in der Praxis jedoch um einiges schneller.

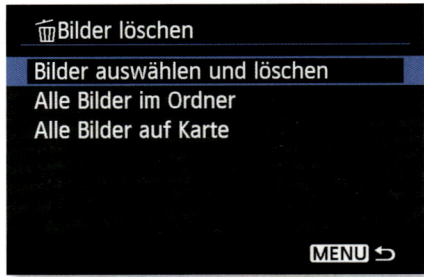

Druckauftrag

Sie können die Kamera mit einem Drucker, der den PictBridge-Standard unterstützt, direkt verbinden und einzelne Bilder ausdrucken. In diesem Menü finden Sie dazu eine ganze Reihe an Funktionen und Einstellmöglichkeiten. Der Umweg über einen Computer ist allerdings wesentlich komfortabler.

Fotobuch-Einstellung

Diese Funktion ermöglicht es, Bilder beim Import über die Software EOS Utility direkt in einen bestimmten Ordner zu kopieren. Nach Ansicht von Canon ist das für die Fotobuch-Erstellung hilfreich. Wesentlich unkomplizierter ist allerdings die Auswahl am Computer.

Kreativfilter

Mit den Kreativfiltern können Sie bereits in der Kamera Bilder bearbeiten und mit interessanten Effekten versehen. Detaillierte Informationen dazu finden Sie ab Seite 49.

Größe ändern

Diese Funktion bietet die Möglichkeit, bereits in der Kamera die Bildgröße zu ändern. Das so veränderte Foto landet dann als neue Datei zusätzlich auf der Speicherkarte.

⊡ Wiedergabemenü 2

Histogramm

Diese Funktion ist vor allem für fortgeschrittene Anwender interessant. Mit ihr lässt sich festlegen, dass beim Betrachten von Bildern die **DISP**-Taste sofort zum RGB-Histogramm führt. In der Standardeinstellung erscheint zuerst nur das Helligkeitshistogramm.

Bildsprung mit 🖒

Bei der Anzeige von Bildern lässt sich mit einem Dreh am **Hauptwahlrad** 🖒 in der Standardeinstellung zehn Bilder vor- beziehungsweise zurückblättern. Hier können Sie dieses Verhalten ändern. Sie haben

die Wahl zwischen dem Sprung um ein Bild ❶, zehn Bilder ❷ oder 100 Bilder ❸. Darüber hinaus können Sie einen Wechsel zum jeweils nächsten Aufnahmedatum ❹ oder zwischen den verschiedenen Ordnern ❺ einstellen. Außerdem gibt es noch die Möglichkeit, zu Filmen ❻ oder Fotos ❼ zu springen. Eine weitere Option besteht darin, gezielt Bilder, die eine bestimmte Bewertung haben, zu selektieren ❽. Über die Einstellung **Off** finden Sie unbewertete Fotos, über die Anzeige ▣ ★ gelangen Sie zu allen Bildern, die Sie bereits bewertet haben.

Diaschau

Um auch ohne Computerunterstützung die Bilder unkompliziert auf dem Fernseher anzeigen zu können, ist die **Diaschau**-Funktion hilfreich. Dazu müssen Sie die EOS 1200D lediglich über ein HDMI-Kabel mit Ihrem Fernseher verbinden. Sie können in diesem Menü beispielsweise festlegen, dass nur die mit einer Bewertung versehenen Bilder angezeigt werden. Unter **Einstellung** lassen sich dabei die Anzeigedauer und die Art und Weise definieren, wie die Bilder hintereinander erscheinen.

Bewertung

Mit dieser Funktion lässt sich relativ schnell eine erste Bewertung der Bilder vornehmen. Mit den **Pfeiltasten** nach oben und unten können Sie bis zu fünf Sterne vergeben. Die Angaben werden in Digital Photo Professional (DPP) und anderen Programmen, die dies unterstützen, übernommen.

Strg über HDMI

Sie können mit der Fernbedienung Ihres Fernsehers die Bildwiedergabe der EOS 1200D steuern. Dazu muss das Gerät den HDMI-CEC-Standard unterstützen.

☐ Einstellungsmenü 1

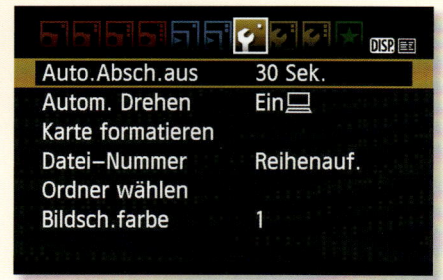

Auto.Absch.aus

Um Strom zu sparen, schaltet sich die 1200D nach einer Weile ohne Benutzereingabe von selbst ab. Hier können Sie die Dauer dieses Intervalls festlegen.

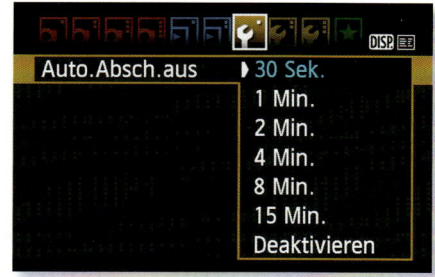

Autom. Drehen

Aufnahmen im Hochformat werden in der Standardeinstellung automatisch gedreht. Mit der Wahl des zweiten Eintrags ❶ erfolgt diese Drehung ausschließlich später bei der Darstellung am Computer. Sie müssen bei dieser Option zwar die Kamera beim Betrachten der Bilder drehen, verschenken dafür aber keinen Platz auf dem Display.

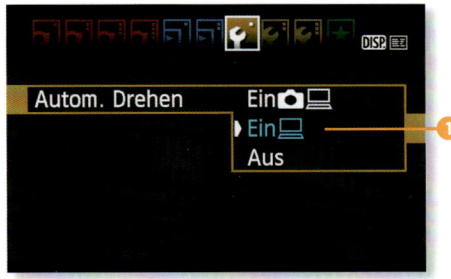

Karte formatieren

Der schnelle Weg zur leeren Speicherkarte: Ein Druck auf die Taste **Löschen** 🗑 aktiviert das Formatieren niedriger Stufe. Dieser Löschvorgang ist theoretisch etwas gründlicher, dafür wird die Karte dabei stärker abgenutzt.

Verlorene Daten

Bilder auf einer versehentlich formatierten Karte lassen sich mit Rettungsprogrammen wie dem für Mac und PC kostenlos erhältlichen PhotoRec wiederherstellen. Die Karte darf zuvor allerdings nicht mit neuen Fotos überschrieben worden sein.

Datei-Nummer

Hier legen Sie fest, nach welchen Regeln die EOS 1200D die Bilder auf der Karte nummeriert. Grundsätzlich werden diese fortlaufend, beginnend bei 100-0001 bis 100-9999, gefolgt von 101-0001 und so weiter, benannt.

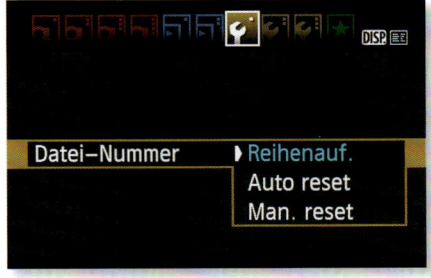

Bei der Einstellung **Reihenauf.** erfolgt die Nummerierung auf diese Weise, selbst wenn die Karte ausgewechselt oder ein neuer Ordner (siehe nachfolgenden Menüeintrag **Ordner wählen**) erstellt wird. Die Einstellung **Auto reset** hingegen bewirkt, dass die Nummerierung bei jedem Kartenwechsel oder auch bei einem neuen Ordner wieder bei 100-0001 startet. Mit **Man. reset** können Sie die Nummerierung auf 100-0001 zurücksetzen. Welche Einstellung am besten für Sie geeignet ist, hängt auch davon ab, ob Sie Ihre Bilder beim Import auf den Computer automatisch umbenennen lassen oder nicht.

Ordner wählen

Die 1200D speichert die Bilder normalerweise automatisch in einen Ordner wie »100CANON«, »101CA-NON« oder »102CANON«. Über diese Funktion können Sie gezielt einen Ordner auswählen oder einen neuen anlegen. Dies kann hilfreich sein, um beim späteren Kopieren auf den Computer den Überblick zu bewahren.

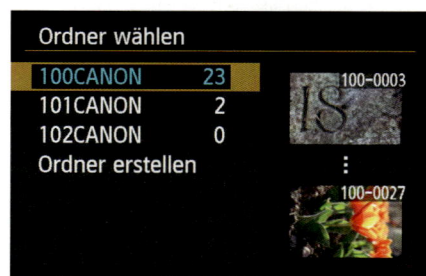

Bildsch.farbe

Diese Funktion ermöglicht den Wechsel zu einer farblich alter-

nativen Displaydarstellung (Bildschirmfarbe). Möglich sind neben der Standardeinstellung schwarze Zeichen auf weißem Grund, eine braune Darstellung sowie ein grünlicher Modus.

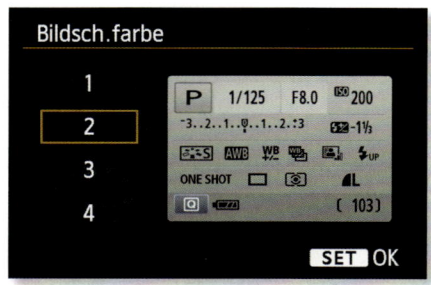

Eye-Fi-Einstellungen

Dieser Menüpunkt erscheint nur auf dem Display, sofern Sie eine Eye-Fi-Karte eingelegt haben. Wenn Sie Ihre Bilddateien von der 1200D per WLAN auf ein anderes Gerät übertragen möchten, bietet eine Eye-Fi-Karte die passende Lösung.

Einstellungsmenü 2

LCD-Helligkeit

Belassen Sie den Wert für die Helligkeit des Displays am besten auf der mittleren Standardeinstellung. Ansonsten erschweren Sie sich die Beurteilung der Belichtung Ihrer Bilder am Display der Kamera, wobei Sie hier zur Sicherheit auch immer das Histogramm zurate ziehen sollten (siehe Seite 100).

LCD Aus/Ein

Sobald Sie den **Auslöser** halb drücken, schaltet sich die Displayanzeige aus, um Sie beim Blick durch den Sucher nicht zu irritieren. Sie können dieses Verhalten ausschalten oder mit **Auslös./DISP** festlegen, dass der Bildschirm dunkel bleibt und ihn erst ein Druck auf die **DISP**-Taste wieder aktiviert.

Datum/Uhrzeit/Zone

In diesem Menü können Sie Datum, Uhrzeit, Zeitzone und die Sommerzeit einstellen. Besonders wenn Sie mit mehreren Kameras arbeiten, kommt es auf eine genaue Zeiteinstellung an. Nur dann können Sie die verschiedenen Aufnahmen am PC in der korrekten Reihenfolge betrachten.

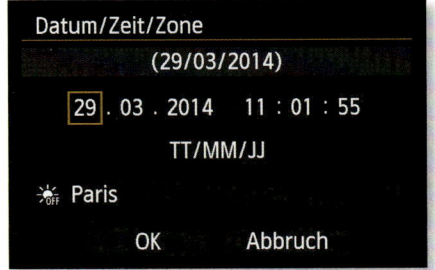

Sprache 🗨

Ihre EOS 1200D kann mit Ihnen in einer ganzen Reihe verschiedener Sprachen kommunizieren. Nach einem versehentlichen Verstellen der Sprache finden Sie diesen

Menüpunkt leicht über das Sprechblasensymbol 🗩 wieder.

Manuelle Reinigung

Dieses Menü ermöglicht Servicetechnikern den Zugang zum Sensor. Dafür wird der Spiegel nach oben geklappt und bleibt bis zum Ausschalten in dieser Position.

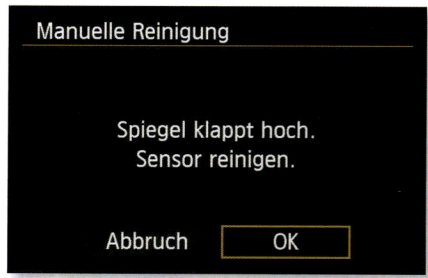

⌐¬ Besser vom Profi!
⌐¬
Überlassen Sie die Sensorreinigung am besten erfahrenen Fachleuten. Weitere Informationen dazu finden Sie auf Seite 179.

Erläuterungen

Wenn Sie am **Moduswahlrad** drehen, erscheinen auf dem Display erläuternde Texte. Je vertrauter Sie mit der Kamera werden, desto überflüssiger sind diese Informationen. Hier können Sie sie ausschalten.

GPS-Geräteeinstellungen

Die EOS 1200D kann mit dem GPS-Empfänger GP-E2 von Canon verbunden werden. Das Gerät für etwa 250 Euro erfasst Breiten-, Längen-, Höhen- und Richtungsangaben und fügt diese in die Exif-Daten der Bilder ein. Über dieses Menü lassen sich dazu bequem alle Einstellungen vornehmen.

🔧 Einstellungsmenü 3

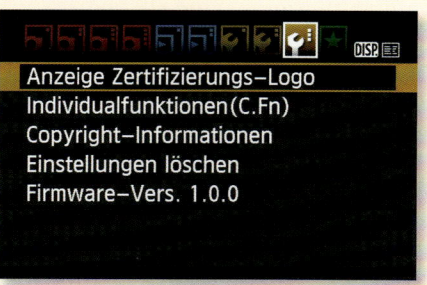

Anzeige Zertifizierungs-Logo

Dieser Menüeintrag macht Bürokraten glücklich: Zertifizierungslogos, für die auf der Unterseite der 1200D kein Platz mehr war, sehen Sie hier.

Individualfunktionen (Custom Functions, C.Fn)

Über die Individualfunktionen lassen sich sehr grundlegende Kameraeinstellungen festlegen. Diese gelten allerdings nur für die Kreativprogramme. Das Menü dafür unterscheidet sich ein wenig von den übrigen Einstellmöglichkeiten. Am unteren Rand sehen Sie die elf verschiedenen Individualfunktionen und ihre Einstellung als Zahlenwert zwischen 0 und 4. Mit den linken und rechten **Pfeiltasten** wechseln Sie zwischen ihnen hin und her. Mit der Taste **SET** und den **Pfeiltasten** können Sie dann wie gewohnt einen einzelnen Menüpunkt aufrufen und aktivieren.

C.Fn I (Belichtung): Einstellstufen

Die Blende lässt sich in Drittelstufen (**1/3-Stufe**) sehr fein dosiert einstellen. Falls Ihnen jeweils halbe Schritte lieber sind, lässt sich dies hier definieren. Ein Drehen am **Hauptwahlrad** im **Av**-Programm führt dann beispielsweise von Blende 4,5 direkt zu 5,6 und 6,7 statt erst zu 5, 5,6 und 6,3.

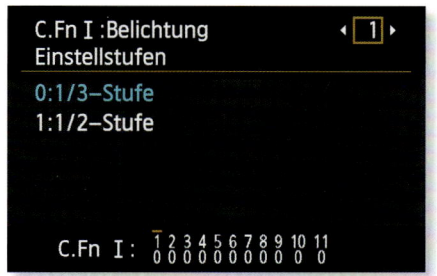

C.Fn I (Belichtung): ISO-Erweiterung

Das Einschalten der ISO-Erweiterung führt dazu, dass bei den ISO-Werten der Eintrag **H** auftaucht. Dieser entspricht ISO 12 800 und ist entsprechend stark verrauscht (siehe Seite 65). Ist gleichzeitig die Individualfunktion **C.Fn II (Bild): Tonwert Priorität** eingeschaltet, bleibt diese Einstellung ohne Funktion.

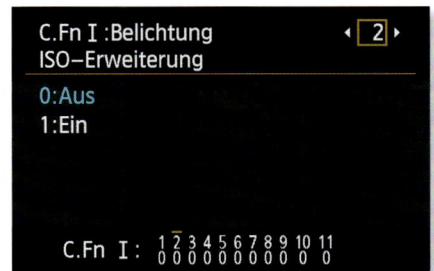

C.Fn I (Belichtung): Blitzsynchronzeit bei Av

Diese Einstellung regelt, welche Belichtungszeit die 1200D beim Blitzbetrieb im **Av**-Programm wählt. Weitere Informationen über die Blitzsynchronzeit finden Sie auf Seite 142.

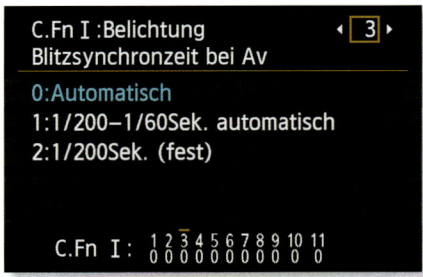

Bei der Einstellung **Ein** findet dieses Verfahren generell ab einer Belichtungszeit von einer Sekunde statt, unabhängig vom tatsächlichen Rauschen.

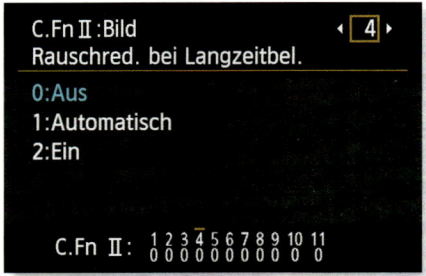

C. Fn II (Bild):
Rauschred. bei Langzeitbel.

Das Bildrauschen hängt nicht nur vom eingestellten ISO-Wert ab, sondern auch von der Temperatur des Sensors. Diese steigt, je länger er in Betrieb ist, also einer Belichtung ausgesetzt ist. Mit der hier konfigurierbaren Funktion macht die Kamera bei sehr langen Belichtungszeiten eine sogenannte Dunkelbelichtung: Nach dem eigentlichen Bild wird automatisch ein zweites angefertigt, das jedoch nur die schwarze Fläche des Verschlusses und das Bildrauschen enthält. Zu sehen bekommen Sie dieses Foto zwar nicht, es wird jedoch mit der ersten Aufnahme so verrechnet, dass aus dieser das Sensorrauschen teilweise entfernt wird.

Mit der Einstellung **Automatisch** führt die EOS 1200D ab einer Belichtungszeit von einer Sekunde diese automatische Bildverrechnung durch, sofern die Automatik Bildrauschen feststellt. In der Praxis funktioniert diese Einstellung am besten.

C. Fn II (Bild):
High ISO Rauschreduzierung

Besonders bei hohen ISO-Werten kommt es zu Bildrauschen. Diese Funktion greift mit verschiedener Stärke ein und reduziert das Rauschen. Mit der Standardeinstellung lassen sich meist gute Ergebnisse erzielen. Die Einstellungen hier gelten nicht für RAW-Dateien, es sei denn, die Bearbeitung erfolgt innerhalb von Digital Photo Professional (DPP).

C.Fn II (Bild): Tonwert Priorität

Bei eingeschalteter Tonwertpriorität werden die hellen Bereiche mit mehr Details in den Farbabstufungen dargestellt. Der Dynamikumfang zwischen den mittleren und den hellen Tönen steigt immerhin um eine ganze Blendenstufe. Der Preis dieser Verbesserung ist ein höheres Rauschen in den dunklen Bildpartien. Ein weiterer kleiner Nachteil ist, dass der ISO-Wert 100 nicht mehr einstellbar ist. Bei aktivierter Tonwertpriorität wird die automatische Belichtungsoptimierung ausgeschaltet, und im Display erscheint unterhalb der ISO-Anzeige die Information **D+**.

C.Fn III (Autofokus/Transport): AF-Hilfslicht Aussendung

Um automatisch fokussieren zu können, muss die Kamera Kontraste finden. Das funktioniert nur bei ausreichend vorhandenem Licht. Deshalb bringt die Kamera im Blitzbetrieb durch kleine Lichtimpulse Licht ins Dunkel. Mit der Option **Deaktivieren** können Sie dieses

mitunter nervige Verhalten unterbinden. Der Preis dafür sind allerdings weniger oder keine Treffer des Autofokus. Über **Nur bei ext. Blitz aktiv.** verbieten Sie zumindest dem internen Blitz der EOS 1200D das Flackern. Externe Blitze arbeiten meist mit einem roten Infrarot-Hilfslicht, das kaum stört. Die Option **Nur IR-AF-Hilfslicht** sorgt dafür, dass bei deren Einsatz ganz sicher nur diese Art des Hilfslichts genutzt wird.

 AF-Modus beachten

Beachten Sie bei dieser Individualfunktion, dass die Einstellungen nur für die Autofokus-Betriebsart **One Shot** gelten. Beim kontinuierlich nachgeführten Fokus in den Modi **AI Focus** und **AI Servo** müsste der Blitz ansonsten ein Dauerfeuer abgeben, und die Batterie wäre im Nu entladen.

C.Fn IV (Operation/Weiteres): Auslöser/AE-Speicherung

Mit dieser Individualfunktion legen Sie fest, was passiert, wenn der **Auslöser** halb heruntergedrückt wird und welche Funktion die **Sterntaste ✳** hat. Im Menü steht **AE** dabei für *Auto Exposure*, also die Belichtungsmessung, **AF** für Autofokus. Der Part vor dem Querstrich betrifft jeweils die Funktion bei halb heruntergedrücktem **Auslöser**, der hinter dem Querstrich die Funktion der **Sterntaste**.

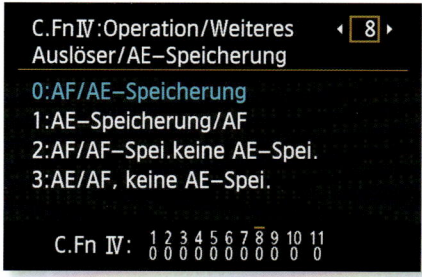

Die Funktionsweise **AF/AE** ist die Standardeinstellung, die Sie in diesem Buch kennengelernt haben. Auf sie beziehen sich alle Angaben in den ersten Kapiteln. Der halbe Druck auf den **Auslöser** startet die Belichtungsmessung und den Autofokus. Mit der **Sterntaste** können Sie die gemessenen Belichtungswerte bis zum Auslösen speichern. Diese werden dann nicht mehr geändert.

Bei **AE-Speicherung/AF** startet die Belichtungsmessung über den halb heruntergedrückten **Auslöser** und hält dabei den einmal ermittelten Wert. Der Autofokus ist vom **Auslöser** völlig entkoppelt. Er arbeitet nur bei gedrückter **Sterntaste**. Einen

praktischen Vorteil bringt diese Einstellung vor allem in Kombination mit der Autofokus-Betriebsart **AI Servo**. Bei gedrückter **Sterntaste** wird der Fokus permanent nachgeführt, beim Loslassen stoppt der Vorgang. Das ist zum Beispiel nützlich, wenn sich kurzzeitig ein Hindernis durchs Bild schiebt. Zudem herrscht bei dieser Einstellung auch in der Betriebsart **One Shot** die **Auslösepriorität**. Der Druck auf den **Auslöser** erzeugt also auf jeden Fall ein Bild, auch wenn die Kamera keinen Fokuspunkt ermitteln konnte.

Die Funktionsweise von **AF/AF-Spei.keine AE-Spei.** ähnelt der Grundeinstellung **AF/AE**. Die **Sterntaste** dient hier aber nicht mehr dazu, die Belichtungszeit zu fixieren, sondern den Autofokus zu blockieren. So unterbricht dieser im **AI Servo** so lange seine Arbeit, wie Sie die **Sterntaste** gedrückt halten.

Die Einstellung **AE/AF, keine AE-Spei.** wiederum ähnelt der Funktion **AE-Speicherung/AF**. Der Unterschied ist, dass die Belichtung nicht durch einen halben Druck auf den **Auslöser** einen festen Wert einnimmt, sondern veränderlich bleibt. Wenn Sie also einen laufenden Leoparden mit der Kamera verfolgen, führt die Automatik die Belichtung stets dynamisch nach, etwa wenn er sich durch einen schattigen Bereich bewegt.

Übrigens: Der Bildstabilisator des Objektivs ist nicht von den vier möglichen Einstellungen betroffen. Er aktiviert sich stets bei halb heruntergedrücktem **Auslöser**.

C.Fn IV (Operation/Weiteres): SET-Taste zuordnen

Wenn Sie bei aufnahmebereiter Kamera die Taste **SET** drücken, passiert nichts. Hier können Sie ein alternatives Verhalten definieren: Denkbar ist es, die Bildqualität, die Blitzbelichtungskorrektur, das Ein- und Ausschalten des Displays oder die **Abblendtaste** (siehe Seite 62) auf diese Taste zu legen.

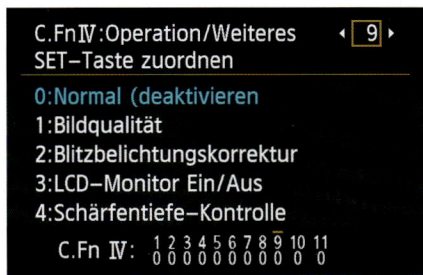

C.Fn IV (Operation/Weiteres): Funktion Blitztaste

Die **Blitztaste** kann an dieser Stelle zur **ISO**-Taste umfunktioniert werden. Der Blitz lässt sich dann immer noch über das Displaymenü ausfahren.

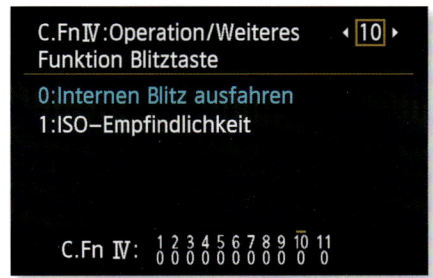

C.Fn IV (Operation/Weiteres): LCD-Display bei Kamera Ein

Bei der Einstellung **Vorheriger Display-Status** merkt sich die Kamera beim Ausschalten, ob Sie die Displayanzeige über die **DISP**-Taste ausgeschaltet haben. So ist es möglich, die Kamera mit dunkler Anzeige zu starten, was die Batterie minimal entlastet.

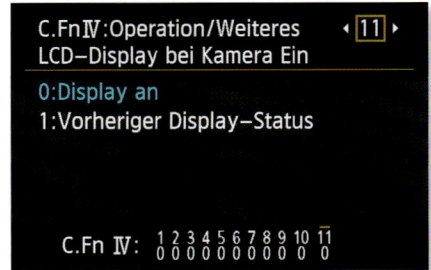

Copyright-Informationen

Sie können hier Ihren Namen und einen Copyright-Text eingeben. Diese Informationen werden den Bilddaten hinzugefügt.

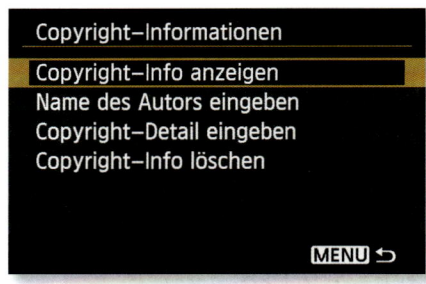

My Menu

Einstellungen löschen

Über diese Funktion lassen sich sowohl alle Kameraeinstellungen als auch die bei den Individualfunktionen geänderten Werte wieder auf den Auslieferungszustand der EOS 1200D zurücksetzen.

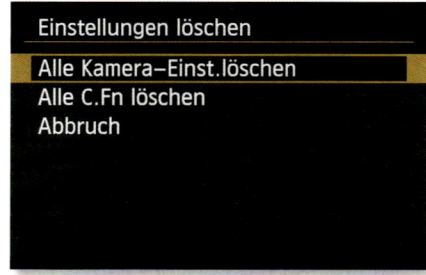

Firmware-Ver. 1.0.x

Die Anzeige der aktuellen Firmware, des Betriebssystems der EOS 1200D. Weitere Informationen zur Firmware finden Sie im Exkurs auf den folgenden zwei Seiten.

My Menu

In **My Menu** können Sie Ihre Favoriten ablegen. Dazu wählen Sie unter **My Menu Einstellungen** die Funktion **Registrieren zu My Menu** ❶. In einer Liste erscheinen viele Funktionen, auf die Sie vielleicht im fotografischen Alltag schnell zugreifen wollen. Die einzelnen Positionen im Menü können Sie auch sortieren ❷ oder einzeln ❸ sowie komplett ❹ löschen. Wenn Sie bei **Anzeigen aus My Menu** ❺ den Eintrag **Aktiv** auswählen, führt ein Druck auf die **MENU**-Taste immer zuerst in das **My Menu**. Auf diese Weise landen Sie noch schneller bei den häufig benutzten Funktionen.

Firmware aktualisieren

Sie kennen es sicher von Ihrem Computer: Von Zeit zu Zeit gibt es ein Update für das Betriebssystem. Ähnlich verhält es sich auch mit der Kamera. Bei ihr heißt die zentrale Steuersoftware *Firmware*, und auch diese wird manchmal aktualisiert. Meist werden nur kleine Fehler beseitigt, die im Alltag kaum auffallen. Dabei kann es sich um so Harmloses wie Rechtschreibfehler in den Menüeinträgen handeln, aber auch um neue oder geänderte Funktionen.

Mit welcher Firmware-Version Ihre 1200D läuft, können Sie ganz einfach herausfinden. Im Einstellungsmenü 3 🎦 (neunter Reiter) finden Sie den Eintrag **Firmware-Vers.** Direkt dahinter können Sie die aktuelle Versionsnummer ❻ ablesen.

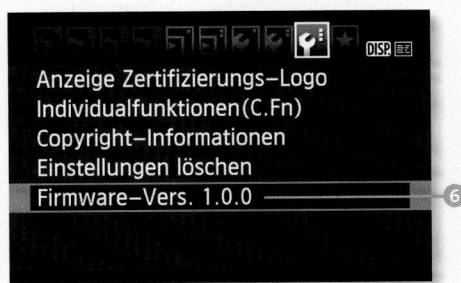

Ob es eine neue Firmware-Version für die EOS 1200D gibt, sehen Sie auf der Canon-Webseite *www.canon.de* unter **Support · Consumer Produkte · EOS Kameras**. Um nun eine neue Software auf die Kamera zu laden, sind die im Folgenden beschriebenen Schritte nötig.

1 Firmware herunterladen

Laden Sie die Firmware aus dem Internet herunter. Ein Doppelklick auf die übertragene Datei startet sowohl auf einem Windows-Rechner als auch beim Mac einen Entpacken-Vorgang. Speichern Sie die Dateien in einem Verzeichnis auf Ihrer Festplatte.

2 Speicherkarte formatieren

Legen Sie eine SD-Karte in die Kamera ein, und formatieren Sie diese. Dabei werden alle Bilder gelöscht. Gehen Sie dazu im siebten Reiter auf den Befehl **Karte formatieren**, und bestätigen Sie mit **OK**.

3 EOS Utility aufrufen

Verbinden Sie die Kamera über ein USB-Kabel mit Ihrem Rechner. Starten Sie nun die Software EOS Utility. Klicken Sie auf **Kamera-Einstellungen/Fernaufnahme** ❼. Im sich daraufhin öffnenden Fenster wählen Sie das Symbol für

Einstellungen ❶ und dann den Eintrag **Firmware** ❷ aus. Bestätigen Sie die nächsten beiden Anzeigen mit **OK** ❸ beziehungsweise **Ja** ❹.

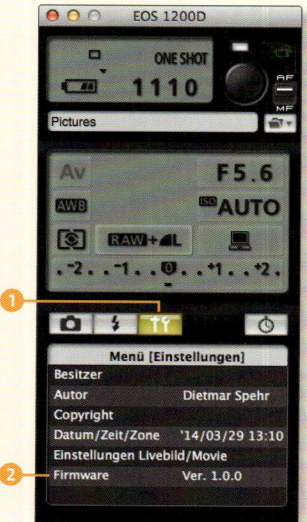

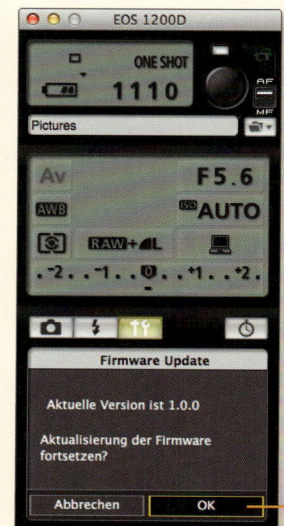

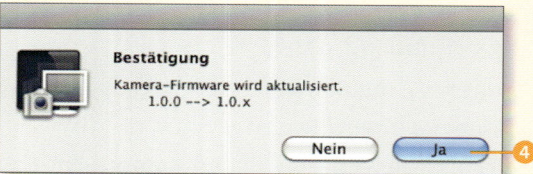

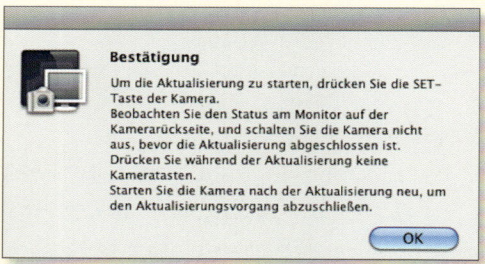

Drücken Sie die **SET**-Taste an der Kamera, und bestätigen Sie den Dialog am Computer mit **OK**. Die Firmware wird nun installiert. Sie sehen eine Fortschrittsanzeige und anschließend eine Bestätigung über das abgeschlossene Update. Schalten Sie die Kamera aus und wieder ein, um den Vorgang abzuschließen.

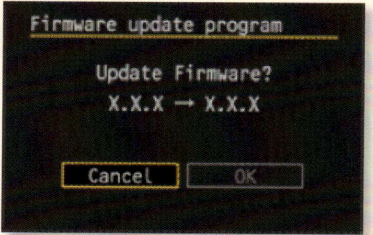

4 Firmware installieren

Auf der Kamera erscheint das folgende Bild. Gleichzeitig erhalten Sie entsprechende Instruktionen auch am Computer.

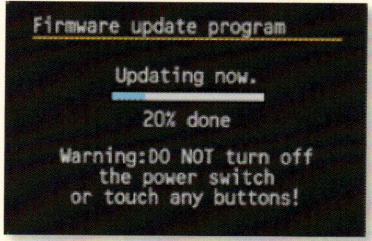

Glossar

Abbildungsmaßstab

Der Abbildungsmaßstab gibt an, in welchem Verhältnis die Abbildung auf dem Sensor zur tatsächlichen Größe eines Motivs steht. Ein 20 cm langer Fisch, der auf dem Sensor der Kamera 1 cm einnimmt, hätte einen Abbildungsmaßstab von 1 : 20. Wird zum Beispiel ein 5 mm kleines Insekt auf 5 mm abgebildet, ist der Abbildungsmaßstab 1 : 1. Ein Objektiv, das einen solchen Abbildungsmaßstab ermöglicht, gilt als Makroobjektiv.

Abblenden

Um weniger Licht durch das Objektiv zu lassen, muss die Blende weiter geschlossen werden, indem beispielsweise der Blendenwert von f3,5 auf f4 verändert wird. Oft verwenden Fotografen den Begriff *Abblenden* aber auch ganz allgemein als Synonym dafür, das Bild um eine Anzahl von Blendenstufen dunkler erscheinen zu lassen. Dieses Ziel können Sie über den Blendenwert erreichen, aber auch, indem Sie die Belichtungszeit verkürzen oder den ISO-Wert verkleinern.

APS-C

APS-C steht eigentlich für *Advanced Photo System Classic*, ein analoges Filmformat, das sich niemals wirklich durchgesetzt hat. Dieses war in etwa so groß wie die heutigen Kamerasensoren der drei- und zweistelligen Kameramodelle von Canon sowie der EOS 7D. Deshalb hat sich für deren Sensoren die Klassifizierung als APS-C durchgesetzt.

Av

Av steht für *Aperture Value*, also Blendenwert. In dieser Betriebsart geben Sie der Kamera eine Blende vor. Die Automatik wählt dann automatisch eine dazu passende Belichtungszeit aus.

Belichtungskorrektur

In einigen Aufnahmesituationen liefert die Belichtungsautomatik der Kamera Werte, die ein unter- oder überbelichtetes Bild ergeben würden. Dagegen lässt sich mit einer gezielten Gegensteuerung etwas unternehmen, hier also mit einer Überbelichtung beziehungsweise Unterbelichtung.

Belichtungszeit

Die beiden Verschlussvorhänge vor dem Sensor der Kamera öffnen sich während des Belichtungsvorgangs für eine gewisse Zeit. Diese wird als *Belichtungs-* oder *Verschlusszeit* bezeichnet und in Teilen einer Sekunde beziehungsweise in Sekunden angegeben. Bei einer Verdoppelung oder Halbierung der Belichtungszeit fällt jeweils doppelt so viel oder halb so viel Licht auf den Sensor.

Bildrauschen

Wenn wenig Licht auf den Sensor fällt, hilft eine Erhöhung der ISO-Zahl. Selbst bei schlechten Beleuchtungsverhältnissen lassen sich so noch ausreichend belichtete Bilder erzielen. Dies funktioniert allerdings nur, weil die schwachen Sensorinformationen verstärkt werden. Dabei kommt es zwangsläufig zu Bildfehlern, die sich in Form von einzelnen falschhellen und falschfarbigen Pixeln bemerkbar machen. Dieses Phänomen wird als *Bildrauschen* bezeichnet.

Bildstabilisator

Durch mehr oder weniger frei bewegbare Linsenelemente im Objektiv lassen sich Kameraverwacklungen bis zu einem gewissen Grad kompensieren. Dadurch ist es möglich, mit längeren Belichtungszeiten auch ohne Stativ zu fotografieren.

Blende

Die Blendenlamellen im Inneren des Objektivs können sich in verschiedenen Stellungen öffnen und schließen und dadurch unterschiedlich viel Licht in die Kamera lassen. Daraus ergeben sich unterschiedliche Blendenwerte, die bei kleinen Zahlen für eine große Öffnung und eine große Blende stehen. Große Zahlen wiederum deuten auf eine kleine Öffnung und damit auf eine kleine Blende hin. Bei Letzterer ist die Schärfentiefe größer als bei einer weit offenen Blende.

Blendenstufen

An der Kamera lässt sich die Blende in mehreren Stufen verstellen. Die verschiedenen Blendenschritte werden dabei durch Werte wie 4 • 5,6 • 8 • 11 • 16 • 22 dargestellt. Bei den hier genannten Zahlen handelt es sich um ganze Blendenstufen. Die Öffnung der Lamellen im Objektiv halbiert beziehungsweise verdoppelt sich jeweils, so dass halb so viel beziehungsweise doppelt so viel Licht auf den Sensor fällt. An der EOS 1200D lässt sich die Blende auch in Drittelschritten, also kleineren Abstufungen, verstellen.

Brennweite

Vereinfacht dargestellt ist die Brennweite die Entfernung einer Linse zu ihrem Brennpunkt. Dieser wiederum liegt dort, wo parallel auf die Linse einfallende Strahlen nach der Brechung wieder zusammentreffen. Die meisten Objektive bestehen aus mehreren Linsen, die sich in ihrer Wirkung verstärken. Deshalb kann aus der Objektivlänge keine direkte Schlussfolgerung auf die Brennweite erfolgen.

Chromatische Aberration

Trifft Licht auf eine Linse, wird es gebrochen. Dabei hängt das Ausmaß der Brechung von der Wellenlänge, also der Farbe des Lichts, ab. In der Folge treffen sich zum Beispiel rotes, grünes und blaues Licht nicht gemeinsam in einem einzigen Brennpunkt, sondern leicht versetzt voneinander. Dieser Effekt ist besonders an Hell-dunkel-Übergängen im Bild in Form von Farbsäumen zu sehen. Solche Farbfehler lassen sich allerdings bei der Konzeption eines Objektivs minimieren und treten bei hochwertigen Modellen kaum auf. Ansonsten bieten viele Bildbearbeitungsprogramme die Möglichkeit, solche Objektivfehler abzumildern.

Cropfaktor

Ein 50-mm-Objektiv an der EOS 1200D hat den gleichen Bildwinkel wie ein 80-mm-Objektiv an einer Kleinbildkamera, wie etwa einer analogen Spiegelreflex- oder einer Canon-Digitalkamera mit Voll-

formatsensor. Dieser Multiplikator von 1,6 (80/50) gibt den Größenunterschied der Sensoren und damit den Cropfaktor an.

dpi

dpi steht für *Dots per Inch* – Punkte pro Zoll (1 Zoll = 2,54 cm). Es handelt sich um eine Einheit, mit der die sogenannte Punktdichte beschrieben wird. Der dpi-Wert gibt an, wie viele Punkte des Bildes auf einer bestimmten Fläche untergebracht werden, also wie stark die Rasterung ist. Die Bilder der EOS 1200D bestehen aus 3 456 × 5 184 Punkten, den Pixeln. Würde man nur vier Punkte pro Zoll drucken, könnte man damit eine gigantische, rund 22 × 33 Meter große Plakatfläche bedrucken. Trotz des äußerst groben Rasters wäre das Bild gut zu erkennen. Schließlich würde es wohl eher aus einer großen Entfernung betrachtet werden, so dass die einzelnen Punkte durch die Distanz kaum zu unterscheiden wären. Bei vielen Drucksachen werden die Bilder mit 300 dpi ausgegeben. Die maximal mit den Bildern der EOS 1200D druckbare Größe beträgt in diesem Fall etwa 30 × 44 Zentimeter. Computermonitore wiederum zeigen Bilder in einer Auflösung von 96 bis 230 Punkten pro Zoll an. Statt Punkten wird hier häufig von Pixeln pro Zoll (ppi) statt dpi gesprochen.

DSLR

DSLR steht für *Digital Single Lens Reflex*. Es handelt sich um die englische Bezeichnung für eine digitale Spiegelreflexkamera, die sich teilweise auch im Deutschen eingebürgert hat. *Reflex* steht dabei für den Spiegel, der kurz vor der eigentlichen Aufnahme hochklappt. Die *Single Lens* (englisch für *einzelne Linse*) unterscheidet die Kameragattung zum Beispiel von Kompaktkameras mit Sucher. Bei diesen sieht der Betrachter das Bild nicht durch die Aufnahmelinse, sondern durch eine zweite, separate Optik.

Exif-Informationen

Exif steht für *Exchangeable Image File Format* (englisch für *austauschbares Bilddateiformat*). Dahinter verbirgt sich ein Standard, der sicherstellt, dass eine Reihe von Aufnahmeparametern in die Bilddatei geschrieben wird, die von vielen Programmen auslesbar sind. Dadurch ist zum Beispiel ersichtlich, mit welcher Belichtungszeit, Blende und welchem ISO-Wert die Aufnahme angefertigt wurde. Weitere Parameter sind zum Beispiel die Seriennummer der Kamera, das verwendete Objektiv und — sofern in der Kamera hinterlegt — der Name des Fotografen.

Farbraum

Ein- und Ausgabemedien wie Kameras, Monitore, Drucker und Papier können eine unterschiedlich große Anzahl an verschiedenen Farbtönen erfassen beziehungsweise darstellen. Diese lassen sich dreidimensional in Form von Farbräumen darstellen. Ein vergleichsweise kleiner gemeinsamer Nenner, mit dem sowohl die Kamera als auch viele Bildschirme gut klarkommen, ist der sRGB-Farbraum. Der AdobeRGB-Farbraum umfasst mehr Farben beziehungsweise Farbabstufungen, kann jedoch nur von sehr hochwertigen Monitoren überhaupt abgebildet werden. Die Einstellung für den Farbraum in der Kamera bezieht sich nur auf die JPEG-Version der Bilder. Im RAW-Format sind Farbinformationen enthalten, die sogar über den AdobeRGB-Farbraum hinausgehen. Bei der Entwicklung mit einem RAW-Konverter lässt sich jedoch festlegen, dass die Farben in einen Farbraum wie AdobeRGB oder sRGB transferiert werden.

Fokussieren → *Scharfstellen*

Graufilter

Ein Graufilter (auch *ND-Filter* für *neutrale Dichte* genannt) reduziert wie eine Sonnenbrille die Menge des einfallenden Lichts. Ohne diese

Verdunkelung kommt selbst bei der kleinstmöglichen Blendenöffnung noch zu viel Licht auf den Sensor, wenn eine sehr lange Belichtungszeit gewählt wird. Ein idealer Filter sorgt dabei dafür, dass das Bild keinen Farbstich erhält, er ist also neutral. Konkret bedeutet dies, dass die blauen, roten und grünen Bestandteile des Lichts in gleichem Umfang gedämpft werden.

Grauverlaufsfilter

Wie ein → *Graufilter* dunkelt ein Grauverlaufsfilter das Bild ab, allerdings nimmt der Grad der Abdunkelung, anders als beim Graufilter, über die Fläche des Filterglases hin ab. Damit lässt sich zum Beispiel ein sehr heller Himmel verdunkeln, während der Vordergrund von diesem Eingriff nicht betroffen ist.

Histogramm

Beim Histogramm handelt es sich um eine Darstellung sämtlicher Helligkeitswerte des Bildes. Die Position der einzelnen Balken gibt dabei an, welchen Helligkeitswert die einzelnen Pixel besitzen — von ganz dunklen auf der linken Seite bis zu sehr hellen auf der rechten Seite. Die Höhe der Balken zeigt, wie viele Anteile ein bestimmter Helligkeitswert am Gesamtbild hat.

ISO-Wert

Die Abkürzung ISO steht eigentlich nur für *International Standard Organization* (englisch für *Organisation für Internationale Standards*). In der Fotografie repräsentiert der ISO-Wert die eingestellte Lichtempfindlichkeit des Sensors. Bei hohen ISO-Werten muss weniger Licht auf diesen fallen, um ein korrekt belichtetes Bild zu erzeugen. Der Preis dafür ist ein höheres → *Bildrauschen*.

JPEG

JPEG ist die Abkürzung von *Joint Photographic Experts Group* (englisch für *gemeinsame Fotoexpertengruppe*). Das derart kryptisch abgekürzte Bildformat zeichnet sich durch seinen geringen Speicherbedarf und die universelle Verwendbarkeit aus. Internetbrowser, Mailprogramme und Betriebssysteme können nach diesem Standard gespeicherte Bilder problemlos anzeigen. Der Nachteil ist die Komprimierung, die mit jedem Speichervorgang automatisch angewandt wird und dabei Bildinformationen reduziert. Mit jedem Schritt sinkt also die Bildqualität. Beim TIFF-Format und auch bei RAW-Dateien tritt dieses Problem nicht auf.

Kehrwertregel

Die auch *Freihandregel* genannte Kehrwertregel gibt an, bis zu welcher Belichtungszeit ein von Hand geschossenes Foto noch verwacklungsfrei scharf abgebildet werden kann. Sie lautet 1/Brennweite, multipliziert mit dem Cropfaktor von 1,6. Bei einer Brennweite von 50 mm ergibt sich daraus beispielsweise eine Belichtungszeit von 1/(50 × 1,6) = 1/80 s.

Kreativprogramme

Die halbautomatischen Programme heißen bei Canon *Kreativprogramme*. Steht das **Moduswahlrad** auf **P**, **Tv**, **Av** oder **M**, können Sie mindestens einen der Parameter Blende, Belichtungszeit und ISO-Wert nach eigenen Wünschen festlegen. In den → *Motivprogrammen* geht das nicht.

Lichter

Die hellen Bereiche eines Bildes werden auch als *Lichter* bezeichnet. Wenn von *ausgebrannten Lichtern* die Rede ist, bedeutet dies, dass hellen Bildteilen die → *Zeichnung* fehlt. Dort erscheint im extremsten Fall nur noch ein reines Weiß.

Lichtwert (LW)

Als *Lichtwert* werden Kombinationen aus Blende und Belichtungszeit bezeichnet, die in Sachen Helligkeit äquivalent sind. Zwei Bilder, von denen eines mit Blende 8 und 1/100 s und eines mit Blende 5,6 und 1/200 s belichtet wurde, sind gleich hell. Ein gezielt um einen Lichtwert überbelichtetes Bild ist eine → *Blendenstufe* heller.

Livebild

Im **Livebild**-Modus erscheint das Bild bereits vor der Aufnahme auf dem Display, so wie es bei Kompaktkameras üblich ist. Dadurch lässt sich gerade bei der Arbeit mit einem Stativ das Bild in Ruhe komponieren. Der Nachteil ist, dass der Autofokus nur sehr langsam arbeitet und der Stromverbrauch höher ist.

Megapixel (MP)

Die von der Kamera erzeugten Bilder bestehen aus sehr vielen einzelnen Pixeln. Eine Million davon werden als ein *Megapixel* bezeichnet. Die EOS 1200D liefert Bilder mit einer Auflösung von 3 456 × 5 184 Pixeln. Das ergibt genau 17 915 904 Pixel, rund 18 Megapixel.

Motivprogramme

Als Motivprogramme gelten die Programme **Automatische Motiverkennung** [A⁺], **Blitz aus** [⚡], **CA**, **Porträt** 🏃, **Landschaft** 🏔, **Makro** 🌷, **Sport** 🏃 und **Nachtaufnahme** 🌃. Sie können über das **Moduswahlrad** eingestellt werden und sind sehr gut auf die jeweiligen Aufnahmesituationen ausgerichtet. Allerdings lassen sie Ihnen kaum eine Wahl bei der Änderung von Aufnahmeparametern. Mehr Gestaltungsspielraum in dieser Hinsicht bieten die → *Kreativprogramme*.

Offenblende

Sind alle Blendenlamellen komplett geöffnet, begrenzt nur noch der Rand des Objektivs selbst den Lichteinfall. Das Objektiv arbeitet mit Offenblende, also der kleinstmöglichen Blendenzahl, die mit dem jeweiligen Modell eingestellt werden kann. Ein Objektiv mit einer großen Offenblende, also einer niedrigen Blendenzahl, ist damit zugleich sehr lichtstark.

Polarisationsfilter (Polfilter)

Ein Polfilter wird vor das Objektiv geschraubt und ist drehbar. Mit ihm lassen sich Reflexionen auf Wasser, Glas und anderen nichtmetallischen Oberflächen beseitigen. Zudem kann damit die Darstellung des Blaus des Himmels und des Grüns von Laub und Gräsern ein wenig intensiviert werden. Die Erklärung für dieses Phänomen: Licht bewegt sich – in der Vorstellung als Welle – in die unterschiedlichsten Richtungen. Der Polfilter sorgt dafür, dass

nur noch solches Licht durch das Objektiv hindurchgelassen wird, das in die eingestellte Richtung schwingt.

RAW

RAW-Dateien erhalten im Prinzip sämtliche vom Sensor der Kamera gelieferten Informationen. Deren Umwandlung in ein sichtbares Bild erfolgt am Computer mit einem RAW-Konverter. Dabei sind weitreichende Eingriffe möglich. So lässt sich der Weißabgleich nach Belieben frei wählen, und auch Bilddetails sind in größerem Umfang verfügbar als beim JPEG-Format. Das dabei entstandene Bild können Sie anschließend in einem beliebigen Format wie TIFF oder JPEG speichern. Die RAW-Datei selbst bleibt stets völlig unangetastet, so dass Sie dieses Negativ später noch einmal ganz anders »entwickeln« können. Der einzige Nachteil von RAW ist dessen hoher Speicherplatzbedarf. Das beim Fotografieren im RAW-Format in der Kamera angezeigte Bild ist übrigens nur eine kleine, in die RAW-Datei eingebettete JPEG-Vorschau. Diese wird automatisch erzeugt, damit Bilder am Gerät selbst schnell angezeigt und kontrolliert werden können.

Schärfentiefe

Die Schärfentiefe gibt an, in welchem Bereich um das anfokussierte Motiv herum ein Schärfeeindruck herrscht. Aktiv steuern lässt sich dies zum einen über die Blendenöffnung: Bei weit geöffneter Blende und niedrigen Blendenzahlen ist die Schärfentiefe eher niedrig, bei geschlossener Blende und hohen Blendenzahlen eher hoch. Das Bild ist dann von vorn bis hinten scharf. Ein zweiter wichtiger Faktor ist der Abstand vom Motiv. Bei der Makrofotografie zum Beispiel sind die abgebildeten Objekte oft nur wenige Zentimeter von der Frontlinse entfernt. Die Schärfentiefe ist dann so gering, dass nur einzelne Teile scharf abgebildet werden können.

Scharfstellen

Beim Scharfstellen richtet die Kamera automatisch (Autofokus) oder der Fotograf manuell das Objektiv auf eine bestimmte Entfernung ein. Die Motivteile, die sich in dieser Distanz befinden, erscheinen scharf. Ob auch Bildbereiche davor oder dahinter scharf zu sehen sind, hängt von der Blendenöffnung und damit der Schärfentiefe ab. Einige Objektive sind mit einer Entfernungsskala ausgestattet, auf der der eingestellte Fokuspunkt abgelesen werden kann.

Schatten → *Tiefen*

Sensor

Der Sensor liegt hinter dem Verschluss der Kamera, genau dort, wo sich in einer analogen Spiegelreflexkamera der Film befand. In ihm werden die einfallenden Lichtimpulse in elektrische Informationen umgewandelt, die sich wiederum durch die Kameraelektronik zu einem Bild zusammensetzen lassen. Im Prinzip handelt es sich beim Sensor um ein »farbenblindes« Bauteil. Über einen davorliegenden Farbfilter werden die Lichtinformationen in ihre roten, grünen und blauen Bestandteile zerlegt und getrennt erfasst. Durch Zusammensetzen lässt sich jedoch anschließend ein farbiges Bild rekonstruieren. Die eingestellte Lichtempfindlichkeit des Sensors definiert den → *ISO-Wert*.

Telekonverter

Ein Telekonverter wird zwischen Kamera und Objektiv geschraubt und enthält zusätzliche Linsen, die die Brennweite verlängern. Dies geht auf Kosten der Qualität. Bei sehr hochwertigen Objektiven, etwa aus Canons L-Serie, sind die Einbußen jedoch eher gering.

Tiefen

Tiefen oder *Schatten* sind zwei Bezeichnungen für dunkle Bildbereiche. Teile, die nur noch schwarz sind und keinerlei → *Zeichnung* mehr aufweisen, werden auch *abgesoffene Schatten* genannt.

TIFF

Dieses Format ist ein sogenanntes verlustfreies Bildformat, bei dessen Speicherung keinerlei Kompression stattfindet. Anders als beim JPEG-Format bleiben somit sämtliche Bildinformationen erhalten. Noch weiter reichende Bearbeitungsmöglichkeiten bieten nur RAW-Dateien.

Tv

Tv steht für *Time Value*, also → *Belichtungszeit*, die auch Verschlusszeit genannt wird. In der gleichnamigen Betriebsart der EOS 1200D geben Sie der Kamera diesen Parameter vor. Dazu wird selbstständig der dazugehörige Blendenwert ermittelt.

UV-Filter

Ultraviolettes Licht ist für den Menschen unsichtbar, kann aber dennoch die Bildqualität negativ beeinflussen. Direkt vor dem Sensor befindet sich deshalb eine Schutzschicht, die Licht dieser Wellenlänge ausblendet. Daher ist es eigentlich nicht nötig, einen speziellen UV-Filter vor das Objektiv zu schrauben. Viele Fotografen setzen diese – noch aus Zeiten der Analogfotografie stammenden – Filter allerdings zum Schutz der Frontlinse vor Staub und Kratzern ein.

Verzeichnung

Manche Objektive bilden gerade Linien in eine bestimmte Richtung verzogen ab. Dieser Darstellungsfehler heißt *Verzeichnung* und kann mit Bildbearbeitungssoftware wie DPP korrigiert werden. Gerade bei sehr kurzen Brennweiten, etwa denen eines Ultraweitwinkelobjektivs, lassen sich Verzeichnungen konstruktionsbedingt kaum vermeiden.

Vignettierung

Eine Verdunkelung der Ecken eines Bildes wird als *Vignettierung* bezeichnet. Dieser Effekt kann durch die Konstruktion des Objektivs entstehen und lässt sich mit Hilfe der Bildbearbeitungssoftware entfernen. Andererseits können Sie ihn damit auch gezielt herbeiführen: Als Stilmittel eingesetzt, führt eine Vignettierung den Blick des Betrachters auf das eigentliche Motiv.

Weißabgleich

Je nach Tageszeit oder Beleuchtungsart leuchtet das Licht mit einer anderen Farbtemperatur, die in Kelvin gemessen wird. Indem Sie die Kamera darauf einstellen, erscheinen die Farben natürlicher.

Zeichnung

Wenn in einem Bild noch unterschiedliche Farbabstufungen mit Bildinformationen zu erkennen sind, hat das Bild Zeichnung. Unterbelichtete Fotos haben keine Zeichnung in den → *Tiefen*, bei überbelichteten Fotos sind die → *Lichter* betroffen.

Zwischenring

Im Gegensatz zum → *Telekonverter* enthält der Zwischenring keine optischen Elemente, sondern vergrößert lediglich den Abstand zwischen Linse und Sensor. Dadurch sinkt der Aufnahmeabstand zu Motiven, diese können größer abgebildet werden. Echte Makrofähigkeiten, also eine 1:1-Darstellung von kleinen Objekten, erreicht das Objektiv damit jedoch nicht. Hochwertige Zwischenringe verbinden Kamera und Objektiv nicht nur mechanisch, sondern leiten auch die elektronischen Steuerinformationen für Autofokus und Blende weiter.

Stichwortverzeichnis

M

N

X

X-Synchronzeit → Blitzsynchronzeit

Z

Computer
und Fotografie

Sommer 2014

- Computer, Internet, Windows und Office
- Fotoschulen, Kamerahandbücher und Bildbearbeitung
- Mac, iPad, iPhone und Co.

Vierfarben

**Liebe Leserin,
lieber Leser,**

unsere Bücher machen Ihnen den Umgang mit digitaler Technik leichter. Wir bieten Ihnen nützliche und verständliche Hilfestellungen, damit Sie Ihre Kamera, Ihr iPad, Ihren PC oder das neue Office-Programm schnell und sicher beherrschen.

Was immer Sie tun möchten, bei uns finden Sie das richtige Buch. Von der Bildanleitung für den leichten Einstieg bis zum umfassenden Ratgeber zum Lernen und Nachschlagen.

Jan Watermann

Jan Watermann
Programmleiter

Inhalt

Vierfarben auf Facebook!
www.facebook.com/Vierfarben

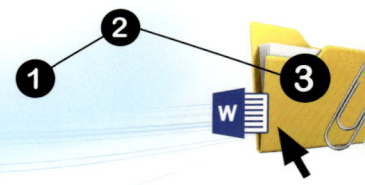

Kontaktieren Sie unseren Kundenservice:

Sabine Burstedde
Kundenservice

service@vierfarben.de
+49.228.42150.0

Meike Hasenkamp
Kundenservice

service@vierfarben.de
+49.228.42150.0

Dozentenservice: Lernen Sie Vierfarben kennen!

Sophie Herzberg
Kommunikation

sophie.herzberg@vierfarben.de
+49.228.42150.731

Sie sind Dozent/in an einer VHS, bei einem Schulungsunternehmen oder einer anderen Bildungseinrichtung und möchten unsere Bücher kennenlernen? Schreiben Sie mir!

www.vierfarben.de/Dozentenservice

Über Vierfarben

»Ich bin überzeugt davon, dass ein gutes Fachbuch versuchen sollte, es dem Leser möglichst leicht zu machen. Wie das gelingt? Durch eine verständliche Sprache und eine Darstellung, die man gut nachvollziehen kann. Wichtig ist aber auch, den Leser persönlich mitzunehmen, ihn zu motivieren und ihn in seinen praktischen Interessen anzusprechen. Denn schließlich geht es ja nicht um dieses oder jenes Computerprogramm und wie es funktioniert. Es geht um den Leser und darum, ihm zu zeigen, wie er mit seinem Computer das machen kann, was er machen will. Vierfarben ist ein Fachverlag für Leser.«

Tomas Wehren
Verlagsleiter

Ohne Vorkenntnisse sicher ins Internet!

Mareile Heiting
Internet für Einsteiger
E-Mails schreiben, einkaufen, sicher surfen

Nachrichten lesen, Bankgeschäfte regeln, Reisen buchen – entdecken Sie das Internet und seine Vorzüge für sich! Sie erfahren alles, was Sie wissen müssen, um sich sicher im Internet zu bewegen. Ganz einfach und ohne komplizierte Fachbegriffe.

320 Seiten, broschiert, ab Juni 2014
19,90 Euro, ISBN 978-3-8421-0128-9

3

Patrick Hollecker

Mein erstes Notebook
Der verständliche Einstieg

Dieser zuverlässige Ratgeber zeigt Ihnen Schritt für Schritt, wie Sie Ihr Notebook bedienen, das Internet nutzen oder E-Mails schreiben.

327 Seiten, broschiert
19,90 Euro, ISBN 978-3-8421-0044-2

Oliver Bruemmer

Mein erster Computer
Der verständliche Einstieg

Ideal für alle, die zum ersten Mal mit einem PC oder Notebook arbeiten. Mit vielen Bildern, Anleitungen und vor allem ohne Fachchinesisch.

287 Seiten, broschiert
12,90 Euro, ISBN 978-3-8421-0021-3

»Unsere verständlichen Anleitungen helfen Ihnen dabei, mit Ihrem Computer, Ihrem Smartphone oder Ihrem Notebook genau das zu tun, was Sie möchten. Alles wird Schritt für Schritt erklärt, sodass Sie auch ganz ohne Vorwissen direkt loslegen können.«

Isabella Bleissem
Lektorat

Sabine Drasnin

Notebook – ganz einfach!
Die Anleitung in Bildern

Richten Sie Ihr Notebook ein, gehen Sie ins Internet, schreiben Sie E-Mails, sortieren Sie Ihre Fotos u. v. m.

301 Seiten, broschiert
14,90 Euro, ISBN 978-3-8421-0050-3

Christine Peyton, Olaf Altenhof

Computer – ganz einfach!
Die Anleitung in Bildern

Schritt für Schritt bedienen Sie Ihren Computer immer sicherer. Jeder Schritt wird Ihnen anhand eines Bildes gezeigt.

312 Seiten, broschiert
14,90 Euro, ISBN 978-3-8421-0088-6

Rainer Hattenhauer

Android-Smartphone
Die verständliche Anleitung

Diese ausführliche Anleitung zeigt Ihnen, wie Sie Ihr Android-Smartphone richtig bedienen – vom Telefonieren über E-Mails, Internet, Apps und Fotos bis hin zum Datenaustausch mit dem Computer. Egal, welches Modell Sie benutzen.

400 Seiten, broschiert, ab Juni 2014
19,90 Euro, ISBN 978-3-8421-0131-9

Mehr als 3 Stunden Video-Lernkurse von Autor Rainer Hattenhauer! In 14 Video-Anleitungen lernen Sie alle wichtigen Funktionen des Samsung Galaxy S4 und den Autor kennen: **www.youtube.com/Vierfarbenverlag**

Werfen Sie einen Blick ins Buch!

Auf **www.vierfarben.de** finden Sie Beispielseiten der Bücher und ausführliche Leseproben!

Besuchen Sie uns auch auf **www.facebook.de/Vierfarben** und profitieren von Autorentipps, Neuheiten und Empfehlungen!

www.vierfarben.de

Rainer Hattenhauer

Samsung Galaxy S4
Die verständliche Anleitung

Bedienen Sie Ihr Samsung Galaxy S4 wie ein Profi! Dieses Buch bietet wertvolle Tipps für Einsteiger und erfahrene Nutzer.

400 Seiten, broschiert
19,90 Euro, ISBN 978-3-8421-0110-4

Schritt für Schritt erklärt –
im Querformat

Jörg Hähnle
Windows 8.1
Schritt für Schritt erklärt

Kurze, verständliche Anleitungen, farbige Abbildungen, zahlreiche Tipps und ein ausführliches Stichwortverzeichnis machen dieses Buch zu einer praktischen Bedienungsanleitung für Einsteiger und Fortgeschrittene.

353 Seiten, broschiert
9,90 Euro, ISBN 978-3-8421-0082-4

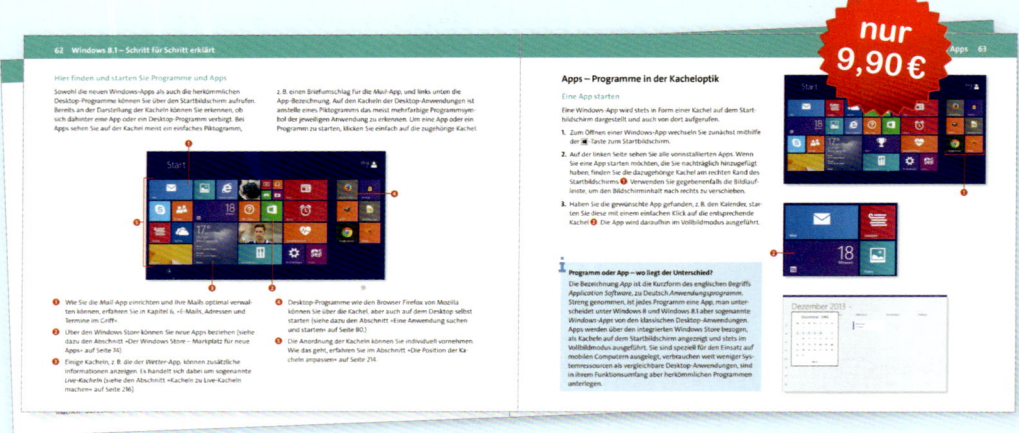

nur 9,90 €

Robert Klaßen
Word 2013
Schritt für Schritt erklärt

Übersichtliche Anleitungen im praktischen Querformat zeigen Ihnen, wie Sie Briefe und andere Texte schreiben, Einladungen oder Etiketten gestalten, Verzeichnisse anlegen, Bilder und Diagramme einfügen und vieles mehr in Word 2013 umsetzen.

355 Seiten, broschiert
9,90 Euro, ISBN 978-3-8421-0089-3

Mareile Heiting

Windows 8.1
Der verständliche Einstieg

Mit diesem Buch lernen Sie das neue
Windows von Grund auf kennen!
Dank der leicht verständlichen Anlei-
tungen und der zahlreichen farbigen
Abbildungen finden Sie sich schnell an
Ihrem Computer zurecht. Alle wichti-
gen Themen werden anschaulich und
unterhaltsam erklärt.

420 Seiten, broschiert, ab Juli 2014
19,90 Euro, ISBN 978-3-8421-0135-7

Welches Buch ist für Sie das richtige?

Informieren Sie sich auf **www.vierfarben.de**, und tauschen Sie sich
auf **www.facebook.de/Vierfarben** mit uns und anderen Lesern aus.
Auf www.vierfarben.de finden Sie auch Bücher zu **Windows 7 und 8**.

Weitere Windows-8.1-Bücher:

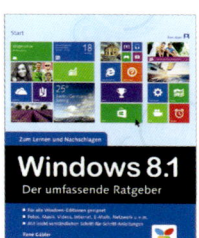

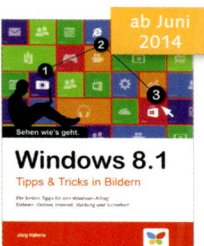

René Gäbler

Windows 8.1
Der umfassende
Ratgeber

874 Seiten, **39,90 Euro**
ISBN 978-3-8421-0124-1

Jörg Hähnle

Windows 8.1
Tipps und Tricks
in Bildern

320 Seiten, **9,90 Euro**
ISBN 978-3-8421-0101-2

Walter Saumweber

Windows 8.1
Die besten Tipps
und Tricks

700 Seiten, **19,90 Euro**
ISBN 978-3-8421-0043-5

Peter Monadjemi

Windows 8.1 Pro
Der umfassende
Ratgeber

1.042 Seiten, **39,90 Euro**
ISBN 978-3-8421-0081-7

Die Anleitung in Bildern

Robert Klaßen

Windows 8.1

Die Anleitung in Bildern

Erleben Sie, wie leicht das neue Windows sein kann. Diese praktische Anleitung zeigt Ihnen Bild für Bild und Schritt für Schritt, was Sie mit Windows 8.1 alles tun können: im Internet surfen, E-Mails schreiben, Fotos bearbeiten, Videos ansehen, Musik hören, Texte verfassen und vieles mehr.

365 Seiten, broschiert
9,90 Euro, ISBN 978-3-8421-0119-7

»Unsere Anleitungen in Bildern zeigen Ihnen genau, was Sie tun müssen, um ans Ziel zu gelangen. Jeder einzelne Schritt wird beschrieben und am Bild gezeigt, damit Sie immer genau wissen, wo Sie klicken müssen! Werfen Sie doch einmal einen Blick hinein. Auf *www.vierfarben.de* gibt es zu jedem Buch ein Probekapitel.«

Jan Watermann
Lektorat

Weitere Anleitungen in Bildern:

Frank Möller

Office 2013
Die Anleitung in Bildern

350 Seiten, **14,90 Euro**
ISBN 978-3-8421-0076-3

Christine Peyton

Word 2013
Die Anleitung in Bildern

300 Seiten, **9,90 Euro**
ISBN 978-3-8421-0077-0

NEU

Otmar Witzgall

Outlook 2013
Die Anleitung in Bildern

303 Seiten, **12,90 Euro**
ISBN 978-3-8421-0126-5

Sabine Drasnin

PowerPoint 2013
Die Anleitung in Bildern

323 Seiten, **9,90 Euro**
ISBN 978-3-8421-0087-9

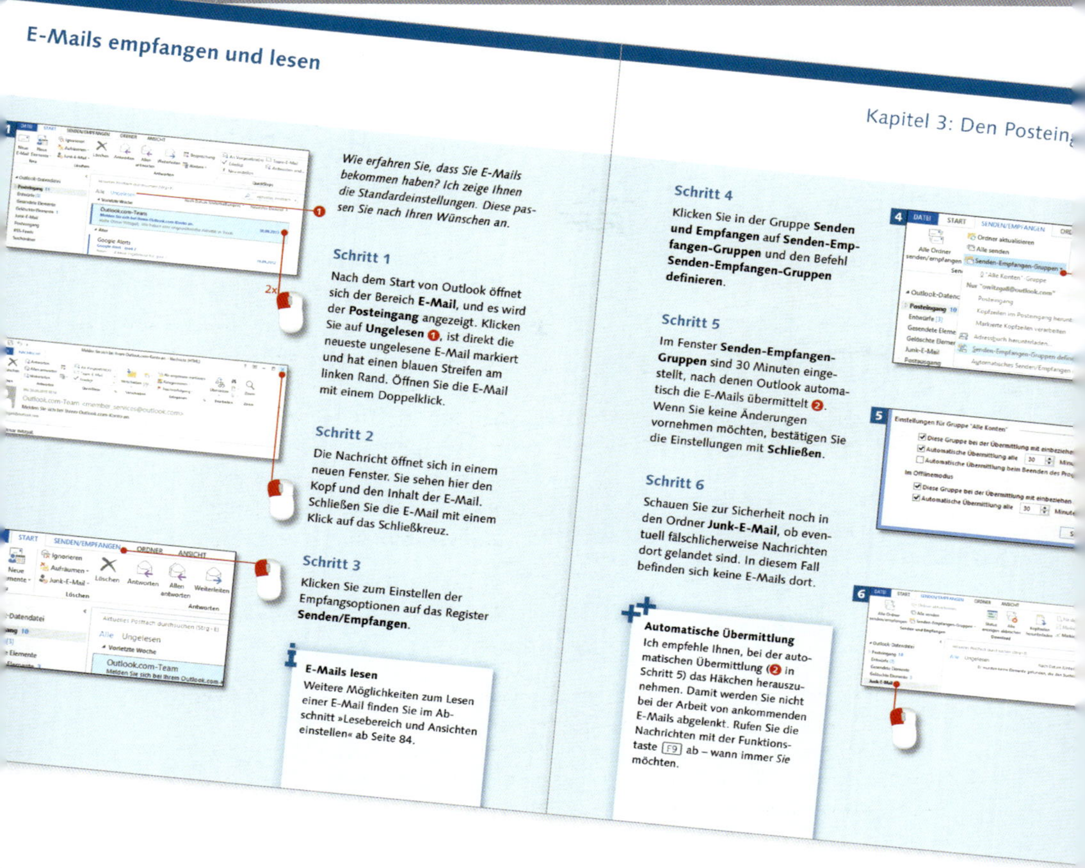

E-Mails empfangen und lesen

Wie erfahren Sie, dass Sie E-Mails bekommen haben? Ich zeige Ihnen die Standardeinstellungen. Diese passen Sie nach Ihren Wünschen an.

Schritt 1

Nach dem Start von Outlook öffnet sich der Bereich **E-Mail**, und es wird der **Posteingang** angezeigt. Klicken Sie auf **Ungelesen** ❶, ist direkt die neueste ungelesene E-Mail markiert und hat einen blauen Streifen am linken Rand. Öffnen Sie die E-Mail mit einem Doppelklick.

Schritt 2

Die Nachricht öffnet sich in einem neuen Fenster. Sie sehen hier den Kopf und den Inhalt der E-Mail. Schließen Sie die E-Mail mit einem Klick auf das Schließkreuz.

Schritt 3

Klicken Sie zum Einstellen der Empfangsoptionen auf das Register **Senden/Empfang**.

E-Mails lesen
Weitere Möglichkeiten zum Lesen einer E-Mail finden Sie im Abschnitt »Lesebereich und Ansichten einstellen« ab Seite 84.

Schritt 4

Klicken Sie in der Gruppe **Senden und Empfangen** auf **Senden-Empfangen-Gruppen** und den Befehl **Senden-Empfangen-Gruppen definieren**.

Schritt 5

Im Fenster **Senden-Empfangen-Gruppen** sind 30 Minuten eingestellt, nach denen Outlook automatisch die E-Mails übermittelt ❷. Wenn Sie keine Änderungen vornehmen möchten, bestätigen Sie die Einstellungen mit **Schließen**.

Schritt 6

Schauen Sie zur Sicherheit noch in den Ordner **Junk-E-Mail**, ob eventuell fälschlicherweise Nachrichten dort gelandet sind. In diesem Fall befinden sich keine E-Mails dort.

Automatische Übermittlung
Ich empfehle Ihnen, bei der automatischen Übermittlung ❷ in Schritt 5) das Häkchen herauszunehmen. Damit werden Sie nicht bei der Arbeit von ankommenden E-Mails abgelenkt. Rufen Sie die Nachrichten mit der Funktionstaste F9 ab – wann immer Sie möchten.

Robert Klaßen

Windows 7
Die Anleitung in Bildern

355 Seiten, **9,90 Euro**
ISBN 978-3-8421-0004-6

René Gäbler

Joomla! 2.5
Die Anleitung in Bildern

205 Seiten, **16,90 Euro**
ISBN 978-3-8421-0047-3

Patrick Hollecker

Skype
Die Anleitung in Bildern

264 Seiten, **14,90 Euro**
ISBN 978-3-8421-0045-9

Petra Bilke, Ulrike Sprung

Excel 2013
Die Anleitung in Bildern

358 Seiten, **9,90 Euro**
ISBN 978-3-8421-0074-9

Robert Klaßen

Office 2013
Der umfassende Ratgeber

Auf über 1.000 Seiten beantwortet dieser Ratgeber alle Fragen zu Microsoft Office. Verständliche Schritt-Anleitungen, anschauliche Screenshots und viele Praxisbeispiele machen dieses Buch zu einem nützlichen Lern- und Nachschlagewerk zu Word, Excel, PowerPoint, Outlook und OneNote.

1.008 Seiten, gebunden, mit CD und Referenzkarte, ab Juni 2014
39,90 Euro, ISBN 978-3-8421-0090-9

»Geballte fachliche Kompetenz!«
Amazon-Rezension

Christine Peyton

Word 2013
Der umfassende Ratgeber

Das komplette Word-Wissen auf über 900 Seiten. Vom Einstieg in Word 2013 über die Gestaltung perfekter Texte bis hin zur Automatisierung mit VBA – Einsteiger und auch fortgeschrittene Nutzer finden die ideale Lern- und Nachschlag-Hilfe.

909 Seiten, gebunden, mit CD
29,90 Euro, ISBN 978-3-8421-0120-3

Susanne Franz

Wissenschaftliche Arbeiten mit Word 2013

Dieses Buch zeigt Ihnen, wie Sie mit Word 2013 Ihre Haus- und Examensarbeiten planen, verfassen und gestalten. Dank ausführlicher Anleitungen setzen Sie die notwendigen Schritte schnell und sicher um.

409 Seiten, gebunden, mit CD
24,90 Euro, ISBN 978-3-8421-0111-1

Stephan Nelles

Excel 2013 im Controlling

Im Excel-Handbuch für Controller erklärt
Experte Stephan Nelles den intelligenten
Einsatz von Excel an zahlreichen Beispie-
len aus der Praxis. Vom Datenimport bis
zu komplexer Business Intelligence – so
gelingen Ihre Projekte sicher!

960 Seiten, gebunden
39,90 Euro, ISBN 978-3-8421-0112-8

Helmut Vonhoegen

Excel 2013

Der umfassende Ratgeber

Was immer Sie mit Excel tun wollen, in
diesem Ratgeber erhalten Sie jederzeit
Auskunft. Sie erfahren, wie Sie Ihre Aufgaben schneller und einfacher erledigen.
Vollständig, kompetent und verständlich.

918 Seiten, gebunden, mit DVD
39,90 Euro, ISBN 978-3-8421-0075-6

Helmut Vonhoegen

Excel 2013 –
Formeln und Funktionen

Alle Formeln und Funktionen von Excel
2013 übersichtlich zusammengefasst und
anschaulich erklärt. Welche Aufgabe Sie
auch mit Excel lösen wollen, hier lesen
Sie, welche Funktion sich am besten eignet und wie Sie diese richtig einsetzen.

983 Seiten, broschiert
19,90 Euro, ISBN 978-3-8421-0114-2

Helmut Vonhoegen

Excel 2013

Das Handbuch zur Software

Umfassendes Excel-Wissen für den
beruflichen und den privaten Einsatz!
Dieses Buch leitet Sie Schritt für Schritt
an, unterstützt Sie beim Umstieg von
einer älteren Version und eignet sich
bestens als Nachschlagewerk.

1.145 Seiten, broschiert, mit DVD
24,90 Euro, ISBN 978-3-8421-0073-2

Jörg Rieger, Markus Menschhorn

Das große Mac-Buch für Einsteiger und Umsteiger

Lernen Sie Ihren Mac von Grund auf kennen. Im Internet surfen, E-Mails schreiben, Bilder mit iPhoto bearbeiten, Musik genießen mit iTunes oder Dateien in iCloud speichern – alle wichtigen Themen werden anschaulich, leicht verständlich und auf spannende, unterhaltsame Art und Weise erklärt.

436 Seiten, broschiert
24,90 Euro, ISBN 978-3-8421-0093-0

Alle Mac-Bücher auf www.vierfarben.de

Herbert Thoma, Marc Oliver Thoma

Das iPad-Buch
Die verständliche Anleitung

Dieses Buch erklärt Ihnen Ihr iPad im Detail und zeigt Ihnen Schritt für Schritt alle wichtigen Funktionen. Erleben Sie großartige Anwendungen, und lernen Sie die besten Apps für Musik, Filme, Spiele und Fotos kennen.

328 Seiten, broschiert
19,90 Euro, ISBN 978-3-8421-0078-7

René Gäbler

iTunes
Die verständliche Anleitung

Mit dieser Anleitung haben Sie iTunes endlich im Griff! Verwalten Sie Ihre Musik, Filme und Apps, und übertragen Sie Ihre Sammlungen auf iPhone, iPad oder Ihren iPod. Alles wird Ihnen Schritt für Schritt erklärt.

300 Seiten, broschiert, ab Juli 2014
19,90 Euro, ISBN 978-3-8421-0122-7

Hans-Peter Kusserow

iPhone 5s und 5c

Die verständliche Anleitung

Hans-Peter Kusserow zeigt Ihnen verständlich und leicht nachvollziehbar, wie Sie das Beste aus Ihrem Telefon herausholen. Anschaulich und Schritt für Schritt. Es gibt keine bessere Anleitung zum iPhone.

404 Seiten, broschiert
19,90 Euro, ISBN 978-3-8421-0099-2

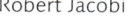

Robert Jacobi

Mein erster Mac

Mit diesem Buch gelingt Ihnen der Start mit dem Mac ganz leicht. Robert Jacobi zeigt Ihnen, wie Sie mit Dateien und Ordnern umgehen, Adressen und Termine verwalten, im Internet surfen, E-Mails schreiben, Musik hören und Bilder bearbeiten.

378 Seiten, broschiert
19,90 Euro, ISBN 978-3-8421-0095-4

»Der Mac ist ohne Zweifel ein toller Computer, aber noch besser wird er, wenn man weiß, wie man das Beste aus ihm herausholt. Egal, ob Einsteiger oder Umsteiger, erfahren oder unsicher, unsere Bücher zeigen Ihnen, wie es geht.«

Lars Wolf
Lektorat

Florian Gründel

OS X Mavericks

Der umfassende Ratgeber

Der Apple-Experte Florian Gründel zeigt Ihnen in diesem umfassenden Ratgeber Schritt für Schritt, wie der Mac tickt und wie Sie mit ihm arbeiten. So können Sie schnell alle Möglichkeiten nutzen, die Ihnen das neue Betriebssystem OS X Mavericks bietet. Ihr verlässlicher Begleiter für den täglichen Umgang mit dem Mac!

868 Seiten, gebunden
39,90 Euro, ISBN 978-3-8421-0115-9

Dietmar Spehr

Digital fotografieren lernen
Schritt für Schritt zu perfekten Fotos

Dieses Buch ist Ihr Schlüssel zu mehr Spaß und Erfolg mit der digitalen Fotografie! Der Autor zeigt Ihnen alles, was Sie brauchen, um bessere Fotos zu machen. Porträtieren Sie Menschen, fangen Sie die Schönheit der Natur ein, erkunden Sie die Makrofotografie und vieles mehr!

424 Seiten, broschiert
19,90 Euro, ISBN 978-3-8421-0063-3

Know-how für bessere Fotos!

Jacqueline Esen

Digitale Fotografie
Grundlagen und Fotopraxis

Ihr kompetenter Begleiter beim Einstieg in die digitale Fotografie: Verständlich und kompakt finden Sie hier alles, was Sie wissen müssen, um die digitale Fotografie zu meistern!

304 Seiten, broschiert
16,90 Euro, ISBN 978-3-8421-0018-3

Jacqueline Esen

Fotografieren!
Die Fotoschule zum Mitmachen

Dieses Buch bietet Ihnen haufenweise Fotoideen und Anregungen! Ob Sie wenig Zeit haben oder viel, ob Sie gerne drinnen oder lieber draußen fotografieren, für jeden ist etwas dabei!

379 Seiten, gebunden
29,90 Euro, ISBN 978-3-8421-0034-3

Wolfgang Fries, Pieter Dhaeze

Digital fotografieren
Der große Fotokurs

Richtig fotografieren von Anfang an! Diese umfassende Fotoschule macht Sie zum Könner in Sachen digitale Fotografie. Praxisnahe Beispiele zeigen Ihnen, wie Sie die trockene Theorie in gute Bilder verwandeln. Meistern Sie auch fortgeschrittene Themen wie die richtige Bildgestaltung oder die Blitzfotografie.

427 Seiten, gebunden
29,90 Euro, ISBN 978-3-8421-0048-0

»Mit unseren Fotobüchern gelingt Ihnen der Einstieg in die digitale Fotografie spielend leicht. Hier finden Sie das ganze Fotowissen – einfach und verständlich aufbereitet. Lernen Sie, bessere Fotos zu machen, und holen Sie sich Inspirationen für Ihr nächstes Fotoprojekt.«

Alexandra Bachran
Lektorat

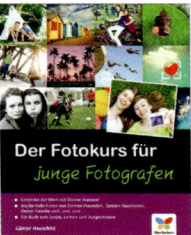

Günter Hauschild

Der Fotokurs für junge Fotografen

Auch die beste Kamera macht nicht immer alles richtig. Für tolle Fotos muss man ihr manchmal unter die Arme greifen. Wie das geht, zeigt dieser Fotokurs in kurzen und verständlichen Lektionen.

199 Seiten, gebunden
24,90 Euro, ISBN 978-3-8421-0080-0

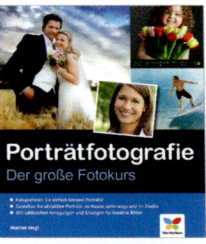

Marion Hogl

Porträtfotografie
Der große Fotokurs

359 Seiten, gebunden
39,90 Euro
ISBN 978-3-8421-0029-9

Ingo Seehafer

Naturfotografie
Der große Fotokurs

327 Seiten, gebunden
39,90 Euro
ISBN 978-3-8421-0022-0

Dietmar Spehr

Canon EOS 70D
Das Handbuch zur Kamera

Wie Sie mit Ihrer EOS 70D tolle Fotos machen, zeigt Ihnen der Canon-Enthusiast Dietmar Spehr in diesem Buch. Reizen Sie die vielen Profi-Funktionen aus, und setzen Sie Ihre Motive gekonnt in Szene – vom schmeichelhaften Porträt bis zur atemberaubenden Landschaft.

413 Seiten, gebunden, mit Referenzkarte
39,90 Euro, ISBN 978-3-8421-0121-0

 978-3-8421-0134-0

 978-3-8421-0066-4

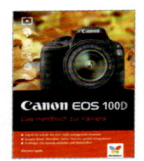 978-3-8421-0106-7

Dietmar Spehr

Canon EOS 700D
Das Handbuch zur Kamera

Ihre EOS 700D hat viel zu bieten! In diesem Buch erfahren Sie alles, was Sie wissen müssen, um ihre Funktionen auszureizen. Machen Sie großartige Porträts, fotografieren Sie beeindruckende Landschaftsbilder, erkunden Sie die große Welt der kleinen Makromotive und vieles mehr!

374 Seiten, gebunden, mit Referenzkarte
39,90 Euro, ISBN 978-3-8421-0105-0

»Meistern Sie Ihre Kamera! In unseren Kamerabüchern lernen Sie Tricks und Kniffe kennen, um Ihre Kamera motivgerecht einzusetzen und bessere Bilder zu machen. Einfache Schritt-für-Schritt-Anleitungen und zahlreiche Bildbeispiele veranschaulichen Ihnen alle Kamerafunktionen. Tipps zur Erweiterung Ihres Kamerasystems helfen bei der Wahl Ihres neuen Objektivs und weiterer Zubehörs.«

Katharina Linder
Lektorat

www.vierfarben.de/Fotografie

Kyra Sänger, Christian Sänger

Sony alpha 7/7R
Das Handbuch zur Kamera

Ihr praktischer Begleiter für die Sony alpha 7 und 7R. Hier finden Sie alle Funktionen und Programme verständlich erklärt. Ob Belichtung, Scharfstellen oder Blitzen – mit diesem Buch bleibt keine Frage offen!

430 Seiten, gebunden, ab Mai 2014
39,90 Euro, ISBN 978-3-8421-0129-6

978-3-8421-0086-2
978-3-8421-0061-9
978-3-8421-0132-6

Kamerabücher von Vierfarben!

Natur in Szene setzen mit dem Landschaftsprogramm

Beim Motivprogramm **Landschaft** versucht die Kamera, eine Einstellung zu finden, mit der alle Bereiche des Bildes scharf abgelichtet werden. Anders als im **Porträt**-Programm schaltet die Kamera hier auf Einzelbildbetrieb. Schließlich kommt es bei Aufnahmen der Natur eher auf das ruhige Finden des richtigen Bildausschnitts an, weniger auf das Abpassen des richtigen Moments.

^ Abbildung 2.21
Im Modus **Landschaft** nimmt die Kamera pro Auslösung jeweils ein Bild auf.

< Abbildung 2.22
Dieses Bild wurde im Motivprogramm **Landschaft** aufgenommen. Es sorgt unter anderem dafür, dass Grün- und Blautöne kräftig dargestellt werden.

Markus Botzek

Nikon D7100
Das Handbuch zur Kamera

Lernen Sie, Ihre Nikon D7100 zu beherrschen wie ein Profi! Finden Sie heraus, wie Sie optimal belichten, gezielt scharfstellen und aus allen Motiven immer das Beste herausholen. Porträts, Landschaften, Makro- und Tiermotive etc. haben Sie so im Handumdrehen im Kasten!

416 Seiten, gebunden, mit Referenzkarte
39,90 Euro, ISBN 978-3-8421-0092-3

Frank Treichler

Photoshop Elements 12
Der umfassende Ratgeber

Photoshop Elements endlich im Griff! Verwalten Sie Ihre Bildersammlung, optimieren Sie Ihre Fotos, und präsentieren Sie beeindruckende Ergebnisse. Frank Treichler zeigt Ihnen ausführlich, was mit Elements alles möglich ist. Nutzen Sie die Vielfalt an Werkzeugen für Ihr perfektes Foto!

1.080 Seiten, gebunden, mit DVD
39,90 Euro, ISBN 978-3-8421-0091-6

Für mehr Spaß mit Ihren Bildern!

Joachim Brückmann

Photoshop Elements 12
Die Anleitung in Bildern

Legen Sie einen Schnellstart mit Elements hin! Joachim Brückmann zeigt Ihnen, wie Sie Ihre Bildersammlung sortieren und im Handumdrehen das Beste aus jedem Foto herausholen.

313 Seiten, broschiert
19,90 Euro, ISBN 978-3-8421-0123-4

Mareile Heiting

MAGIX Video deluxe 2014
Schritt für Schritt zum perfekten Video

Eigene Filme schneiden, den perfekten Sound dazumischen und Effekte à la Hollywood erzielen! Vom ersten bis zum letzten Schritt nimmt Mareile Heiting Sie dabei an die Hand.

418 Seiten, gebunden, mit DVD
29,90 Euro, ISBN 978-3-8421-0118-0

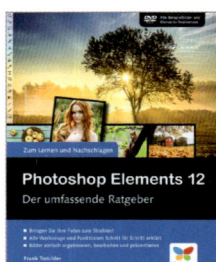
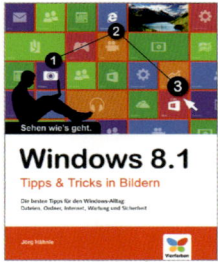